全国高职高专规划教材

环境工程施工技术
（第二版）

白建国　编著

中国环境出版集团·北京

图书在版编目（CIP）数据

环境工程施工技术/白建国编著. -2 版. 一北京：中国
环境出版集团，2015.8（2023.2 重印）
全国高职高专规划教材
ISBN 978-7-5111-2512-5

Ⅰ. ①环… Ⅱ. ①白… Ⅲ. ①环境工程—工程
施工—高等职业教育—教材 Ⅳ. ①X5

中国版本图书馆 CIP 数据核字（2015）第 204526 号

出 版 人　武德凯
责任编辑　黄晓燕
责任校对　任　丽
封面设计　宋　瑞

出版发行　中国环境出版集团
　　　　　（100062　北京市东城区广渠门内大街 16 号）
　　　　　网　　　址：http://www.cesp.com.cn
　　　　　电子邮箱：bjgl@cesp.com.cn
　　　　　联系电话：010-67112765（编辑管理部）
　　　　　　　　　　010-67112735（第一分社）
　　　　　发行热线：010-67125803，010-67113405（传真）
印　　刷　玖龙（天津）印刷有限公司
经　　销　各地新华书店
版　　次　2007 年 8 月第 1 版　2015 年 8 月第 2 版
印　　次　2023 年 2 月第 4 次印刷
开　　本　787×960　1/16
印　　张　21
字　　数　380 千字
定　　价　33.00 元

中国环境出版集团郑重承诺：
中国环境出版集团合作的印刷单位、材料单位均具有中国环境标志产品认证。

前　言

随着我国改革开放的不断深入和国民经济的飞速发展，环境问题已成为人们普遍关注的社会问题。在环境治理的过程中，需要使用一些建筑物、构筑物、设备和容器，客观上要求环境工程技术专业的毕业生掌握工程施工的基本技术。为此，依据环境工程施工技术课程教学大纲和国家现行的有关规范编写了本教材。

本教材在编写过程中充分考虑了高等职业技术教育的特点，始终以培养环境工程施工第一线需要的实用型人才为宗旨，侧重于学生工程素质能力的培养。本教材在内容选取、章节编排和文字阐述上力求简明扼要，注重实用，并适当介绍了国内外环境工程施工方面的新技术、新工艺和新材料。为了便于学生加深对课程内容的理解和提高分析问题、解决问题的能力，每章后均布置了一定数量的复习与思考题。由于环境工程技术专业有关施工方面的基础课程开设较少，本教材还适当增加了土力学、建筑材料、水文地质等方面的知识，为学生学习本课程奠定必要的基础。

全书按 64 学时编写，共分九章。主要内容为土石方工程、施工排(降)水、钢筋混凝土工程、砖石砌体工程、管道工程施工与安装、环保容器加工与环保设备安装、管道及设备的防腐与保温、环境工程施工组织设计、环境工程施工管理。

本教材由江苏建筑职业技术学院白建国编著。在教材的编著过程中，参考并引用了有关院校编写的教材、专著和生产科研单位的技术文献资料，并得到了中国环境出版集团的指导和大力支持，在此一并致以诚挚的感谢。

由于时间仓促和编者水平有限，书中定有不少缺点和错误，恳请广大读者指正。

编者

2015 年 6 月

目　录

第一章　土石方工程

土石方工程是环境工程施工中的主要工程项目，其施工的进度和质量直接影响到整个工程的施工进度、施工成本和施工质量。一般情况下，土石方工程施工具有影响因素多、施工条件复杂、量大面广、劳动繁重、多为露天作业、施工质量要求高、与相关施工过程配合紧密等特点。因此，在土石方工程施工前：① 要做好详细的水文地质勘察和地质勘探，收集足够的资料，充分了解施工现场的地形、地物、水文地质资料和气象资料；② 掌握土壤的种类和工程性质；③ 明确土石方施工质量要求、工程性质和施工工期等施工条件，并据此拟订切实可行的施工方案。如遇到软弱土层，当其承载力不能满足要求时，还需要根据地基条件，采取合理、经济和有效的加固措施，对地基进行处理，以使其满足工程要求。可见，要做好土石方工程的施工，必须首先了解土的工程性质与分类。

第一节　土的工程性质与分类

一、土的组成

土是由岩石风化而成的松散沉积物。由固相（固体颗粒）、液相（水）和气相（空气）三相体系组成。

（一）固体颗粒

土的固体颗粒构成土的骨架，它由矿物组成。组成固体颗粒的矿物有原生矿物、次生矿物和有机化合物。

原生矿物是指母岩风化后仍然保留的矿物，是大颗粒变为小颗粒的简单机械破碎。碎石土和砂土颗粒由原生矿物所组成，即由石英、长石和云母等组成。

次生矿物是指母岩在风化过程中形成的新矿物，是组成黏粒的主要成分。黏性土的矿物成分主要有黏土矿物、氧化物、氢氧化物和各种难溶盐类。它的颗粒很小，在电子显微镜下观察到的形状为鳞片状或片状。黏土矿物由于晶片结合情况的不同，有高岭石、蒙脱石和伊里石三类。

高岭石的晶格结构较为稳定，亲水性小，故其膨胀性和可塑性较小，对其他物质的吸附能力也不大。

蒙脱石与高岭石的性质截然不同。蒙脱石的晶格结构不稳定，水容易渗入，亲水性大，它与水结合的能力远高于高岭石。当它与水作用时，具有极大的膨胀性和可塑性。

伊里石的性质介于高岭石与蒙脱石之间，但比较接近于蒙脱石。

黏性土除上述矿物外，还有腐殖质等胶态物质，它的颗粒很微小，能吸附大量的水分子。

粉质土的矿物成分是复杂多样的，但主要是石英和难溶性的盐类（如 $CaCO_3$、$MgCO_3$）等颗粒。

（二）土中水

土中水有液态、固态和气态三种存在状态。当土的温度低于 $0℃$ 时，土中液态水就冻结成冰，由此形成冻土，使土的强度增大。但当冻土融化后，其强度却急剧降低。土中气态水，对土的性质影响不大，一般工程中不做研究。

土中液态水可分为结合水和自由水。

结合水是指受电分子吸引力而吸附于土粒表面的土中水。由于黏粒表面一般带有负电荷，使土粒周围形成电场，在电场范围内的水分子和水溶液中的阳离子一起被吸附在土粒表面，形成结合水。结合水又可分为强结合水和弱结合水。

强结合水指紧靠土粒表面的结合水。它没有溶解能力，不能传递静水压力，只有在 $105℃$ 时才蒸发。这种水性质接近固体，重力密度为 $12\sim24\ kN/m^3$，冰点为 $-78℃$，具有极大的黏滞性、弹性和抗剪强度。

弱结合水指存在于强结合水外围的一层结合水。它仍不能传递静水压力，但水膜较厚的弱结合水能向邻近较薄水膜缓慢移动。当黏性土中含有较多的弱结合水时，便具有一定的可塑性。

自由水是指存在于土粒表面电场范围以外的水。它的性质与普通水一样，遵从达西定律，能传递静水压力，冰点为 $0℃$，有溶解能力。自由水按其移动所受作用力的不同，可分为重力水和毛细水。

重力水是指在重力作用下而移动的自由水。它存在于地下水位以下的含水层中。毛细水是指在土的细小孔隙中，因土粒的分子引力和水与空气界面的表面张力共同构成的毛细力作用而形成的孔隙水。它存在于地下水位以上的透水土层中。当土孔隙中局部存在毛细水时，毛细水的弯液面和土粒接触处的表面张力反作用于土粒，使土粒之间由于这种毛细压力作用而挤紧，这种微弱的黏聚力，称为毛细黏聚力。在施工现场常常可以看到稍湿状态的砂堆，能保持高达几十厘米的垂直陡壁而不塌落，就是因为具有毛细黏聚力的缘故。

（三）土中气体

土中气体有游离气体和封闭气体两种。游离气体与大气相联通，对土的力学性质影响不大。封闭气体是存在于细粒土中与大气隔绝的封闭气泡，它在外力作用下使土产生弹性，并导致土的透水性降低。

土的三相组成是混合分布的，一般很难明确划分，为叙述方便，取一土样将其三相的各部分分别集中起来，可得土的三相组成示意图（图1-1）。图的左边表示土中各相的质量，右边表示各相所占的体积，并以下列符号表示各相的质量和体积。

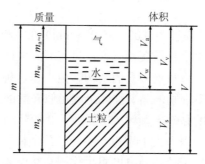

图1-1　土的三相组成示意

m_s——土粒的质量；

m_w——土中水的质量；

m_a——土中气体的质量（$m_a \approx 0$）；

m——土的质量，$m = m_s + m_w$；

V_s——土粒的体积；

V_w——土中水的体积；

V_a——土中气体的体积；

V——土的体积，$V = V_s + V_w + V_a$；

V_v——土中孔隙体积。

二、土的结构

土的结构是指土的固体颗粒及其孔隙间的几何排列和联结方式。一般分为单粒（散粒）结构和团聚结构两大类。

（一）单粒结构

单粒结构是指土颗粒间直接接触和支撑、彼此不联结或只有在潮湿时才通过微弱的毛细力联结的结构形式。碎石（卵石）、砾石类土和砂土等无黏性土均为此种结构形式。这些土的颗粒都比较粗大，可以靠自身的重力作用而沉积下来，形成相互接触、相互支撑的堆积体。

（二）团聚结构

团聚结构也称絮凝结构，为黏性土所特有，是指细小的土粒，在沉积过程中由于颗粒间引力大于重力，使之在水中不能以单个颗粒沉积下来，需要凝聚成大块的絮凝体后才能沉积。这种由土颗粒形成的疏松多孔的结构称为团聚结构。

根据团聚体的组成和联结特点，可将团聚结构分为蜂窝状结构和絮状结构两种类型。

较粗的黏粒和粉粒（粒径为 0.005～0.075 mm）在沉积过程中，由于粒间引力大于重力，在水中不能以单个颗粒沉积下来，只有凝聚成团聚体后才能靠团聚体自身的重力作用沉积下来，形成疏松多孔的结构。由于在这种结构中的单个土粒之间常联结成不规则的环，而不规则的环又彼此组成形似蜂窝的结构，故称蜂窝状结构。

絮状结构是指更小的黏性土颗粒（粒径小于 0.005 mm）在水中长期处于悬浮状态，土粒在水中不但粒间引力大于重力，不能以单个颗粒沉积下来，而且由土颗粒碰撞联结而成的团聚体也无法靠自身的重力作用直接沉积下来，只有当团聚体间彼此碰撞联结成更大、更重的复合团聚体后，才能靠自身的重力作用沉积下来形成疏松多孔的结构。因此絮状结构比蜂窝结构更为疏松、孔隙体积更大。

团聚结构的孔隙度可达 50%～98%，使土具有更大的压缩性。但其孔隙主要被结合水和空气所充填，且含水量往往超过 50%，由于结合水排水困难，使土的压缩过程缓慢。同时，孔隙中的空气还对土体的压密起阻碍作用。因此，团聚结构的土体，虽本身具有较大的压缩性，但其压缩过程却非常缓慢，工程中遇到此类土体，常采用一些人为措施加快土体的压缩。

三、土的物理性质

土中三相的比例关系，随着各种条件的改变而变化，该三相的不同比例决定了土的不同的物理性质。土的物理性质可用以下指标进行描述。

1. 土的质量密度 ρ

天然状态下单位体积土的质量称为土的质量密度，简称土的密度（或天然密度），用 ρ 表示。

$$\rho = \frac{m}{V} \tag{1-1}$$

式中： ρ ——土的质量密度，t/m³；

    m ——天然状态下土的质量，t；

    V ——天然状态下土的体积，m³。

土工试验测定时，质量以 g 为单位，体积以 cm^3 为单位，1 g/cm^3=1 t/m^3。天然状态下不同土的密度值变化较大，通常，砂土 ρ =1.6～2.0 t/m^3，黏性土和粉土 ρ =1.8～2.0 t/m^3。

2. 土的重力密度 γ

单位体积土所受的重力称为土的重力密度，简称土的重度，用 γ 表示。

$$\gamma = \frac{G}{V} = \frac{mg}{V} = \rho \cdot g \tag{1-2}$$

式中：γ —— 土的重度，kN/m^3；

$\quad\quad G$ —— 土的重力，kN；

$\quad\quad g$ —— 重力加速度，m/s^2；

$\quad\quad V$ —— 土的体积，m^3。

通常，砂土 γ =16～20 kN/m^3，黏性土和粉土 γ =18～20 kN/m^3。

3. 土粒相对密度 d_s

土粒密度 ρ 与 4℃时纯水密度 ρ_w 之比，称为土粒相对密度或称土粒比重，用 d_s 表示。

$$d_s = \frac{m_s}{V_s} \cdot \frac{1}{\rho_w} \tag{1-3}$$

式中：d_s —— 土粒相对密度；

$\quad\quad m_s$ —— 土粒质量，t；

$\quad\quad V_s$ —— 土粒体积，m^3；

$\quad\quad \rho_w$ —— 4℃时纯水的密度，1.0 t/m^3。

常见土的比重见表 1-1。

表 1-1　土粒比重参考值

土的类别	砂土	粉土	黏性土	
			粉质黏土	黏土
土粒比重	2.65～2.69	2.70～2.71	2.72～2.73	2.73～2.74

4. 土的含水量 W

土中水的质量与土粒质量之比称为土的含水量，用 W 表示。

$$W = \frac{m_w}{m_s} \times 100\% \tag{1-4}$$

式中：W —— 土的含水量，%；

$\quad\quad m_w$ —— 水的质量，kg；

$\quad\quad m_s$ —— 土粒质量，kg。

含水量的数值和土中水的重力与土粒重力之比相同。

$$W = \frac{G_w}{G_s} \times 100\%$$ （1-5）

式中：G_w——水的重力，kN；

G_s——土粒重力，kN。

含水量是表示土的湿度的指标。含水量小，土就较干；反之，土就很湿或饱和。土的含水量对黏性土、粉土的性质影响较大，对粉砂、细砂稍有影响，而对碎石土就没有影响。

土的含水量主要影响土方开挖的难易程度和回填土的密实度。在土方开挖时应根据含水量的多少选定开挖方法和开挖机械，必要时还需采取降水措施。在土方回填时应根据含水量的多少选定夯实机具和夯击次数，以保证达到所要求的夯实干密度。一般而言，当输入最小的能量却使回填土达到最大干密度时的含水量称为最佳含水量。实际施工时可根据经验判定回填土的最佳含水量，如果回填土的含水量大于最佳含水量，就应对回填土进行晾晒使其达到最佳含水量；反之，则应加水使其达到最佳含水量，最好使回填土在最佳含水量状态下进行回填。

5. 土的干密度ρ_d

单位体积土中土粒的质量称为土的干密度，并以ρ_d表示。

$$\rho_d = \frac{m_s}{V}$$ （1-6）

式中：符号同前。

土的干密度值一般为 1.3～1.8 t/m³。土的干密度愈大，表明土愈密实，工程上常用土的干密度来评价土的密实程度，并常用这一指标来控制回填土的施工质量。

6. 土的干重度γ_d

单位体积土内土粒所受的重力称为土的干重度，并以γ_d表示。

$$\gamma_d = \frac{G_s}{V} = \frac{m_s}{V} g = \rho_d g$$ （1-7）

式中：符号同前。

7. 土的孔隙比e

土中孔隙体积与土粒体积之比称为土的孔隙比，并以e表示。

$$e = \frac{V_v}{V_s}$$ （1-8）

式中：e——土的孔隙比；

V_v——土中孔隙体积，m³；

V_s——土粒体积，m³。

孔隙比是表示土的密实程度的一个重要指标。黏性土和粉土的孔隙比变化较大。

一般来说，$e<0.6$ 的土是密实的，土的压缩性小；$e>1.0$ 的土是疏松的，土的压缩性大。

8. 土的孔隙率 n

土中孔隙体积与总体积之比（用百分数表示）称为土的孔隙率，并以 n 表示。

$$n = \frac{V_v}{V} \times 100\% \tag{1-9}$$

式中：n—— 土的孔隙率。

其余符号同前。

9. 土的饱和重度 γ_{ast}

土中孔隙完全被水充满时土的重度称为饱和重度，并以 γ_{ast} 表示。

$$\gamma_{ast} = \frac{G_s + \gamma_w V_v}{V} \tag{1-10}$$

式中：γ_w——水的重度，$\gamma_w = \rho_w g$，计算时可取水的密度 ρ_w 近似等于 4℃时纯水的密度，即 $\rho_w = 1.0 \text{ t/m}^3$，$\gamma_w = 10 \text{ kN/m}^3$；

其余符号同前。

土的饱和重度一般为 $18\sim23 \text{ kN/m}^3$。

10. 土的有效重度 γ'

地下水位以下的土受到水的浮力作用，扣除水的浮力后单位体积土所受的重力称为土的有效重度，并以 γ' 表示。

$$\gamma' = \frac{G_s - \gamma_w V_s}{V} \tag{1-11}$$

或

$$\gamma' = \gamma_{ast} - \gamma_w \tag{1-12}$$

式中：符号同前。

11. 土的饱和度 S_r

土中水的体积与孔隙体积之比的百分数称为土的饱和度，并以 S_r 表示。

$$S_r = \frac{V_w}{V_v} \times 100\% \tag{1-13}$$

实际工程中根据饱和度 S_r 的数值可把土分为稍湿、很湿和饱和三种湿度状态（表1-2）。

表 1-2 砂土湿度状态的划分

湿度	稍湿	很湿	饱和
饱和度 S_r/%	$S_r \leq 50$	$50 < S_r \leq 80$	$S_r > 80$

12. 土的可松性

天然土经开挖后，其体积因松散而增加，回填时虽经振动夯实，但仍不能使土层完全复原，这种现象称为土的可松性。土的可松性可用最初可松性系数 K_s 和最终可松性系数 K_s' 表示。

$$K_s = \frac{V_2}{V_1} \qquad (1\text{-}14)$$

$$K_s' = \frac{V_3}{V_1} \qquad (1\text{-}15)$$

式中：K_s——最初可松性系数；

K_s'——最终可松性系数；

V_1——土在天然状态下的体积，m^3；

V_2——土经开挖后的松散体积，m^3；

V_3——土经回填夯实后的体积，m^3。

土的可松性系数对土方的平衡调配、计算土方运输量都有一定的影响。各类土的可松性系数见表 1-3。

表 1-3 土的可松性系数

土的名称	体积增加百分比/%		可松性系数	
	最初	最终	K_s	K_s'
砂土、轻亚黏土	8～17	1～2.5	1.08～1.17	1.01～1.03
种植地、淤泥、淤泥质土	20～30	3～4	1.20～1.30	1.03～1.04
亚黏土、潮湿土、砂土混碎（卵）石、混碎（卵）石、素填土	14～28	1.5～5	1.14～1.28	1.02～1.05
黏土、重亚黏土、砾石土、干黄土、黄土混碎（卵）石、混碎（卵）石、夯实素填土	24～80	4～7	1.24～1.30	1.04～1.07
重黏土、黏土混碎（卵）石、卵石土、密实黄土、砂岩	26～32	6～9	1.26～1.32	1.06～1.09
泥灰岩	33～37	11～15	1.33～1.37	1.11～1.15
软质岩石、次硬质岩石	30～45	10～20	1.30～1.45	1.10～1.20
硬质岩石	45～50	20～30	1.45～1.50	1.20～1.30

注：1. K_s 是计算挖方工程装运车辆及挖土机械的主要参数。

2. K_s' 是计算填方所需挖土工程量的主要参数。

3. 最初体积增加百分比 $= \dfrac{V_2 - V_1}{V_1} \times 100\%$。

4. 最终体积增加百分比 $= \dfrac{V_3 - V_1}{V_1} \times 100\%$。

13. 土的渗透性

土的渗透性表现为地下水穿透土层的能力。单位时间内地下水穿透的土层厚度称为渗透系数，它随土质的不同而异。土的渗透性主要影响施工排水（或降水）的速度，常见土的渗透系数见表1-4。

表 1-4 土的渗透系数参考表 单位：m/d

岩性	渗透系数	岩性	渗透系数
黏土	0.001～0.054	细砂	5～15
亚黏土	0.02～0.5	中砂	10～25
亚砂土	0.2～1.0	粗砂	20～50
粉砂	1～5	砂砾石	50～150
粉细砂	3～8	卵砾石	80～300

四、土的力学性质

（一）压缩性

土在压力作用下体积减小的性质，称为土的压缩性。土的压缩性，是孔隙中水和气体的体积减小及固体颗粒变形的结果。在压力不大（一般在 100～600 kPa）的情况下，可以认为土体的压缩就是其孔隙体积的减小。

土的压缩性可以通过室内压缩试验得到的压缩曲线来反映。

室内压缩试验，是用侧限压缩仪来进行的，仪器的构造如图1-2所示。

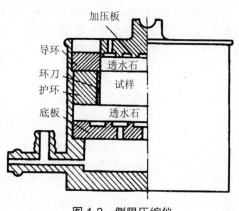

图 1-2 侧限压缩仪

通过压缩试验，可以得到表示土的孔隙比 e 与压力 p 之间的关系曲线，该曲线称为压缩曲线（图1-3）。

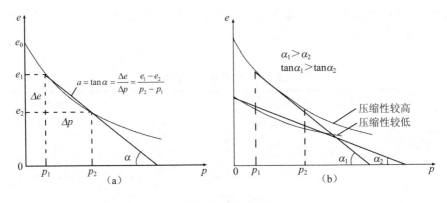

图 1-3　压缩曲线

$e\text{-}p$ 曲线在压力 p_1、p_2 变化不大的情况下，其对应的曲线段可近似地看成直线，这段直线的斜率 $\tan\alpha$，称为土的压缩系数 a。

$$a = \tan\alpha = \frac{\Delta e}{\Delta p} = -\frac{e_1 - e_2}{p_1 - p_2} = \frac{e_1 - e_2}{p_2 - p_1} \tag{1-16}$$

单位是 MPa^{-1}，式中的负号表示孔隙比随压力的增大而减小。

压缩系数是评价地基土压缩性高低的重要指标之一。从曲线上看它不是一个常量，而与所取的 p_1、p_2 大小有关。在工程实践中，通常以 $p_1=0.1$ MPa 和 $p_2=0.2$ MPa 时求出的压缩系数 $a_{0.1\text{-}0.2}$ 来评价土的压缩性高低。当 $a_{0.1\text{-}0.2}<0.1$ 时，属低压缩性土；当 $0.1\leqslant a_{0.1\text{-}0.2}<0.5$ 时，属中压缩性土；当 $a_{0.1\text{-}0.2}\geqslant 0.5$ 时，属高压缩性土。

通过压缩曲线，还可求得土的另一压缩性指标——压缩模量 E_s。它是土在完全侧限条件下，竖向附加应力 σ_z 与相应竖向应变 ε_z 的比值。即：

$$E_s = \frac{\sigma_z}{\varepsilon_z} \tag{1-17}$$

因为

$$\sigma_z = p_2 - p_1$$

$$\varepsilon_z = \frac{e_1 - e_2}{1 + e_1}$$

所以

$$E_s = \frac{1 + e_1}{a} \tag{1-18}$$

根据压缩模量 E_s 也可以判断土的压缩性，E_s 值越小，压缩性越高。为便于应用，工程上用压力为 $0.1\sim0.2$ MPa 的压缩模量来区分土的压缩性。当 $E_{s0.1\text{-}0.2}<4$ MPa 时，属高压缩性土；当 4 MPa $<E_{s0.1\text{-}0.2}<15$ MPa 时，属中压缩性土；当 15 MPa $<E_{s0.1\text{-}0.2}<40$ MPa 时，属低压缩性土。

（二）抗剪强度

土的抗剪强度是指土抵抗剪切破坏的能力，可利用直接剪切仪确定土的抗剪强度（图1-4）。

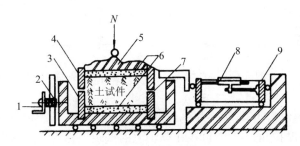

1—手轮；2—螺杆；3—下盒；4—上盒；5—传压板；6—透水石；7—开缝；8—测微计；9—弹性量力环

图1-4　土的剪应力实验装置示意

土样放在面积为 A 的剪力盒内，受垂直压力 N 和水平力 T 的作用，此时在土样内产生法向应力 σ：

$$\sigma = \frac{N}{A} \tag{1-19}$$

而在剪切面上产生剪应力 τ：

$$\tau = \frac{T}{A} \tag{1-20}$$

τ 随 T 的增大而增大。但当 T 值不大，在剪切面上产生的剪应力 τ 小于土的抗剪强度时，土样就不会被剪切破坏。只有当 T 增加到 T' 时，土样才破坏。土样开始破坏时，剪切面上的剪应力称为土的抗剪强度 τ_f。

$$\tau_f = \frac{T'}{A} \tag{1-21}$$

T' 随 N 的增大而增大。

以不同的 N 和 T' 进行 3～4 次试验，得出不同 σ、τ_f 的值，在直角坐标纸上将各个 σ、τ_f 点连接成一直线，该线称为土的抗剪强度曲线（图1-5、图1-6）。

上述直线方程式如下：

砂土类：　　　　　　　　　$\tau_f = \sigma \cdot \tan\varphi$ 　　　　　　　　　（1-22）

黏土类：　　　　　　　　　$\tau_f = \sigma \cdot \tan\varphi + C$ 　　　　　　　　（1-23）

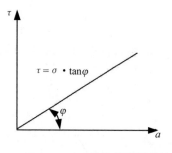

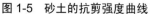

图 1-5　砂土的抗剪强度曲线

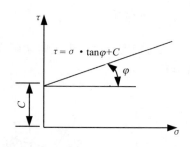

图 1-6　黏性土的抗剪强度曲线

　　公式 1-22 和公式 1-23 统称为抗剪强度的库仑定律。其中 φ 为直线与水平轴的夹角，称为土的内摩擦角；C 为直线在纵轴上的截距，称为土的黏聚力。在一定试验条件下得出的 φ、C 值，一般能反映土的抗剪强度的大小，故 φ 与 C 称为土的抗剪强度指标。表 1-5 列出了砂土和黏性土的内摩擦角 φ 和黏聚力 C 的参考值。

表 1-5　砂土与黏性土的 C、φ 参考值

土的名称	塑限含水量/%	土的指标	孔隙比											
			0.41~0.50		0.51~0.60		0.61~0.70		0.71~0.80		0.81~0.95		0.96~1.00	
			饱和状态含水量/%											
			14.8~18.0		18.4~21.6		22.0~25.2		25.6~28.8		29.2~34.2		34.6~39.6	
			标准	计算	标准	计算	标准	计算	标准	计算	标准	计算	标准	计算
粗砂		C/kPa	2		1									
		φ/（°）	43	41	40	38	38	36						
中砂		C/kPa	3		2		1							
		φ/（°）	40	38	38	36	35	33						
细砂		C/kPa	6	1	4		2							
		φ/（°）	38	36	36	34	32	30						
粉砂		C/kPa	8	2	6		4							
		φ/（°）	36	34	34	32	30	28						
黏性土	<9.4	C/kPa	10	2	7	1	5							
		φ/（°）	30	28	28	26	27	25						
	9.5~12.4	C/kPa	12	3	8	1	6							
		φ/（°）	25	23	24	22	23	21						
	12.5~15.4	C/kPa	24	14	21	7	14	4	7	2				
		φ/（°）	24	22	23	21	22	20	21	19				
	15.5~18.4	C/kPa			50	19	25	11	19	8	11	4	8	2
		φ/（°）			22	20	21	19	20	18	19	17	18	16
	18.5~22.4	C/kPa					68	28	34	19	28	10	19	6
		φ/（°）					20	18	19	17	18	16	17	15
	22.5~26.4	C/kPa							82	36	41	25	36	12
		φ/（°）							18	16	17	15	16	24
	26.5~30.4	C/kPa									94	40	47	22
		φ/（°）									16	14	15	13

从库仑定律可以看出：

① 土的抗剪强度与金属等材料的抗剪强度不同，它不是定值，而是随着剪切面上的正应力大小而变化。

② 砂土的抗剪强度仅由内摩擦力组成，而黏性土的抗剪强度由内摩擦力和黏聚力两部分组成。

内摩擦力 $\sigma \cdot \tan\varphi$ 来源于两方面：一是剪切面上颗粒与颗粒粗糙面产生的滑动摩擦阻力；二是由于颗粒之间的嵌入和连锁作用而产生的咬合力。黏聚力 C 是由于土粒之间的胶结作用、结合水膜，以及水分子引力等作用而形成的，土颗粒越细，可塑性愈大，其黏聚力也愈大。

从理论上确定地基承载力、评价地基的稳定性、分析边坡稳定性以及计算挡土墙的土压力，都需要研究土的抗剪强度。

五、土的分类

在工程中，常把土作为建筑物、构筑物及室外管道的地基，因此需要对土进行分类。土的种类有很多，一般有如下分类方法：

（一）根据土的颗粒级配分类

根据土的颗粒级配可分为：碎石类土（包括漂石土、块石土、卵石土、圆砾土和角砾土）、砂土（包括砾砂、粗砂、中砂、细砂和粉砂）和黏土（包括黏土、亚黏土和轻亚黏土）。

（二）根据土的工程特性分类

根据土的工程特性可分为：软土、人工填土、黄土、膨胀土、红黏土、盐渍土和冻土。

（三）根据土开挖的难易程度分类

根据土开挖的难易程度可分为八类（表1-6）。

其中松软土和普通土可直接用铁锹开挖或用铲运机、推土机、挖土机等机械施工；坚土、砂砾坚土和特殊坚硬的砂质土要用镐、撬棍等工具开挖，如用机械施工，一般应先松土，部分需用爆破方法施工；软石、坚石和特殊坚硬石一般要用爆破方法施工。

（四）根据颗粒级配和塑性指数分类

根据我国《建筑地基基础规范》的规定，粗粒土按颗粒级配分类，细粒土按可塑性指数分类。

表 1-6　土的工程分类及可松性系数

类别	土的名称	开挖难易鉴定方法	可松性系数	
			K_s	K_s'
一类土	**松软土** 1. 略有黏性的砂性土 2. 腐殖土及疏松的种植土 3. 堆积土（新弃土） 4. 泥炭 5. 含有土质的砂、炉渣	主要用铁锹、条锄挖掘	1.08～1.17	1.01～1.03
二类土	**普通土** 1. 潮湿的黏性土和黄土 2. 含有建筑材料碎屑或碎石、卵石的堆积土和种植土 3. 已经夯实的松软土	主要用锹、锄，少许用镐挖掘	1.20～1.30	1.03～1.04
二类上	**坚土** 1. 压路机械或羊足碾等机械夯实的普通土 2. 中等密实的黏性土和黄土 3. 无名土、坚隔土、白膏泥 4. 含有碎石、卵石或建筑材料碎屑的潮湿的黏土或黄土	主要用镐、少许用锹挖掘	1.14～1.28	1.02～1.05
四类土	**砂砾坚土** 1. 坚硬密实的黏性土和黄土 2. 能用撬棍撬动块状的砂土 3. 含有碎石、卵石（体积在30%以上）的中等密实的黏土和黄土 4. 铁夹土	全部用镐、条锄，少许用撬棍挖掘	1.24～1.30	1.04～1.07
五类土	**特殊坚硬的砂质土** 1. 成块状的土质风化岩 2. 含有碎石、卵石（休积在30%以上）的密实砂砾坚土 3. 不能撬成块状的砂土 4. 未风化而坚硬的冶金砂渣	全部用镐挖掘	1.26～1.32	1.06～1.09
六类、七类、八类土	软石、 坚石、 特殊坚硬石	用炸药爆破	1.33～1.37 1.30～1.45 1.45～1.50	1.11～1.15 1.10～1.20 1.25～1.30

　　天然土是由无数大小不同的颗粒组成的，通常把大小相近的土粒合并为一组，称为粒组。不同的粒组具有不同的性质。颗粒级配是指某一粒组中土粒的重量占该土颗粒的总重量的百分数。土颗粒越不均匀则级配越好。

对细粒土（如黏土）而言，随着含水量的变化，可由一种稠度状态转变为另一种稠度状态，相应于转变点的含水量叫界限含水量。土由可塑状态转到流动状态的界限含水量叫土的液限；土由半固态转到可塑状态的界限含水量叫土的塑限。液限和塑限省去百分号以后的差值叫塑性指数。

按颗粒级配和塑性指数可将土进行如下分类：

1. 碎石土

碎石土是粒径大于 2 mm 的颗粒超过总重 50%的土。根据颗粒级配及形状分为漂石或块石、卵石或碎石、圆砾或角砾，其分类标准见表 1-7。

表 1-7 碎石土的分类

土的名称	颗粒形状	粒组含量
漂石 块石	圆形及亚圆形为主 棱角形为主	粒径大于 200 mm 的颗粒超过总重的 50%
卵石 碎石	圆形及亚圆形为主 棱角形为主	粒径大于 20 mm 的颗粒超过总重的 50%
圆砾 角砾	圆形及亚圆形为主 棱角形为主	粒径大于 2 mm 的颗粒超过总重的 50%

2. 砂土

砂土是指粒径大于 2 mm 的颗粒含量不超过总重 50%、粒径大于 0.075 mm 的颗粒超过总重 50%的土。按颗粒级配分为砾砂、粗砂、中砂、细砂和粉砂。其分类标准见表 1-8。

表 1-8 砂土分类

土的名称	颗粒级配
砾砂	粒径大于 2 mm 的颗粒占总重的 25%～50%
粗砂	粒径大于 0.5 mm 的颗粒超过总重的 50%
中砂	粒径大于 0.25 mm 的颗粒超过总重的 50%
细砂	粒径大于 0.075 mm 的颗粒超过总重的 85%
粉砂	粒径大于 0.075 mm 的颗粒超过总重的 50%

3. 粉土

粉土是指塑性指数小于或等于 10，而粒径大于 0.075 mm 的颗粒含量不超过总重 50%的土。粉土含有较多粒径为 0.005～0.05 mm 的粉粒，其工程性质介于黏性土和砂土之间。

4. 黏性土

黏性土是指塑性指数大于 10 的土。这种土含有大量的黏粒（$d<0.005$ mm 的颗

粒）。其工程性质不仅与粒度成分和黏土矿物的亲水性等有关，而且与成因类型及沉积环境等因素有关。按塑性指数可分为粉质黏土和黏土，其分类标准见表1-9。

表1-9　黏性土按塑性指数分类

土的名称	粉质黏土	黏土
塑性指数	$10 < I_p \leqslant 17$	$I_p > 17$

5. 人工填土

人工填土是指由于人类活动而形成的堆积物，其物质成分较杂乱，均匀性较差。按堆积物的成分，人工填土分为素填土、杂填土和冲填土，其分类标准见表1-10。

表1-10　人工填土按组成物质分类

土的名称	组成物质
素填土	由碎石土、砂土、粉土、黏性土组成的填土
杂填土	含有建筑垃圾、工业废料、生活垃圾等杂物的填土
冲填上	由水力冲填泥砂形成的填土

河北、河南、山西、陕西、甘肃、宁夏等地区分布有湿陷性黄土。该种土的颜色与普通黄土相似，呈褐黄或灰黄色，天然状态下肉眼可见到较大的孔隙和生物形成的管状孔隙，土块浸入水中会冒出大量气泡并迅速崩解，但在干燥时则强度很大，挖土时能保持直立的土壁。施工中如遇湿陷性黄土做地基，则应做好排水工作，避免被水浸泡。

在我国西南和中南地区，常分布有膨胀土。其外观近似黏土，干燥时坚硬，易脆裂、手感比黏土滑润，无颗粒，干旱时有明显的竖向裂缝和水平裂缝，浸水后裂缝回缩或闭合。此种土具有遇水膨胀失水开裂的特性，会使建筑物的基础破坏，施工中应尽可能保持原状土的湿度。

第二节　场地平整

场地平整就是将天然地面改为工程上所要求的设计地面。一般包括计算场区挖填土方工程量，确定土方调配方案，选择施工机械及拟订施工方案等内容。

场地平整应以建设工程的总平面设计图为依据，并结合场区基坑、沟槽的开挖要求进行，在满足建筑物、构筑物工艺要求的前提下，尽量考虑挖、填平衡，使总的土方量最小。

场地平整的施工顺序，一般有以下三种方案。

1. 先平整后开挖

即先进行场地平整，后开挖建筑物、构筑物的基坑和地下管道的沟槽。该方案可为土方机械施工提供较大的工作面，能充分发挥其工作效率，但工期较长。一般多适用于场区高低不平，挖、填土方量较大的施工现场。

2. 先开挖后平整

即先开挖建筑物、构筑物的基坑或地下管线的沟槽，后进行场地平整。该方案可以加快工程的施工进度，减少重复填、挖土方数量，多适用于地形较平坦的施工现场。

3. 平整与开挖相结合

即根据工程特点和现场的具体条件将场地划分成若干施工段，分别进行场地平整和基坑（或沟槽）的开挖。该方案多用于大型施工现场。

在场地平整施工前，应先做好场地清理、排除地面积水、修筑临时道路以供机械进场和土方运输等准备工作。

一、场地平整土方量计算

场地平整土方量的计算是制订施工方案、合理进行土方调配的依据。土方量的计算方法通常采用方格网法，即根据地形图（一般用 1：500）将整个场地划分成若干个方格网，计算出每个角点的施工高度，然后计算每个方格的土方量，并算出场地边坡土方量，即可得出整个场地挖、填土方总量。其步骤如下：

1. 划分方格网

根据已有施工场地的地形图将其划分成若干个方格网，方格网边长 a 一般为 10 m、20 m、30 m、40 m，形成简单的几何形体。

2. 计算角点的施工高度

方格网边的交点称为角点，将每个角点的自然地面标高和设计标高分别标注在方格网角点的右上角和右下角，自然地面标高与设计地面标高的差值称为施工高度，将每个角点的施工高度填在方格网角点的左上角，挖方为（+），填方为（－），将各角点的编号填在方格网角点的左下角。

3. 计算零点位置划出零线

在一个方格网中同时有挖方和填方时，必然存在一个既不挖方又不填方的点，这样的点称为零点。各零点的连线就是零线，零线是挖方区与填方区的分界线。计算零点位置时可只计算方格网边的零点位置，一般按下式进行计算：

$$x_1 = \frac{a \times h_1}{(h_1 + h_2)} \quad\quad （1\text{-}24）$$

$$x_2 = \frac{a \times h_2}{(h_1 + h_2)} \quad\quad （1\text{-}25）$$

式中：h_1，h_2 ——角点的施工高度，m；

a ——方格网边长，m。

4. 计算方格土方量

如图 1-7 所示，当方格内不存在零线，方格的 4 个角点全部为填方或挖方时，其土方量计算式为：

$$V = \frac{a^2}{4}(h_1 + h_2 + h_3 + h_4) \tag{1-26}$$

式中：V ——挖方或填方体积，m^3；

a —— 方格边长，m；

h_1，h_2，h_3，h_4 ——方格网角点的施工高度，m。

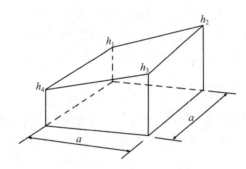

图 1-7 全挖或全填的方格

如图 1-8 所示，当零线将方格划分为一个三角形和一个五边形时，三角形部分的挖（或填）方量为：

$$V = \frac{bc}{2} \times \frac{\sum h}{3} = \frac{bc \sum h}{6} = \frac{bch_4}{6} \tag{1-27}$$

五边形部分的挖（或填）方量为：

$$V = \left(a^2 - \frac{bc}{2}\right) \times \frac{\sum h}{5} = \left(a^2 - \frac{bc}{2}\right) \times \frac{(h_1 + h_2 + h_3)}{5} \tag{1-28}$$

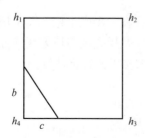
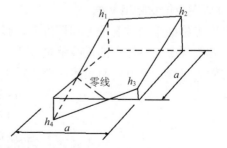

图 1-8 零线将方格划分为一个三角形和一个五边形

如图 1-9 所示，零线将方格划分为两个四边形时，每个四边形的挖（或填）方量为：

$$V_1 = \frac{(b+c)a}{2} \times \frac{\sum h}{4} = \frac{a(b+c)(h_1+h_4)}{8} \qquad (1\text{-}29)$$

$$V_2 = \left[a^2 - \frac{(b+c)a}{2} \right] \times \frac{\sum h}{4} = \left[a^2 - \frac{(b+c)a}{2} \right] \times \frac{(h_2+h_3)}{4} \qquad (1\text{-}30)$$

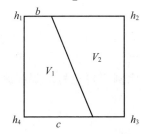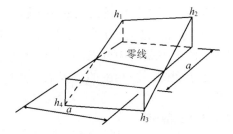

图 1-9　零线将方格划分为两个四边形

为了保持土体的稳定和施工安全，挖、填方的边沿，都应做成一定坡度的边坡。边坡坡度应根据不同的填、挖高度、土的物理性质和工程的重要性由设计规定。

场地边坡的土方量，一般可根据近似几何形体的体积公式进行计算。

每个方格的土方量全部计算完后，将挖、填方量分别汇总即可求得总的挖方量和填方量。但尚需根据土壤的可松性、压缩性等因素对土方量的影响进行调整，按照调整后的土方量，进行土方的综合平衡调配。

二、土方的平衡调配

土方量计算完成后，即可进行土方的平衡调配工作，其目的是使土方运输量最少或运输成本最低。土方的平衡调配，就是对挖土的堆弃、填方和移运之间的关系进行综合协调，以确定土方的调配数量和调配方向。

土方平衡调配，必须根据工程和现场情况、有关技术资料、进度要求、土方施工法等因素，经综合考虑后进行。一般应遵循以下原则：

➢ 应力求做到挖、填平衡和运距最短；

➢ 调配区的划分应该与建筑物和构筑物的平面位置相协调，并考虑它们的分期施工顺序，对有地下设施的填土，应留土后填；

➢ 好土要用在对回填质量要求较高的地区；

➢ 分区调配应与全场调配相协调，避免只顾局部平衡，而影响全局平衡；

➢ 取土或弃土应尽量少占或不占农田及便于机械施工。

土方的平衡调配工作主要包括划分土方调配区、计算土方的平均运距和单方运价、编制土方调配图表、确定土方的最优调配方案四方面内容。

1. 划分调配区

在场地平面图上根据土方量计算用的方格网，先划出挖、填区的分界线，在挖方区和填方区分别划出若干个调配区。通常每个调配区的大小可由若干个方格组成，以满足土方机械的操作要求。当场地范围内土方不平衡时，可考虑就近借土或弃土，此时每个借土区或弃土区可作为独立的调配区。调配区划定后，计算其土方量并标注在图上。

2. 计算各挖、填方调配区之间的平均运距

平均运距是指挖方区土方重心至填方区土方重心的距离。为了简化计算，可假定每个方格上的土方是均匀分布的，用图解法求出形心位置以代替重心位置。形心求出后，标于调配区图相应的位置上，然后用比例尺量出每对调配区之间的平均运距。

3. 绘出土方调配图

根据以上计算，在图上标出调配方向、土方数量及平均距离，形成如图 1-10 所示的土方调配图。在图上应注明挖填调配区、调配流向、土方数量及平均运距。图（a）表示总挖方与总填方平衡的调配方案；图（b）表示有弃土和借土的调配方案（图中 W_i 为挖方区编号，T_i 为填方区编号）。

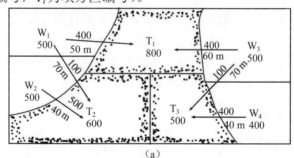

（a）

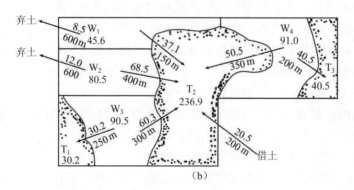

（b）

（a）场地内挖、填平衡的调配图。箭头上面的数字表示土方量（m^3），箭头下面的数字表示运距；
（b）有弃土和借土的调配图。箭头上面的数字表示土方量（$100\ m^3$），箭头下面的数字表示运距。

图 1-10　土方调配

4. 列出土方量平衡表

土方调配计算结果需列入土方量平衡表。表 1-11 是图 1-9（a）所示调配方案的土方量平衡表。

表 1-11 土方量平衡表 单位：m³

挖方区编号	挖方数量	填方区编号、填方数量						合计
		T₁		T₂		T₃		
		800		600		500		1 900
W₁	500	400	50	100	70			
W₂	500			500	40			
W₃	500	400	60			100	70	
W₄	400					400	40	
合计	1 900							

注：表中土方数量栏右上角小方格内的数字为平均运距（有时可为土方的单位运价）。

三、场地平整施工

场地平整施工包括土方的开挖、运输、填筑与压实等工序，当遇有坚硬土层、岩石或障碍物时，还需进行爆破施工。

（一）场地土方开挖与运输

场地土方开挖与运输目前主要采用机械化施工，常用的施工机械如下：

1. 推土机

推土机是场地平整施工中的主要机械，具有操作灵活，运行方便，工作面小等特点。适于开挖一～三类土。经济运距在 100 m 以内，运距为 60 m 时效率最高。推土机既可挖土也可作短距离运土；同时还可开挖深度在 1.5 m 内的基坑（槽）及回填基坑和沟槽土方，以及配合挖土机从事平整与集中土方；清理石块或树木等障碍物及修筑道路等。

推土机的生产率可按下式计算：

$$P_\mathrm{h} = \frac{3\,600q}{TK_\mathrm{s}} \tag{1-31}$$

式中：P_h——推土机的生产率，m³/h；

T——从推土到将土送至填土地点的循环延续时间，s；

q——推土机每次的推土量，m^3；

K_s——土的最初可松性系数。

推土机台班生产率 P_d 为：

$$P_d = 8 \cdot P_h \cdot K_B \qquad (1\text{-}32)$$

式中：P_d——推土机的台班生产率，m^3/台班；

K_B——时间利用系数，一般在 0.72～0.75；

其余符号同公式 1-31。

为了提高推土机的生产率，可采取以下几种施工措施：

（1）下坡推土。推土机顺下坡方向切土及推运，借助机械自身的重力作用以增加推土能力，但坡度不宜超过 15°，以免后退时爬坡困难。

（2）并列推土。采用 2～3 台推土机并列作业（图 1-11）。铲刀相距 150～300 cm。一般采用两机并列推土，能提高生产率 15%～30%。平均运距不宜超过 50～75 m，亦不宜小于 20 m。一般用于大面积场地平整。

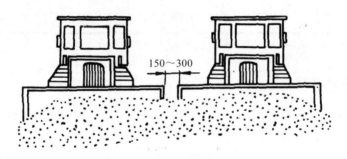

150～300

图 1-11 并列推土

（3）槽形推土。在挖土层较厚、推土运距较远时，采用槽形推土（图 1-12）。能减少土壤散失，可增加 10%～30%的推土量。槽的深度以 1.0 m 左右为宜，两槽间的土埂宽度约为 50 cm。

图 1-12 槽形推土

（4）分批集中、一次推送。当推土运距较远而土质比较坚硬时，可采用多次铲土，分批集中，一次推送的方法（图 1-13）。以便在铲刀前保持满载，有效地利用推土机的功率，缩短运输时间。

图 1-13　分批集中、一次推送

（5）铲刀加置侧板。当推运疏松土壤而运距较远时，在铲刀两边装上侧板，以增加铲刀前的土体，减少土壤向两侧漏失。

2. 铲运机

铲运机有拖式铲运机和自行式铲运机两种。拖式铲运机由拖拉机牵引，工作靠拖拉机油泵或卷扬机进行操纵。自行式铲运机的行驶和工作，均靠自身的动力设备进行操纵。

铲运机具有操纵灵活，运转方便，对行驶道路要求较低，能综合完成铲土、运土、卸土、填筑、夯实等多项工作的特点。其斗容量一般为 2.5～9.0 m³，切土深度为 15～30 cm，铺土厚度为 23～40 cm。适合于开挖一～三类土，运距为 600～1 500 m，效率最高的铲运距离为 200～350 m。常用于地形起伏不大，坡度在 20°以内的大面积场地平整，开挖大型基坑、沟槽，以及填筑路基、堤坝等工程。不适用于砾石层和冻土地带，以及土壤含水量超过 27%的土层和沼泽地带。

铲运机工作的示意图，如图 1-14 所示。

（a）铲土将结束

（b）开始卸土

图 1-14　铲运机工作

铲运机生产率 P_h 为：

$$P_h = \frac{3\,600\,qK_c}{TK_s} \tag{1-33}$$

式中：P_h——铲运机生产率，m^3/h；

    T——从挖土开始至卸土完毕，循环延续的时间，s；

    q——铲斗容量，m^3；

    K_c——铲斗装土的充盈系数（一般砂土为 0.75，其他土为 0.85～1.00，最大为 1.30）；

    K_s——土的最初可松性系数。

铲运机台班产量 P_d 为：

$$P_d = 8P_h \cdot K_B \tag{1-34}$$

式中：P_d——铲运机台班产量，$m^3/$台班；

    K_B——时间利用系数，一般为 0.65～0.75。

铲运机的开行路线，对提高生产效率影响很大，应根据填、挖方区的分布情况并结合现场具体条件合理选择。一般可有以下几种形式。

（1）环形路线

用于地形起伏不大、施工地段在 100 m 以内和填土高度在 1.5 m 以内的路堤、基坑及场地的平整如图 1-15（a）所示。当填、挖交替，且相互之间距离不大时，也可采用图 1-15（b）所示的大环形路线。每一个循环能完成多次铲土和卸土，减少了铲运机的转弯次数，相应地提高了工作效率。

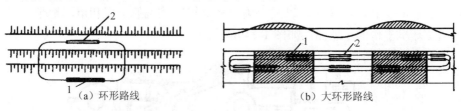

(a) 环形路线   (b) 大环形路线

1—铲土；2—卸土

图 1-15 铲运机环形作业路线

采用环形路线时，铲运机应每隔一定时间按顺、逆时针的方向交换行驶，避免长时间沿一侧转弯导致机件单侧磨损。

（2）"8"字形开行路线

这种开行路线的铲土与卸土，轮流在两个工作面上进行，铲运机在上下坡时是斜向行驶，受地形坡度限制小（图 1-16）。该形式一个循环能完成两次铲土和卸土，减少了转弯次数及空车行驶距离，与环形路线相比缩短了运行时间。同时，一个循环两次转弯方向不同，机件磨损较为均匀。这种开行路线主要适用于坡度较大的场地平整和取土坑较长的路基填筑作业。

（3）锯齿形路线

它是"8"字形路线的发展，当工作地段很长时采用这种开行路线最为有效，如堤坝、路基填筑等（图1-17）。

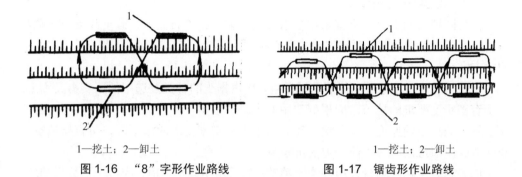

1—挖土；2—卸土	1—挖土；2—卸土
图1-16　"8"字形作业路线	图1-17　锯齿形作业路线

为了提高铲运机的生产率，除应合理规划开行路线外，还必须充分利用和发挥拖拉机的牵引能力，通常要根据不同的施工条件，分别采用下列方法。

（1）下坡铲土法。利用机械重力作用所产生的附加牵引力加大切土深度，坡度一般为3°～9°，最大不得超过20°，铲土厚度以20 cm左右为宜，其效率可提高25%左右。当在平坦地形铲土时，可将取土地段的一端先铲低，并保持一定坡度向后延伸，逐步创造一个下坡铲土的地形。

（2）跨铲法。在较坚硬土层铲土时，采用预留土埂间隔铲土法，可使铲运机在挖土埂时增加两个自由面，阻力减小，铲土快，易于充满铲斗，比一般方法效率约提高10%。

（3）交错铲土法。铲土阻力的大小与铲土宽度成正比，交错铲土法就是随铲土阻力的增加而适当减小铲土宽度，从而减小铲土阻力。在铲较坚硬土层时，采用此法效果显著。

（4）助铲法。在坚硬土层中，采用另配推土机助铲，以缩短铲土时间。一般每台推土机配3～4台铲运机。

3. 挖土机

挖土机适用于开挖一～四类、含水量不大于27%的丘陵地带土壤及经爆破后的岩石和冻土。多使用于挖土深度大于3 m、运输距离超过1 km，且土方量大而集中的工程。一般挖土机作业时，需配合自卸汽车运土，并在卸土区配备推土机平整土堆。

挖土机的施工方法，见本章第三节的有关内容。

（二）填土与压实

为了保证填土的强度和稳定性，填土前应对填土区基底的垃圾和软弱土层进行清理压实；在水田、池塘及沟渠上填土时，需先排水疏干，并对基底进行处理。此外，还必须正确选择土料及填筑、压实方法。

1. 回填土料选择与填筑

作为回填用的土料，不宜采用含水量大的黏土；碎石类土、砂土和爆破石碴等可用于表层以下的填料；对碎块草皮和有机质含量大于 8% 的土，仅用于无压实要求的填方区。

土方填筑应分层进行，每层虚铺厚度，应根据土的种类及选用的压实机具确定。对于有密实度要求的填方，应根据选用的土料和压实机具的性能，经试验确定最佳含水量、分层虚铺厚度、压实遍数等。对于无密实度要求的填土区，可直接填筑，经一般碾压即可，但应预留一定的沉陷量。

同一填方工程应尽量采用同类土填筑；如采用不同土料时，应按土类分层铺填，并应将透水性较大的土层置于透水性较小的土层之下。

当填土区位于倾斜的地面时，应先将斜坡挖成阶梯状，然后分层填土，防止填土滑动。

填方边坡的坡度应根据土的种类、填方高度及其重要性确定，通常对于永久性填方边坡应按设计规定或查阅有关资料选用。对使用时间较长的临时性填方边坡坡度，当填土高度在 10 m 以内时，可采用 1∶1.5；高度超过 10 m 时，可做成折线形，上部采用 1∶1.5，下部采用 1∶1.75。

2. 填土夯实方法

填土夯实一般有碾压、夯实及利用运土工具压实等方法。

碾压机械一般有平碾压路机和羊足碾两种。平碾压路机按重量有轻型（小于 5 t）、中型（5～10 t）和重型（大于 10 t）三种，适宜对砂类土和黏性土压实；羊足碾适宜压实黏性土。

碾压法主要用于大面积的填土，如场地平整、大型车间地坪填土等。碾压方向应从填土两侧逐渐压向中心。机械开行速度，一般平碾为 2 km/h；羊足碾为 3 km/h。速度不宜过快，以免影响压实效果。填方施工应从场地最低处开始，水平分层整片回填碾压。上下层错缝应大于 1.0 m。

夯实法通常用于基坑、沟槽的回填压实，详见本章第五节。

利用运土工具压实法：对于密实度要求不高的大面积填方，可采用铲运机、推土机结合推（运）土方和平土进行压实。在最佳含水量的条件下，每层铺土厚度为 20～30 cm 时，压 4～5 遍也能接近最佳密实度要求。但采用此法应合理组织好开行路线，能大体均匀地分布在填土的全部面积上。

在进行大规模场地平整时，可根据现场具体情况和地形条件、工程量大小、工期等要求，合理组织综合机械化施工。如采用铲运机、挖土机及推土机开挖土方；用松土机松土、装载机装土、自卸汽车运土；用推土机平整土壤；用碾压机械进行压实。组织综合机械化施工，应使各个机械或各机组的生产率协调一致，并宜将施工区划分为若干施工段进行流水作业。

第三节　沟槽、基坑开挖

一、沟槽与基坑土方量计算

（一）断面形式

在室外管道工程开槽施工中常采用的沟槽断面形式有直槽、梯形槽、混合槽等，当有两条或多条管道平行埋设时，还可采用联合槽。各种沟槽的断面形式如图 1-18 所示。

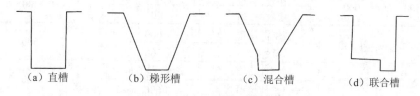

（a）直槽　　　　（b）梯形槽　　　　（c）混合槽　　　　（d）联合槽

图 1-18　沟槽断面形式

沟槽断面形式的选择通常要根据土的种类、地下水情况、现场条件及施工方法进行；沟槽断面尺寸要根据设计规定的基础尺寸、管道的断面尺寸、长度和埋设深度等确定。正确确定沟槽开挖的断面形式和尺寸，可以减少土方开挖量，为后续工序创造良好的施工条件，保证工程质量和施工安全。

现以图 1-19 所示的梯形槽开挖为例，说明沟槽断面尺寸的确定方法。

沟槽下底宽按下式决定：

$$W_下 = D_0 + 2(b_1 + b_2 + b_3) \tag{1-35}$$

式中：D_0——管道外径，mm；

b_1——管道一侧工作面宽度，mm，按表 1-12 确定；

b_2——有支撑要求时，管道一侧的支撑厚度，可取 150～200 mm；

b_3——现浇混凝土或钢筋混凝土管渠一侧模板厚度，mm。

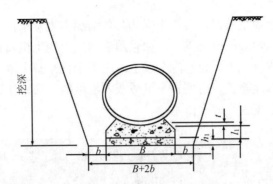

B—管道基础宽度；b—工作宽度；t—管壁厚度；l_1—管座厚度；h_1—基础厚度

图 1-19　沟槽尺寸确定

表 1-12　沟槽底部每侧工作面宽度

管道外径 D_0/ mm	管道一侧的工作面宽度 b_1/mm		
	混凝土类管道		金属类管道、化学建材管道
$D_0 \leqslant 500$	刚性接口	400	300
	柔性接口	300	
$500 < D_0 \leqslant 1\,000$	刚性接口	500	400
	柔性接口	400	
$1\,000 < D_0 \leqslant 1\,500$	刚性接口	600	500
	柔性接口	500	
$1\,500 < D_0 \leqslant 3\,000$	刚性接口	800～1\,000	700
	柔性接口	600	

注：1. 槽底需设排水沟时，b_1 应适当增加；
　　2. 管道有现场施工的外防水层时，b_1 宜取 800 mm；
　　3. 采用机械回填管道侧面时，b_1 需满足机械作业的宽度要求。

　　管道基础宽度根据管径大小确定，《全国通用给水排水标准图集》S_2 中，对各种给排水管道基础的各部位尺寸，都作了详细规定，可直接采用。

　　沟槽的开挖深度按管道设计埋设深度、基础厚度、管壁厚度、管座厚度确定，通常按下式计算：

$$H = H_1 + h_1 + l_1 + t \tag{1-36}$$

式中：H —— 沟槽开挖深度，m；

　　　H_1 —— 管道设计埋设深度，m；

　　　h_1 —— 管道基础厚度，m；

　　　l_1 —— 管座厚度，m；

　　　t —— 管道壁厚，m。

施工时，如沟槽地基承载力较低，需要加设基础垫层时，沟槽的开挖深度尚需考虑垫层的厚度。

沟槽上口宽度按下式计算：

$$W_{上} = W_{下} + 2nH \tag{1-37}$$

式中：$W_{上}$—— 沟槽上口宽度，m；

$W_{下}$—— 沟槽下底宽度，m；

H —— 沟槽开挖深度，m；

n —— 沟槽槽壁边坡率。

当采用梯形槽时，其边坡的选定，应按土的类别确定并符合表 1-13 的规定。不设支撑的直槽边坡一般采用 1：0.05。

表 1-13 梯形槽的边坡

土的类别	人工开挖	机械开挖	
		在槽底开挖	在槽边上开挖
一类、二类土	1：0.5	1：0.33	1：0.75
三类土	1：0.33	1：0.25	1：0.67
四类土	1：0.25	1：0.10	1：0.33

基坑一般是由两个平面为底组成的多面体，其断面形状一般为梯形，上、下口的尺寸参照梯形槽确定。

（二）土方量计算

1. 沟槽土方量计算

沟槽土方量通常根据沟槽的断面形式，采用平均断面法进行计算。由于管径的变化和地势高低的起伏，要精确地计算土方量，须沿长度方向分段计算。一般重力流管道以敷设坡度相同的管段作为一个计算段计算土方量；压力流管道计算断面的间距最大不超过 100 m。将各计算段的土方量相加，即得总土方量。每段土方量的计算公式为：

$$V_i = \frac{1}{2}(F_1 + F_2)L_i \tag{1-38}$$

式中：V_i——每一计算段的土方量，m³；

L_i——每一计算段的长度，m；

F_1，F_2——每一计算段的两端断面积，m²。

2. 基坑土方量计算

采用平均断面法。计算其断面宽度时，每侧工作宽度应增加 1～2 m。计算公式为：

$$V = \frac{H}{6}(F_1 + 4F_0 + F_2) \tag{1-39}$$

式中：V —— 基坑土方量，m^3；

F_1，F_2 —— 基坑上、下底面积，m^2；

F_0 —— 基坑中截面面积，m^2；

H —— 基坑深度，m。

二、沟槽、基坑的土方开挖

沟槽、基坑的土方开挖，应尽量采用机械开挖，以加快施工速度。只有当工程量不大且分散或机械难以施工时，才采用人工开挖。采用机械开挖时，应依据施工的具体条件，选择单斗挖土机和多斗挖土机。

（一）单斗挖土机开挖

单斗挖土机是土方施工中常用的一种机械，根据其工作装置的不同，可分为正向铲、反向铲、拉铲和抓铲等。

1. 正向铲挖土机

正向铲挖土机的工作特点是：开挖停机面以上的土壤，开挖时铲斗前进向上，强制切土，挖掘力大，生产效率高。适用于无地下水，开挖高度在 2.0 m 以上，一～四类土的基坑及土丘，但开挖基坑时需设置坡道。

正向铲挖土机有液压传动和机械传动两种。机身可回转 360°，动臂可升降，斗柄能伸缩，铲斗可以转动，当更换工作装置后还可进行其他施工作业。图 1-20 为正向铲挖土机的简图及其主要工作状态。表 1-14 和表 1-15 为正向铲的主要技术性能。

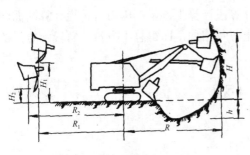

（a）机械传动正向铲工作尺寸

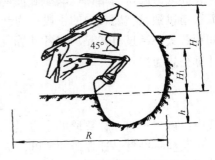

（b）液压正向铲工作尺寸

图 1-20 正向铲工作尺寸

表 1-14　机械传动正向铲挖土机的主要技术性能

技术参数	符号	单位	W-501		W-1001	
铲斗容量	q	m³	0.5		1.0	
铲臂倾角	α	(°)	45	60	45	60
最大挖土高度	H	m	6.5	7.9	8.0	9.0
最大挖土深度	h	m	1.5	1.1	2.0	1.5
最大挖土半径	R	m	7.8	7.2	9.8	9.0
最大卸土高度	H_1	m	4.5	5.6	5.5	6.8
最大卸土高度时卸土半径	R_1	m	6.5	5.4	8.0	7.0
最大卸土半径	R_2	m	7.1	6.5	8.7	8.0
最大卸土半径时卸土高度	H_2	m	2.7	3.0	3.3	3.7

表 1-15　正向铲液压挖土机的主要技术性能

技术参数	符号	单位	W2-200	W4-60
铲斗容量	q	m³	2.0	0.6
最大挖土半径	R	m	11.1	6.7
最大挖土高度	H	m	11.0	5.8
最大挖土深度	h	m	2.45	3.8
最大卸土高度	H_1	m	7.0	3.4

　　正向铲的挖土方式和卸土方式,应根据挖土机的开挖路线与运输工具的相对位置确定,一般有正向挖土、侧向卸土和正向挖土、后方卸土两种方式(图 1-21)。其中侧向卸土方式的动臂回转角度小、运输工具行驶方便、生产率高、应用较广。当沟槽和基坑的宽度较小,而深度又较大时,才采用后方卸土方式。

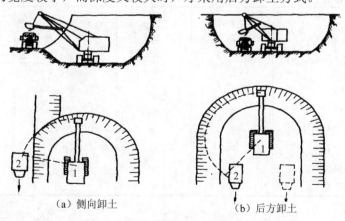

（a）侧向卸土　　　　　　　　（b）后方卸土

1—正向铲挖土机；2—自卸汽车

图 1-21　正向铲挖土机开挖方式

2. 反向铲挖土机

反向铲挖土机是开挖停机面以下的土方，不需设置进出口坡道。适用于开挖管沟和基槽，也可开挖小型基坑，尤其适用于开挖地下水位较高或泥泞的土方。

反向铲挖土机也有液压传动和机械传动两种。图1-22和表1-16为机械传动反向铲挖土机的主要技术性能及工作尺寸。

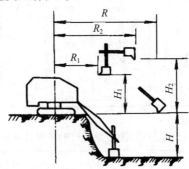

图1-22　机械传动反向铲工作尺寸

反向铲挖土机有沟端开挖和沟侧并挖两种开挖方式。

沟端开挖是指挖土机停在沟槽一端，向后倒退挖土，汽车可在两侧装土，此法应用较广。其工作面宽度较大，单面装土时为 $1.3R$，双面装土时为 $1.7R$，深度可达最大挖土深度 H。

表1-16　常用反向铲主要技术性能

技术参数	符号	单位	数据	
铲斗容量	q	m³	0.5	
支杆长度	L	m	5.5	
斗柄长度	L_1	m	2.8	
支杆倾角	α	(°)	45	60
最大挖掘深度	H	m	5.56	5.56
最大挖掘半径	R	m	9.20	9.20
卸土开始时半径	R_1	m	4.66	3.53
卸土终止时半径	R_2	m	8.10	7.00
卸土开始时高度	H_1	m	2.20	3.10
卸土终止时高度	H_2	m	5.26	6.14

沟侧开挖是指挖土机沿沟槽一侧直线移动挖土。此法能将土弃于距沟槽边较远处，可供回填使用。但由于挖土机移动方向与挖土方向相垂直，所以稳定性较差，开挖深度和宽度较小（一般为 $0.8R$），也不能很好控制边坡。

3. 拉铲挖土机

拉铲挖土机的工作装置简单，可由起重机改装。拉铲的开挖方式，基本上与反向铲挖土机相似，也可分为沟端开挖和沟侧开挖。常用拉铲挖土机的主要技术性能，见表 1-17。

表 1-17　常用拉铲挖土机的主要技术性能

技术参数	单位	W-501				W-1001			
铲斗容量	m³	0.5				1.0			
铲臂长度	m	10		13		13		16	
铲臂倾斜角度	(°)	30	45	30	45	30	45	30	45
最大卸土高度	m	3.5	5.5	5.3	8.0	4.2	6.9	5.7	9.0
最大卸土半径	m	10.0	8.3	12.5	10.4	12.8	10.8	15.4	12.9
最大挖掘半径	m	11.1	10.2	14.3	13.2	14.4	13.2	17.5	16.2
侧面挖掘深度	m	4.4	3.8	6.6	5.9	5.8	4.9	8.0	7.1
正面挖掘深度	m	7.3	5.6	10.0	7.8	8.5	7.4	12.2	9.6

4. 抓铲挖土机

抓铲挖土机一般是将正向、反向铲液压挖土机的铲斗更换成合瓣式抓斗而成，也可由履带式起重机改装。可用于开挖面积较小，深度较大的沟槽、沉井或独立柱基的基坑，最适宜进行水下挖土，如放置在驳船上开挖地表水取水构筑物基础的水下土石方。

单斗挖土机的小时生产率 P_h 可按下列公式计算：

$$P_h = 60 \cdot q \cdot n \cdot K_1 \cdot K_2 \qquad (1\text{-}40)$$

式中：P_h —— 单斗挖土机的生产率，m^3/h；

$\quad q$ —— 铲斗容量，m^3；

$\quad n$ —— 每分钟挖土循环次数，$n = \dfrac{60}{T_p}$；

$\quad T_p$ —— 挖土机每次循环延续时间，s；

$\quad K_1$ —— 土的影响系数，一类土为 1.0，二类土为 0.95，三类土为 0.8，四类土为 0.55；

$\quad K_2$ —— 工作时间利用系数；在侧向汽车装土时为 $0.68 \sim 0.72$；在侧向堆土时为 $0.78 \sim 0.88$；挖爆破后的岩石时为 0.60。

单斗挖土机台班产量 P_d 按下式计算：

$$P_d = 8 \cdot P_h \qquad (1\text{-}41)$$

在土方开挖时，受施工条件的限制，有时需要将土方及时外运。此时与挖土机配套的自卸汽车的台数可按下式计算：

$$自卸汽车配备辆数=\frac{挖土机台班产量}{汽车台班产量}\qquad(1\text{-}42)$$

也可按时间计算，即：

$$N=\frac{t}{t_1}\qquad(1\text{-}43)$$

式中：N —— 与一台挖土机配合工作的自卸汽车数，辆；

　　　t —— 自卸汽车自开始装车至卸土返回时的循环时间，s；

　　　t_1 —— 自卸汽车装车时间，s。

（二）多斗挖土机开挖

➤ 多斗挖土机又称挖沟机或纵向多斗挖土机。与单斗挖土机相比，它有下列优点：挖土作业是连续的，在同样条件下生产率较高；

➤ 开挖每单位土方量所需的能量消耗较低；

➤ 开挖沟槽的底和壁较整齐；

➤ 在连续挖土的同时，能将土自动卸在沟槽一侧。适宜开挖黄土、粉质黏土等，但不宜开挖坚硬的土和含水量较大的土。

挖沟机由工作装置、行走装置和动力、操纵及传动装置等部分组成。

挖沟机的类型，按工作装置分为链斗式和轮斗式两种。按卸土方法分为装有卸土皮带运输器的和未装卸土皮带运输器的两种。通常挖沟机大多装有皮带运输器。行走装置有履带式、轮胎式和履带轮胎式三种。动力装置一般为内燃机。

链斗式挖沟机的构造如图 1-23 所示。

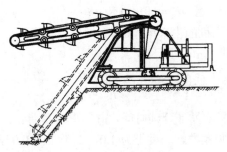

图 1-23　链斗式挖沟机构造

挖沟机的小时生产率 P_h 可按下式计算：

$$P_h=60\,n\cdot q\cdot K_c\cdot\frac{1}{K_s}\cdot K\cdot K_B\qquad(1\text{-}44)$$

式中：P_h ——挖沟机的生产率，m^3/h；

　　　n ——铲斗每分钟挖掘次数；

q ——铲斗容量，m^3；

K_c ——铲斗的充盈系数；

K_s ——土的最初可松性系数；

K ——土开挖的难易程度系数；

K_B ——时间利用系数。

在一定的土质条件下，加快挖沟机开挖的行驶速度是提高挖沟机生产率的主要途径，但要考虑皮带运输器的运送能力能否将土方及时卸出。

（三）冬季、雨季开挖措施

1. 冬季开挖措施

土方冬季开挖，由于土壤冻结，增加了施工难度，因此一般应避开冬季开挖。但有时受工期等条件的限制，不可避免地要进行冬季开挖。这就需要在土壤冻结之前，采取一定的措施避免土壤冻结或减少土壤的冻结深度，为土方开挖创造便利条件。常采用的措施主要有：

（1）土壤保温法

① 表土耙松法。将表层土翻松，作为防冻层，以减少土壤的冻结深度。根据施工经验，一般翻松的深度应不小于 300 mm。

② 覆盖法。用干砂、锯末、草帘等保温材料覆盖在需要开挖的土方上面，以缓解或减少冻结。覆盖厚度视气温而定，一般为 150～200 mm。

（2）冻土破碎法

① 重锤击碎法。用起重机起吊重锤，下落时锤击冻结的土壤，使其破碎。该法适用于冻结深度较小的土壤。但施工噪声较大，速度慢，使用受到了一定程度的影响。

② 爆破法。详见本章第七节。

2. 雨季开挖措施

雨季进行土方开挖施工时，由于雨水的降落，增加了土壤的含水量，从而增加了施工难度和施工费用，降低了功效。因此，应采取有效措施，保证雨季开挖正常进行。一般情况下，可采取如下措施：

➢ 开挖工作面不宜过大，应逐段完成，尽可能减少雨水对施工的影响；

➢ 开挖前做好排水设施，保证排水畅通，防止地表雨水流入，必要时可设置挡土墙；

➢ 应保证沟槽或基坑的边坡稳定，必要时可加设支撑；

➢ 应保证现场运输道路畅通，道路路面加铺炉渣、砂砾等防滑材料；

➢ 应落实安全技术措施，保证施工质量，使施工顺利进行。

三、土方开挖质量要求

（1）严禁扰动槽（坑）底土壤，如发生超挖，严禁用土回填；

（2）槽（坑）壁平整，边坡符合设计要求；土方工程允许偏差见表1-18。

表1-18 土方工程允许偏差

项次	项目	允许偏差/mm					检验方法
		桩基、基坑、基槽、管沟	挖方、填方、场地平整		排水沟	地（路）基、面层	
			人工施工	机械施工			
1	标高	+0 −50	±50	±100	+0 −50	+0 −50	用水准仪检查
2	长度、宽度（由设计中心向两边量）	−0	−0	−0	+100 −0	—	用经纬仪、拉线和尺测量检查
3	边坡坡度	−0	−0	−0	−0	—	观察或用坡度尺检查
4	表面平整度	—	—	—	—	20	用2 m靠尺和楔形塞尺检查

注：1. 地（路）面层的偏差只适用于直接在挖、填方上做地（路）面的基层。

  2. 本表项次3的偏差系指边坡坡度不应偏陡。

四、土方施工安全技术

➢ 土方开挖时，人工操作间距不应小于2.5 m，机械操作间距不应小于10.0 m；

➢ 挖土应由上而下逐层进行，禁止逆坡挖土或掏洞；

➢ 基坑开挖应严格按要求放坡；

➢ 基坑（槽）开挖深度超过3.0 m时，应使用吊装设备吊土，坑内人员应离开起吊点的垂直正下方，并戴安全帽，工人上下应借助靠梯；

➢ 材料和土方应堆放在距槽边1.0 m以外的地方；

➢ 应设置路挡、便桥或其他明显标志，夜间应有照明设施；

➢ 必要时应加设支撑。

第四节 沟槽及基坑支撑

支撑是由木材或钢材做成的一种防止沟槽或基坑土壁坍塌的临时性挡土结构。支撑的荷载是原土和地面上的荷载所产生的侧土压力。支撑加设与否应根据土质、地下水情况、槽深、槽宽、开挖方法、排水方法、地面荷载等因素确定。一般情况下，当沟槽土质较差、深度较大而又挖成直槽时，或高地下水位砂性土质并采用明沟排水措施时，均应支设支撑。支设支撑可以减少土方开挖量和施工占地面积，减少拆迁。但增加了材料消耗，有时会影响后续工序的操作。

支撑结构应满足下列要求：

➤ 牢固可靠，支撑材料质地和尺寸合格，保证施工安全；

➤ 在保证施工安全的前提下，尽可能节约用料，宜采用工具式钢支撑；

➤ 便于支设、拆除，不影响后续工序的操作。

一、支撑种类及其适用条件

沟槽支撑有横撑、竖撑和板桩撑三种形式，开挖较大基坑时采用锚碇式支撑等。

1. 横撑

横撑由撑板、立柱和撑杠组成。可分成疏撑（又称断续式支撑）和密撑（又称连续式支撑）两种。疏撑的各撑板间有间距；密撑的各撑板间密接铺设。

疏撑［图1-24（a）］适用于开挖湿度小的黏性土且挖土深度小于3.0 m的沟槽。密撑用于较潮湿的或散粒土及挖深不大于5.0 m的沟槽。

2. 竖撑

竖撑［图1-24（b）］由撑板、横梁和撑杠组成，用于松散和湿度高的土，挖土深度可以不限。

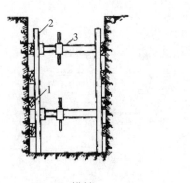 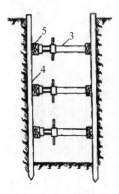

（a）横撑　　　　　　　　　　　　　（b）竖撑

1—横向撑板；2—立柱；3—工具式撑杠；4—竖向撑板；5—横梁

图1-24　横撑、竖撑

3. 锚碇式支撑

在开挖较大基坑或采用机械挖土、而不能安装撑杠时，可改用锚碇式支撑（图1-25）。锚桩必须设置在土的破坏范围以外，挡土板水平钉在柱桩的内侧，柱桩一端打入土内，上端用拉杆与锚桩拉紧，挡土板内侧回填土。

在开挖较大基坑、当有部分地段下部放坡不足时，可以采用短桩横隔板支撑或临时挡土墙支撑，以加固土壁（图 1-26）。

4. 板桩撑

在开挖深度较大的沟槽和基坑时，如地下水很多，且未采取降低地下水水位的降水措施，此时可采用钢板桩支撑。使板桩打入坑底以下一定深度，增加地下水从坑外流入坑内的渗流路线，减小水力坡度，降低动水压力，以防止流砂现象和坑壁坍塌事故的发生（图 1-27）。

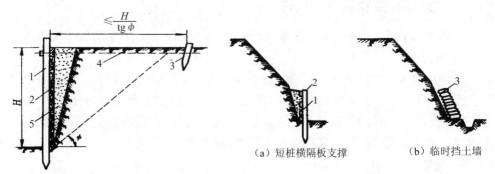

1—桩柱；2—挡土板；3—锚桩；4—拉杆；5—回填土

图 1-25 锚碇式支撑

（a）短桩横隔板支撑　（b）临时挡土墙

1—短桩；2—横隔板；3—装土草袋

图 1-26 加固土壁措施

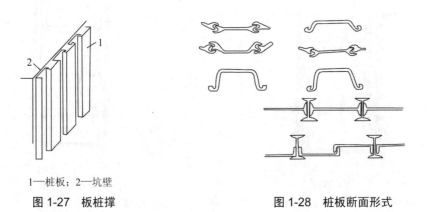

1—桩板；2—坑壁

图 1-27 板桩撑

图 1-28 桩板断面形式

在施工中常用的钢板桩多由槽钢或工字钢组成，或采用特制的钢板桩，如图 1-28 所示。桩板间均采用啮口连接，以提高板桩撑的整体性和水密性。特殊断面的桩板惯性矩大且桩板间啮合作用高，故常用在重要工程上。

桩板在沟槽或基坑开挖前用打桩机打入土中，在开挖及其后续工序作业时，起到保证施工安全的作用。板桩撑一般不设横梁和撑杠，但当桩板入土深度不足时，仍需辅以横梁和撑杠；或在桩板顶部加一横条，用水平锚杆固定在土壁中。

使用钢板桩支撑要消耗大量钢材，但它在各种支撑中最安全可靠，因此，在弱饱和土层中常被采用。

二、支撑的材料要求

1. 撑板（挡土板）

撑板有木撑板和金属撑板两种。木撑板不应有纹裂等缺陷，金属撑板由钢板焊接于槽钢上拼成，槽钢间用型钢连接加固（图 1-29）。金属撑板每块长度为 2 m、4 m、6 m。木撑板一般长为 2～6 m，宽度为 200～300 mm，厚度 50 mm。

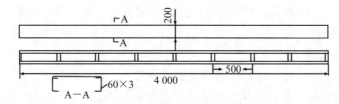

图 1-29　金属撑板（单位：mm）

2. 立柱和横梁

立柱和横梁通常采用槽钢，其截面尺寸为 100 mm×100 mm～200 mm×200 mm（视槽深而定）。槽深在 4 m 以内时，立柱和横梁间距为 1.5 m 左右；槽深为 4～6 m，立柱和横梁间距在疏撑中为 1.2 m，密撑为 1.5 m；槽深为 6～10 m，立柱和横梁间距为 1.5～1.2 m。

3. 撑杠

撑杠有木撑杠和金属撑杠两种。木撑杠为 100 mm×100 mm～150 mm×150 mm 的方木或 ϕ150 mm 的圆木，长度根据具体情况而定。金属撑杠一般为工具式撑杠，由撑头和圆套管组成（图 1-30）。

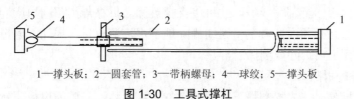

1—撑头板；2—圆套管；3—带柄螺母；4—球绞；5—撑头板

图 1-30　工具式撑杠

撑头为一丝杠，以球铰连接于撑头板，带柄螺母套于丝杠。应用时，将撑头丝杠插入圆套管内，旋转带柄螺母，柄把止于套管端，而丝杠伸长，则撑头板就紧压立柱或横梁，使撑板固定。丝杠在套管内的最短长度应为 200 mm，以保证安全。这种工具式撑杠的优点是支设方便，而且可更换圆套管长度，适用于各种不同的槽宽。撑杠间距一般为 1.0～1.2 m。

三、支撑的支设和拆除

（一）支撑的支设

1. 横撑的支设

挖槽到一定深度或到地下水水位以上时，开始支设支撑，然后逐层开挖逐层支设。支设程序一般为：首先校核沟槽断面是否符合要求，然后用铁锹将槽壁找平，按要求将撑板紧贴于槽壁上，再将立柱紧贴于撑板上，继而将撑杠支设于立柱上。若采用木撑杠，应用木楔、扒钉将撑杠固定于立柱上，下面钉一木托防止撑杠下滑。横撑必须横平竖直，支设牢固。

2. 竖撑的支设

当竖撑支设时，先在沟槽两侧将撑板垂直打入土中，然后开始挖土。根据土质，每挖深 50～60 cm，就将撑板下锤一次，直至锤打到槽底排水沟底为止。下锤撑板每到 1.2～1.5 m，再加撑杠和横梁一道，如此反复进行。

3. 板桩撑的支设

板桩撑的支设主要是用打桩机将桩板垂直打入土中，并保证打入后的桩板有足够的刚度且桩板墙面平直。具体施工方法可参阅有关书籍。

在施工过程中，更换立柱和撑杠的位置称为倒撑。当原支撑妨碍下一工序进行、原支撑不稳、一次拆撑有危险或因其他原因必须重新支设支撑时，均应倒撑。

在施工期间，应经常检查槽壁和支撑情况，尤其在流砂地段或雨后，更应加强检查。如支撑部件有弯曲、倾斜、松动时，应立即加固，拆换受损部件。如发现槽壁有塌方预兆，应加设支撑，而不应倒撑或拆撑。

（二）支撑的拆除

当沟槽内工作全部完成后，才可将支撑拆除。拆撑与沟槽回填应同时进行，边填边拆。拆撑时必须注意安全，继续排除地下水，避免材料损耗。遇撑板和立柱较长时，可在还土后拆除或倒撑后拆除。

1. 横撑的拆除

当横撑拆除时，先松动最下一层的撑杠，抽出最下一层的撑板，然后回填土，回填完毕后再拆上一层撑板，依次将撑板全部拆除，最后拔出立柱。

2. 竖撑的拆除

当竖撑拆除时，先回填土至最下层撑杠底面，松动最下一层的撑杠，拆除最下一层的横梁，然后回填土。回填至上一层撑杠底面时，再拆出上一层的撑杠和横梁，依次将撑杠和横梁全部拆除，最后用吊车或导链拔出撑板。

3. 板桩撑的拆除

板桩撑的拆除与竖撑基本相同。

第五节　土方回填

沟槽回填应在管道验收合格后进行，基坑回填应在构筑物达到足够强度后进行。但回填也应及早进行，以避免坑（槽）壁坍塌，保护已建的构筑物和管道，尽早地恢复地面平整工作。

土方回填包括还土、摊平、夯实、检查等工序。其中关键工序是夯实，埋设在沟槽内的管道，承受管道上方及两侧土压力和地面上的静荷载或动荷载。如果提高管道两侧（胸腔）和管顶的回填土密实度，可以减少管顶垂直土压力。根据经验，沟槽各部位的回填土密实度，如图 1-31 所示。基坑回填的密实度要求应由设计根据工程结构性质、使用要求，以及土的性质确定，一般密实度不小于 90%。

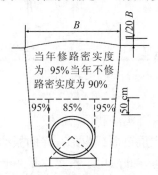

图 1-31　沟槽回填土密实度

回填前，应建立回填制度。回填制度是为了保证回填质量而制定的回填操作规程。例如，根据构筑物或管道特点和回填密实度要求，确定压实工具、还土土质、还土含水量、还土虚铺厚度，压实后厚度、夯实工具的夯击次数、走夯形式等。

一、还土

还土一般用沟槽或基坑原土。在土中不应含有粒径大于 30 mm 的砖块，粒径较小的石子含量不应超过 10%。回填土土质应保证回填密实。不能用于泥土、液化状粉砂、细砂、黏土等回填。当原土属于上述土时，应换土回填。

回填土应具有最佳含水量。高含水量时可采用晾晒或加白灰掺拌使其达到最佳含水量。低含水量时则应洒水。当采取各种措施降低或提高含水量的费用比换土费用高时，则应换土回填。有时，在市区繁华地段、交通要道、交通枢纽处回填，或为了保证附近建筑物安全，或为了当年修路，可将道路结构以下部分换用砂石、矿渣等回填。

还土时沟槽或基坑应继续降水，防止槽壁坍塌和管道或构筑物漂浮事故。采用明沟排水时，还土应从两相邻集水井的分水岭处开始向集水井延伸。不应带水回填。雨季施工时，必须及时回填。为了防止产生漂浮事故，回填时也可灌水。

还土可采用人工还土或机械还土，一般管顶 500 mm 以下采用人工还土，500 mm 以上采用机械还土。

二、摊平

每还土一层，都要人工将土摊平，每一层都要接近水平。每层土的虚铺厚度应根据压实机具和要求的密实度确定，一般可参照表 1-19 确定。

表 1-19　回填土每层的虚铺厚度

压实机具	虚铺厚度/cm
木夯、铁夯	≤20
蛙式夯、火力夯	20~25
压路机	20~30
振动压路机	≤40

三、夯实

沟槽和基坑回填压实有夯实法和振动法。

振动法是将重锤放在土层表面或内部，借助振动设备使重锤振动，土壤颗粒即发生相对位移达到密实状态。此法用于振实非黏性土壤。

夯实法是利用夯锤自由下落的冲击力来夯实土壤，是沟槽、基坑回填常用的方法。夯实法使用的机具类型较多，常采用的机具有蛙式打夯机、内燃打夯机、履带式打夯机及压路机等。

（一）蛙式打夯机

由夯头架、拖盘、电动机和传动减速机构组成（图 1-32）。蛙式夯构造简单、轻便，在施工中广泛使用。

夯土时电动机经皮带轮二级减速，使偏心块转动，摇杆绕拖盘上的连接铰转动，使拖盘上下起落。夯头架也产生惯性力，使夯板做上下运动，夯实土方。同时蛙式夯利用惯性作用自动向前移动。一般而言，采用功率为 2.8 kW 的蛙式夯，在最佳含水量条件下，虚铺厚度为 20 cm，夯击 3~4 遍，回填土密实度便可达到 95%左右。

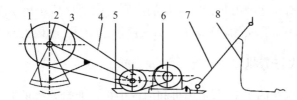

1—偏心块；2—前轴装置；3—夯头架；4—传动装置；5—托盘；6—电动机；7—操纵手柄；
8—电器控制设备

图 1-32　蛙式夯构造

（二）内燃打夯机

内燃打夯机又称"火力夯"，由燃料供给系统、点火系统、配气机构、夯身夯足、操纵机构等部分组成（图 1-33）。

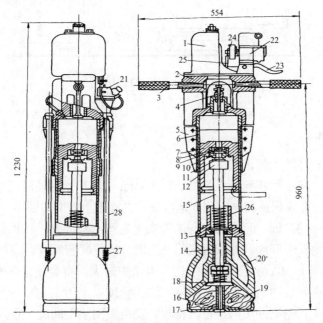

1—油箱；2—汽缸盖；3—手柄；4—气门导杆；5—散热片；6—汽缸套；7—活塞；8—阀片；9—上阀门；
10—下阀门；11—锁片；12、13—卡圈；14—夯锤衬套；15—连杆；16—夯底座；17—夯板；18—夯上座；
19—夯足；20—夯锤；21—汽化器；22—磁电机；23—操纵手柄；24—转盘；25—联杆；26—内部弹簧；
27—拉杆弹簧；28—拉杆

图 1-33　HN-80 型内燃式夯土机外形尺寸和构造

打夯机启动时，需将机身抬起，使缸内吸入空气，雾化的燃油和空气在缸内混合，然后关闭气阀，靠夯身下落将混合气压缩，并经磁电机打火将其点燃。混合气在缸内燃烧所产生的能量推动活塞，使夯轴和夯足作用于地面。在冲击地面后，夯足跳起，整个打夯机也离开地面，夯足的上升动能消尽后，又以自由落体下降，夯击地面。火力夯用于夯实沟槽、基坑、墙边墙角处的还土较为方便。

（三）履带式打夯机

履带式打夯机如图 1-34 所示，可利用挖土机或履带式起重机改装而成。

打夯机的锤形有梨形、方形，锤重 1～4 t，夯击土层厚度可达 1.0～1.5 m。适用于沟槽上部夯实或大面积回填土方夯实。

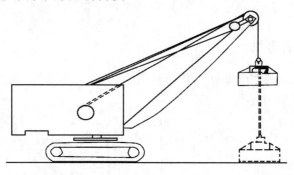

图 1-34　履带式打夯机

四、检查

主要是检查回填土的密实度。

沟槽回填，应在管座混凝土强度达到 5 MPa 后进行。回填时，两侧胸腔应同时分层还土摊平，夯实也应同时以同一速度进行。管子上方土的回填，从纵断面上看，在厚土层与薄土层之间，已夯实土与未夯实土之间，均应有一较长的过渡地段，以免管子受压不匀发生开裂。相邻两层回填土的分段位置应错开。

胸腔和管顶上 50 cm 范围内夯实时，夯击力过大，将会使管壁或沟壁开裂。因此，应根据管道和管沟的强度确定回填方法。管顶以上还土 100～150 cm 后方可使用碾压机械压实。基坑回填时，也应使构筑物两侧回填土高度一致，并同时夯实。

每层土夯实后，应检测密实度。一般采用环刀法进行检测。检测时，应确定取样的数目和地点。由于表面土常易夯碎，每个土样应在每层夯实土的中间部分切取。土样切取后，根据自然密度、含水量、干密度等数值，即可算出密实度。

回填应使槽上土面略呈拱形，以免日久因土沉陷而造成地面下凹。拱高，又称余填高，一般为槽宽的 $\dfrac{1}{20}$，常取 15 cm。

第六节 地基处理简介

在环境工程施工中，常遇到一些软弱土层，如土质疏松、压缩性高、抗剪强度低的软土；松散砂土和未经处理的填土。当在这种软弱地基上直接修建建筑物或构筑物时，往往需要对地基进行处理或加固，其目的是：

➤ 改善土的剪切性能，提高抗剪强度；
➤ 降低软弱土的压缩性，减少基础的沉降或不均匀沉降；
➤ 改善土的透水性，起着截水、防渗的作用；
➤ 改善土的动力特性，防止砂土液化；
➤ 消除或减少湿陷性黄土的湿陷性和膨胀土的胀缩性。

地基处理有换土垫层、挤密与振密、碾压与夯实、排水固结和浆液加固五种方法，各种方法及其原理与作用见表1-20。

表1-20 地基处理方法分类

分类	处理方法	原理及作用	适用范围
换土垫层	素土垫层 砂垫层 碎石垫层	挖除浅层软土，用砂、石等强度较高的土料代替，以提高持力层土的承载力，减少部分沉降量；消除或部分消除土的湿陷性、胀缩性及防止土的冻胀作用；改善土的液化性能	适用于处理浅层软弱土地基、湿陷性黄土地基（只能用灰土垫层）、膨胀土地基、季节性冻土地基
挤密振实	砂桩挤密法 灰土桩挤密法 石灰桩挤密法 振冲法	通过挤密或振动使深层土密实，并在振动挤压过程中，回填砂、砾石等材料，形成砂桩或碎石桩，与桩周土一起组成复合地基，从而提高地基承载力，减少沉降量	适用于处理砂土、粉土或部分黏土颗粒含量不高的黏性土
碾压夯实	机械碾压法 振动压实法 重锤夯实法 强夯法	通过机械碾压或夯击压实土的表层，强夯法则利用强大的夯击能，迫使深层土液化和动力固结而密实，从而提高地基土的强度，减少部分沉降量，消除或部分消除黄土的湿陷性，改善土的抗液化性能	一般适用于砂土、含水量不高的黏性土及填土地基。强夯法应注意其振动对附近（约30 m内）建筑物的影响
排水固结	堆载预压法 砂井堆载预压法 排水纸板法 井点降水预压法	通过改善地基的排水条件和施加预压荷载，加速地基的固结和强度增长，提高地基的强度和稳定性，并使基础沉降提前完成	适用于处理厚度较大的饱和软土层，但需要具有预压的荷载和时间，对于厚的泥炭层则要慎重对待
浆液加固	硅化法 旋喷法 碱液加固法 水泥灌浆法 深层搅拌法	通过注入水泥、化学浆液将土粒黏结或通过化学作用机械拌和等方法，改善土的性质，提高地基承载力	适用于处理砂土、黏性土、粉土、湿陷性黄土等地基，特别适用于对已建成的工程地基事故处理

近年来，国内外在地基处理技术方面发展很快，本节只作简单介绍。各种方法的具体采用，应从当地地基条件、目的要求、工程费用、施工进度、材料来源、可能达到的效果，以及环境影响等方面进行综合考虑。

一、换土垫层

换土垫层是一种直接置换地基持力层软弱土的处理方法。施工时将基底下一定深度的软弱土层挖除，分层回填砂、石、灰土等材料，并加以夯实振密。换土垫层是一种较简易的浅层地基处理方法，在各地得到广泛应用。

（一）砂垫层

砂垫层适用于处理软土地基，不宜处理湿陷性黄土地基。宜采用砾砂、中砂和粗砂。若只用细砂，宜同时均匀掺入一定数量的碎石或卵石（粒径不宜大于 50 mm）。砂和砂石垫层材料的含泥量不应超过 5%。

砂垫层施工的关键是将砂石料振捣到设计要求的密实度。目前，砂垫层的振捣方法有振密法、水撼法、夯实法、碾压法等多种，可根据砂石材料、地质条件、施工设备等条件选用（表 1-21）。

表 1-21　砂和砂石垫层的施工方法及每层铺筑厚度、最佳含水量

项次	捣实方法	每层铺筑厚度/mm	施工时的最佳含水量/%	施工说明	备　注
1	平振法	200～250	15～20	用平板振捣器往复振捣（宜用功率较大者）	不宜使用细砂或含泥量较大的砂
2	插振法	振捣器插入深度	饱和	1.用插入式振捣器； 2.插入间距可根据机械振幅的大小确定； 3.不应插至下卧黏性土层； 4.插入振捣完毕后所留的空洞应用砂填实	不宜使用细砂或含泥量较大的砂
3	水撼法	250	饱和	1.注水高度应超过每次铺筑面层； 2.用钢叉摇撼振实，插入点间距为100 mm； 3.钢叉分四齿，齿的间距为 8 cm，长为 30 cm，木柄长为 90 cm	湿陷性黄土、膨胀土地区不得使用
4	夯实法	150～200	8～12	1.用木夯或机械夯； 2.木夯重为 40 kg，落距为 0.4～0.5 m； 3.一夯压半夯，全面夯实	
5	碾压法	250～350	8～12	重量为 6～10 t 的压路机往复碾压	1.适用于大面积砂垫层； 2.不宜用于地下水位以下的砂垫层

（二）灰土垫层

灰土垫层适用于处理湿陷性黄土，可消除 1～3 m 厚黄土的湿陷性。灰土的土料宜采用地基槽中挖出的土，不得含有有机杂质，使用前应过筛，粒径不得大于 15 mm。用作灰土的熟石灰应在使用前一天浇水将生石灰熟化并过筛，粒径不得大于 5 mm，不得夹有未熟化的生石灰块。灰土的配合比宜采用 3∶7 或 2∶8，密实度不小于 95%。

二、挤密桩与振冲法

（一）挤密桩

挤密桩是通过振动或锤击沉管等方式成孔，在管内灌注砂、石灰、灰土或其他材料，并加以振实加密等过程而形成的，一般有挤密砂石桩和生石灰桩。

挤密砂石桩用于处理松散砂土、填土，以及塑性指数不高的黏性土。对于饱和黏土由于其透水性低，挤密效果不明显。此外，还可起到消除可液化土层（饱和砂土、粉土）的振动液化作用。

砂石桩宜采用等边三角形或正方形布置。桩直径可根据地基土质情况和成桩设备等因素确定，一般采用 300～800 mm。对饱和黏土地基宜选用较大的直径。砂石桩的间距应通过现场试验确定，但不宜大于砂石桩直径的 4 倍。

桩孔内的填料宜用砾砂、粗砂、中砂、圆砾、角砾、卵石、碎石等。填料中含泥量不得大于 5%，并不宜含有大于 50 mm 的颗粒。

生石灰桩是成孔后，在孔中灌入生石灰碎块或在生石灰中掺加适量的水硬性掺合料（如粉煤灰、火山灰等，约占 30%），经密实后形成的桩体。由于生石灰的水化膨胀挤密、放热、离子交换、胶凝反应、成孔挤密、置换等作用，使生石灰桩能改善土的性质。

生石灰桩直径采用 300～400 mm，桩距 3～3.5 倍于桩径，超过 4 倍桩径时效果不理想。

生石灰桩适用于处理地下水位以下的饱和黏性土、粉土、松散粉细砂、杂填土，以及饱和黄土等地基。湿陷性黄土则应采用土桩、灰土桩。

（二）振冲法

在砂土中，利用加水和振动可以使地基密实。振冲法就是根据这个原理而发展起来的一种方法。振冲法施工的主要设备是振冲器，它类似于插入式混凝土振捣器，由潜水电动机、偏心块和通水管三部分组成。振冲器由吊机就位后，同时启动电动机和射水泵，在高频振动和高压水流的联合作用下，振冲器下沉到预定深度，周围土体在压力水和振动作用下变密，此时地面出现一个陷口，往口内一边填砂一边喷水振动，使填砂密实，逐段填料振密，逐段提升振冲器，直到地面，从而在地基中形成一根较大直径的密实的碎石桩体，一般称为振冲碎石桩。

振冲法分为振冲置换和振冲密实两类。振冲置换法适用于处理不排水抗剪强度不小于 20 kPa 的黏性土、粉土、饱和黄土和人工填土等地基。它是在地基土中制造一群以石块、砂砾等材料组成的桩体，这些桩体与原地基土一起构成复合地基。而振冲密实法适用于处理砂土、粉土等地基，它是利用振动和压力水使砂层发生液化，砂颗粒重新排列，孔隙减少，从而提高砂层的承载力和抗液化能力。

三、碾压与夯实

（一）机械碾压法

机械碾压法采用压路机、推土机、羊足碾或其他压实机械来压实松散土，常用于大面积填土的压实和杂填土地基的处理。

处理杂填土地基时，应首先将建筑物范围内一定深度的杂填上挖除，然后先碾压基坑底部，再将原土分层回填碾压，还可在原土中掺入部分砂和碎石等粗粒料进行碾压。

碾压的效果主要取决于压实机械的压实能量和被压实土的含水量。应根据碾压机械的压实能量和碾压土的含水量，确定合适的虚铺厚度和碾压遍数。最好是通过现场试验确定，在不具备试验的条件下，可按表 1-22 选用。

表 1-22　每层的虚铺厚度及压实遍数

压实机械	每层虚铺厚度/mm	每层压实遍数/遍
平碾（8～12 t）	20～30	6～8
羊足碾（5～16 t）	20～35	8～16
蛙式夯（200 kg）	20～25	3～4
振动碾（8～15 t）	60～130	6～8
振动压实机（2 t、振动力 98 kN）	120～150	10
插入式振动器	20～50	—
平板振动器	15～25	—

（二）振动压实法

振动压实法是利用振动机振动压实浅层地基的一种方法。适用于处理砂土地基和黏性土含量较少，透水性较好的松散杂填土地基。但振动对周围建筑物有影响，一般情况下振源离建筑物的距离不应小于 3 m。

振动压实机的工作原理是由电动机带动两个偏心块以相同速度相反方向转动而

产生很大的垂直振动力。振动机的频率为 1 160～1 180 r/min，振幅为 3.5 mm，自重为 20 kN，振动力可达 50～100 kN，并通过操纵机使它能前后移动或转弯。

振动压实效果与填土成分、振动时间等因素有关，一般振动时间越长效果越好，但超过一定时间后，振动引起的下沉已基本稳定，再振也不能起到进一步压实的效果。因此，需要在施工前进行试振，以测出振动稳定下沉量与时间的关系。对于主要是由炉渣、瓦块等组成的建筑垃圾，其振动时间在 1 min 以上；对于含炉灰等细颗粒填土，振动时间为 3～5 min，有效振实深度为 1.2～1.5 m。

（三）重锤夯实法

重锤夯实法是利用起重机械将夯锤提到一定高度，然后使锤自由下落，重复夯击以加固地基。适用于稍湿的一般黏性土和粉土（地下水位应在夯击面下方 1.5 m 以上）、砂土、湿陷性黄土，以及杂填土等地基的处理。

夯锤一般采用钢筋混凝土圆锥体（截去锥尖），其底面直径为 1.0～1.5 m，质量为 1.5～3.0 t，落距 2.5～4.5 m。经若干遍夯击后，其加固影响深度可达 1.0～1.5 m，均等于夯锤直径。当最后两遍的平均击沉量黏性土和湿陷性黄土不超过 10～20 mm、砂土不超过 5～10 mm 时，即可停止夯击。

（四）强夯法

强夯法又称动力固结法，是法国梅那技术公司于 1969 年首创的一种地基加固方法。这种方法是将很重的锤（一般为 100～400 kN）从高处自由下落（落距一般为 10～40 m），给地基土施以很大的冲击力，在地基中所出现的冲击波和动应力，可提高土的强度，降低土的压缩性，改善土的振动液化条件和消除湿陷性等。同时还能提高土的均匀程度，减少将来可能出现的差异沉降。

强夯法适用于碎石土、砂土、黏性土、湿陷性黄土、填土等地基的加固，工程中应用广泛。

强夯所用的夯锤，可用钢材制成或用钢板做外壳，内灌混凝土。底面一般做成圆形，锤底面积为 4～6 m²，夯锤中加设 4 个通气孔，以减少起吊时锤底与地基土间的吸力。

强夯点一般按正方形或梅花形布置，间距为 4～10 m。夯点间距不宜过密，否则将在浅层形成硬层，不利于夯击能向深度传递。夯击次数应通过现场试夯确定，以夯坑的压缩量最大，夯坑周围隆起量最小为原则。但要满足最后两击的平均夯沉量不大于 50 mm，当夯击能量较大时不大于 10 mm，且夯坑周围地面不发生过大隆起。

四、预压法

在软土地基上建造建筑物时常因地基强度低、变形大，或易于发生滑动，而需预先加固。

堆载预压法是在软土地区常用的方法之一。在堆载预压的过程中，饱和黏性土体孔隙水逐渐排出，使地基土固结，强度提高，减少了建筑物的沉降，改善了地基条件。当软土层很厚，单纯依靠堆载预压来排水需要很长时间时，可在土体中设置排水井，以加快排水，该法称为砂井堆载预压法。

五、浆液加固

浆液加固法是指利用水泥浆液、黏土浆液或其他化学浆液，采用压力灌入、高压喷射或深层搅拌的方法，使浆液与土颗粒胶结起来，以改善地基土的物理力学性质的地基处理方法。

（一）灌浆法

灌浆材料可分为粒状浆液和化学浆液两种。

粒状浆液是指由水泥、黏土、沥青，以及它们的混合物制成的浆液。常用的是纯水泥浆、水泥黏土浆和水泥砂浆，称为水泥基浆液。水泥基浆液是以水泥为主的浆液，在地下水无侵蚀性条件下，一般都采用普通硅酸盐水泥，其水灰比一般为 1:1。这种浆液能形成强度较高，渗透性较小的结石体。它取材容易，配方简单，价格便宜，不污染环境，故为国内外常用的浆液。

化学浆液是采用化学真溶液为注浆材料，目前常用的是水玻璃，其次是聚氨酯、丙烯酰胺类等。

（1）水玻璃是最古老的一种注浆材料，它具有价格低廉、渗入性较高和无毒性等优点。而碱性水玻璃的耐久性较差，对地下水有碱性污染，因而目前先后出现了酸性和中性水玻璃。

（2）聚氨酯注浆是 20 世纪 70 年代以后发展起来的新技术，分水溶性聚氨酯和非水溶性聚氨酯两类。注浆工程一般使用非水溶性聚氨酯，其黏度低，可灌性好，浆液遇水即反应成含水凝胶，故可用于动水堵漏。其操作简便，不污染环境，耐久性亦好。非水溶性聚氨酯一般把主剂合成聚氨酯的低聚物（预聚体），使用前把预聚体和外掺剂按配方配成浆液。

（3）丙烯酰胺类浆液又称 MG-646 化学浆液，它是以有机化合物丙烯酰胺为主剂，配合其他外加剂，以水溶液状态灌入地层中，发生聚合反应，形成具有弹性的、不溶于水的聚合体，这是一种性能优良和用途广泛的注浆材料。但该浆液对神经系统具有一定毒性，且对空气和地下水有污染作用。

水玻璃水泥浆也是一种用途广泛、使用效果良好的注浆材料。

常用的灌浆方法有：

1．渗透灌浆

指在不改变土体颗粒间结构的前提下，浆液在灌浆压力作用下渗入土体孔隙，呈符合达西定律的层流运动。这种注浆所使用的压力一般较小，要求土层可灌性良好。

2．劈裂灌浆

指采用增大注浆压力的方法使土体产生剪切破坏，浆液进入剪切裂缝之后在注浆压力的作用下裂缝不断被劈开，使注浆范围不断扩大，注浆量不断增加。这种注浆所需的压力较高，常用于黏性土层的加固。

3．压密灌浆

指使用很稠的水泥砂浆作为注浆材料，采用高压泵将浆液压入周围土层，通过上提注浆管，形成连续的灌浆体，对土层起挤密和置换的作用。这种方法对浆材和注浆泵的要求较高。

（二）旋喷注浆

旋喷法是先用射水、锤击或振动等方式将旋喷管置于要求的深度处，或用钻孔机钻出直径为 100～200 mm 的孔，再将旋喷管插至孔底。然后由下而上进行边旋转边喷射。旋喷法的主要设备是高压脉冲泵和特制的带喷嘴的钻头。从喷嘴喷出的高速喷流，把周围的土体破坏，并强制与浆液混合，待胶结硬化后便成为桩体，这种桩称为旋喷桩。

旋喷注浆有单管法、二重管法、三重管法等多种。

单管旋喷法虽然加固质量好，施工速度快和成本低，但固结体（桩）直径较小。

二重管旋喷法使用双通道的二重注浆管。在管底部侧面有一个同轴双重喷嘴，高压浆液以 20 MPa 左右的压力从内喷嘴中高速喷出，压缩空气以 0.7 MPa 左右的压力从外喷嘴中喷出。在高压浆液射流和它外圈环绕气流的共同作用下，破坏土体能量显著增大，固结体直径明显增大。

三重管旋喷法使用分别输送水、气、浆三种介质的三重注浆管。高压水射流和外圈环绕的气流同轴喷射冲切土体，形成较大空隙，再由泥浆泵注入浆液填充，喷嘴做旋转和提升，最后便在土中形成直径较大的圆柱状固结体。

旋喷法适用于砂土、黏性土、人工填土和湿陷性黄土等土层的地基加固。其作用是：

➢ 旋喷桩与桩间土组成复合地基；

➢ 作为连续防渗墙；

➢ 防止贮水池、板桩体或地下室渗漏；

➢ 制止流砂以及用于地基事后补强等。

（三）深层搅拌法

深层搅拌法是通过深层搅拌机将水泥、生石灰或其他化学物质（称固化剂）与软土颗粒相结合而硬结成具有足够强度、水稳性，以及整体性的加固土。它改变了软土的性质，并满足强度和变形要求。在搅拌、固化后，地基中形成柱状、墙状、格子状或块状的加固体，与地基构成复合地基。

使用的固化剂状态不同，施工方法亦不同，把粉状物质（水泥粉、磨细的干生石灰粉）用压缩空气经喷嘴与土混合，称为干法；把液状物质（一定水灰比的水泥浆液、水玻璃等）经专用压力泵或注浆设备与土混合，称为湿法。其中干法最适用于含水量高的饱和软黏土地基。

第七节   土石方爆破施工简介

在土石方工程施工中，当遇到冻土开挖、石方开挖或施工现场坚硬障碍物的拆除，采用机械施工难以奏效时，一般都采用爆破法进行施工。

一、爆破的基本知识

（一）爆破作用圈

爆破是借助炸药被引爆后释放出的巨大能量，使周围介质受到不同程度的破坏的施工方法。爆破施工时，把炸药埋置于介质（土、石）内，借助爆破能量使周围介质受到破坏，其破坏程度与介质到药包的距离有关，靠近药包处受到的破坏最严重；反之，受到的破坏就轻。根据炸药影响的范围可分为不同的爆破作用圈（图 1-35）。

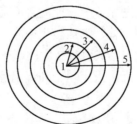

1—药包；2—破碎圈；3—抛掷圈；4—破坏圈；5—震动圈

图 1-35   爆破作用圈

紧靠药包的介质直接受到最大的压力作用而被粉碎，爆破的这个范围称为破碎圈。如果药包周围是可塑性的泥土，便会受到压缩而形成孔穴，因此破碎圈也被称为压缩圈。

破碎圈以外的介质，虽受到的压力较小，但足以破坏介质的结构使其分裂成碎块，并随爆破作用力使碎块向阻力小的临空面方向抛掷出一定距离，这个范围称为抛掷圈。

抛掷圈以外的介质，在爆破力的作用下，仅能发生破裂而不能被抛掷出去，这个范围称为破坏圈（或松动圈）。

在破坏圈范围以外，爆破压力已减弱到不能使介质破坏，仅能使介质发生震动，这个范围称为震动圈。

这些爆破作用的范围，用同心圆来表示，即为爆破作用圈。

（二）爆破漏斗

如果炸药的埋置深度大于爆破作用半径，炸药的作用就达不到地表，反之就必然使地表破坏，并使部分介质被抛掷出，形成一个状如漏斗的爆炸坑，通常称为爆破漏斗（图 1-36）。如果炸药爆破只能引起介质的松动而不能形成爆破坑，这样的爆破称为松动爆破。

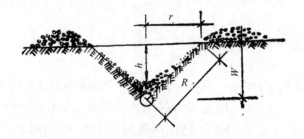

图 1-36　爆破漏斗

爆破漏斗的大小，随介质的性质、炸药包的性质和大小、药包的埋置深度的不同而不同，一般由下列参数确定：

（1）爆破漏斗半径　指爆破漏斗上口的圆周半径，用 r 表示。

（2）最大可见深度　爆破后从坠落在坑内的碎石块表面到地表面的最大距离，称为最大可见深度，用 h 表示。

（3）最小抵抗线　从药包中心到地表面的最小距离，称为最小抵抗线，用 W 表示。

（4）爆破作用指数　爆破漏斗半径 r 与最小抵抗线 W 的比值称为爆破作用指数，用 n 表示。

当 $n=1$ 时，称为标准抛掷爆破漏斗，特点是部分岩石被抛出；

当 $n<1$ 时，称为减弱抛掷爆破漏斗，特点是爆破后大部分岩石不能从漏斗中被抛出；

当 $n>1$ 时，称为加强抛掷爆破漏斗，特点是爆破后大部分岩石能从漏斗中被抛出。

（5）爆破作用半径 R　指从药包中心到爆破漏斗上口边沿的距离。

（三）常用爆破材料

爆破材料包括炸药和起爆材料。

炸药是一种能够在起爆作用下发生爆破变化的相对稳定的物质。炸药分为破坏炸药和引爆炸药两种。

1. 破坏炸药

破坏炸药是爆破作业中的主炸药，其敏感度小而威力大，只有在引爆炸药的引爆下才能发生爆炸。常用的破坏炸药主要有以下几种。

（1）岩石硝铵炸药。其主要成分是硝酸铵、梯恩梯和木炭粉，有 1 号和 2 号两种，外观呈淡黄色，是一种低威力的炸药，适用于爆破中等硬度的岩石和软质岩石。这种炸药对冲击、摩擦不敏感，长时间加热后能慢慢燃烧，离火后即熄灭，因此使用安全。但其吸湿性强，吸湿后爆炸会产生大量有毒气体，当含水量大于 3%时就可能拒爆。

（2）露天硝铵炸药。有 1 号、2 号、3 号三种，这种炸药爆炸后产生的有毒气体较多，只能用于露天爆破工程。

（3）梯恩梯炸药（TNT）。又称三硝基甲苯，是淡黄色或黄褐色的粉末状或鳞片状结晶，不溶于水，可用于水下爆破，对撞击和摩擦的敏感度不大。爆炸后产生有毒的一氧化碳气体，黑烟大，适用于露天爆破，不能用于通风不良的地下工程爆破。

（4）胶质炸药。又称硝化甘油炸药，为黄色塑性体，是粉碎性较大的烈性炸药，其爆炸速度快，威力大，适用于爆破坚硬的岩石。这种炸药较敏感，在 8～10℃时就冻结。在半冻结状态时，敏感度极高，稍有摩擦即爆炸，因此适用于气温在 10℃以上的地区。胶质炸药不吸水，可用于水中爆破。

（5）铵油炸药。由硝酸铵（95%）与柴油（4%～6%）混合而成，有 1 号、2 号、3 号三种，其爆炸威力稍低于 2 号岩石硝铵炸药，成本最低，适用于露天爆破施工。

2. 引爆炸药

引爆炸药具有高敏感性，用来制造雷管、导爆线和起爆药包，主要有以下几种。

① 雷汞。由水银、硝酸与酒精化合而成，非常敏感，轻轻扰动就会引起爆炸。② 叠氮铅。敏感性比雷汞低，但爆力较强。③ 三硝基苯甲硝铵。又称为特屈儿，对撞击和摩擦的敏感性较高。④ 环三次甲基三硝酸。又称为黑索金，威力大，爆速快，可用于制造雷管的副起爆药和导爆线。⑤ 四硝化戊四醇。又称为泰安，对金属

和摩擦非常敏感，不吸湿，不溶于水，可用于制造雷管的副起爆药和导爆线。

起爆材料包括雷管、导火索、起爆药卷、电源和测量仪表等。

1. 雷管

雷管由外壳、起爆炸药和加强帽三部分组成，根据雷管内起爆药量的多少，分成 1～10 种号码，通常使用 6 号、8 号两种。按起爆方式的不同，分为火雷管和电雷管两种。

（1）火雷管。又称为普通雷管（图 1-37），通过导火线的火花使正起爆炸药首先爆炸，然后副起爆炸药爆炸继而引起破坏炸药爆炸。雷管的外壳有紫铜，铝和纸三种，上端开口，以便插入导火线，下端做成窝槽，使爆力集中。火雷管内装有烈性炸药，遇撞击，摩擦，加热、火花等都会引起爆炸，因此在运输、保管和使用过程中要特别注意轻拿轻放。

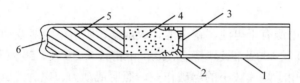

1—管壳；2—加强帽；3—帽孔；4—正起爆药，5—副起爆药；6—窝槽

图 1-37　火雷管

（2）电雷管。电雷管由普通雷管和电力引火装置组成（图 1-38）。电雷管通电后，电阻丝发热，使发火剂点燃，引起正起爆炸药爆炸，继而引起破坏炸药爆炸。通电后立即引爆的电雷管称为即发电雷管；如在即发电雷管的电力点火装置与正起爆炸药之间放上一段缓燃剂，即为迟发电雷管，其迟发的时间有 2 s、4 s、6 s、8 s、10 s、12 s 等几种。

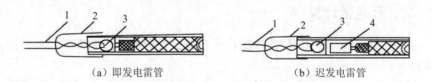

（a）即发电雷管　　　　　　　　（b）迟发电雷管

1—脚线；2—绝缘材料；3—球形发火剂；4—阻燃剂

图 1-38　电雷管

2. 导火线

导火线是用来起爆火雷管和黑火药的起爆材料，由黑火药作芯药，外皮用麻、线和纸外涂以防潮剂组成，直径为 5～6 mm。导火线的正常燃烧速度是 10 mm/s，缓燃导火线的燃烧速度为 5 mm/s，使用前需做燃烧速度试验。

3. 起爆药卷

起爆药卷是使爆破药包爆炸的中继药包（图 1-39）。制作起爆药卷时，解开药卷的一端，敞开包皮纸将药卷捏松，用木棍轻轻地在药卷中插一个孔，将火雷管插入孔内，收拢包皮纸，用细麻绳绑扎。应随用随制，用于潮湿处时须做防潮处理。

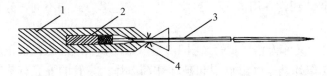

1—药卷；2—火雷管；3—导火线；4—细麻绳

图 1-39　火花起爆药卷

4. 电源

电气起爆的电源有干电池、蓄电池、放炮器、照明电力线及动力电力线等。

放炮器有 10 发（每次能起爆串联 10 个电雷管）、30 发、50 发和 100 发等规格。干电池和蓄电池用于规模较小的爆破作业。照明或动力、电力线路用于药包多、规模大的情况。

5. 测量仪表

电气起爆测量仪表有小型欧姆计、爆破电桥、伏特计、安培计和万能电表等。

小型欧姆计用于检查电雷管和电爆线路的导电性，以及电路是否接通。

爆破电桥用来测量电雷管的电阻和全部电爆网络上的电阻。

伏特计和安培计分别用于测定电源线路中的电压和电流。

万能电表主要用于检查爆破电桥，或作为伏特计和安培计使用，但不能用来测量电雷管的电流。

二、药包量计算

按爆破作用可将药包分为内部作用药包、松动药包、抛掷药包和裸露药包（图 1-40）。

内部作用药包是当药包爆炸时，破坏作用仅限于地层内部压缩，不显露到临空面。

松动药包只使岩石内部破坏到临空面，但不产生抛掷作用。

抛掷药包的作用是形成爆破漏斗。

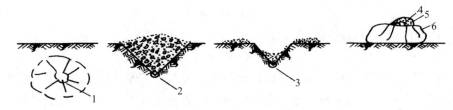

1—内部作用药包；2—松动药包；3—抛掷药包；4—裸露药包；5—覆盖物（砂或黏土）；6—被爆破的物体

图 1-40　药包分类

裸露药包是指放在被爆破体表面上的药包，爆炸后可使被爆破体破碎或飞移。

药包量是指炸药包的重量。其计算原理是假定药包量的大小与被爆破体的体积和坚实程度成正比。一般按下述方法进行计算。

标准抛掷爆破漏斗药包量的计算公式为：

$$Q = K \cdot W^3 \cdot e \qquad (1\text{-}45)$$

式中：K —— 爆破单位体积的土石所消耗的炸药量，以 1 号露天硝铵炸药为标准，kg/m^3（表 1-23）；

W —— 最小抵抗线，W^3 近似为爆破漏斗体积，m；

e —— 其他炸药与 1 号露天硝铵炸药的换算系数（表 1-24）。

表 1-23　标准抛掷漏斗的单位耗药量 K

土的类别	一、二	三、四	五、六	七	八
耗药量/kg/m^3	0.95	1.10	1.25～1.50	1.60～1.90	2.00～2.20

表 1-24　炸药换算系数 e 值表

炸药名称	型号	e 值	炸药名称	型号	e 值
露天硝铵	1、2 号	1.00	62%胶质炸药	耐冻	0.78
岩石硝铵	1 号	0.80	35%胶质炸药	普通	0.93
岩石硝铵	2 号	0.88	混合胶质炸药	普通	0.83
胶质硝铵	1、2 号	0.78	黑火药	—	1.00～1.25
硝酸铵	—	1.35	梯恩梯	—	0.92～1.00
62%胶质炸药	普通	0.78	铵油炸药	—	1.00～1.20

加强抛掷漏斗药包量的计算公式为：

$$Q = K \cdot W^3 (0.4 + 0.6n^3) \cdot e \qquad (1\text{-}46)$$

式中：n —— 爆破作用指数。

其他参数同式（1-45）。

松动药包量的计算公式为：

$$Q = 0.33K \cdot W^3 \cdot e \qquad\qquad (1\text{-}47)$$

内部作用药包量的计算公式为：

$$Q = 0.2K \cdot W^3 \cdot e \qquad\qquad (1\text{-}48)$$

在实际爆破工作中，影响爆破效果的因素很多。坚硬、强度高且地质构造完整的岩石，需要的药包量多；地形临空面少，炸药消耗量就大；地形临空面多，爆破时受约束面小，炸药消耗量少；施工中装药密度、堵塞密实程度，以及爆破技术等都会影响到爆破效果。因此，应根据地形、地质、施工条件并结合实践经验，合理地选择各项爆破参数，以便正确确定药包量并获得预期的爆破效果。

三、爆破施工

（一）起爆

在工程中常用的起爆方法有：火花起爆法、电力起爆法、传爆线起爆法和导爆管起爆法等。

1. 火花起爆法

火花起爆是利用导火线在燃烧时的火花引爆雷管，先使药卷爆炸，然后再使药包爆炸。使用的材料主要有火雷管、导火线及点火材料。

火花起爆药卷应在爆破地点或装药前现场制作，不得先制成成品备用。导火线使用前，应将浸有防潮剂的线端剪去，将剪平整的一端插入火雷管最底部，使药芯正对传火孔并结合牢固，另一端剪成椭圆面，并将头部捏松，以便点火。导火线的长度，应根据燃烧速度试验和在点火后避入安全地点所需的时间确定，但不得小于 1.2 m。

火花起爆操作简单，容易掌握，但比较危险，不能同时点燃多根导火线，因而不能一次使多个药包同时爆炸。

2. 电力起爆法

电力起爆是通电使电雷管爆炸而引起药包爆炸。使用的器材有电雷管、电线、电源及测量仪表等。电力起爆改善了工作条件，减少了爆破的危险性，能同时起爆多个药包，但须进行电力起爆网络的计算和敷设，准备工作比较麻烦。

电力起爆网络布置如图 1-41 所示，其中电线用来连接电雷管，组成电力起爆网络。按电线在网络中作用的不同，可将其分为脚线、端线、连接线、区域线和主线。由电雷管引出的电线称为脚线，通常采用直径为 0.5～0.7 mm 的纱包线或塑料绝缘线。连接各炮眼间的电线称为连接线，一般是采用直径为 1.13～1.37 mm 的胶皮绝缘线或塑料绝缘线。连接脚线和连接线的电线称为端线。由电源开关器引至连接线的电线称为主线。连接主线和连接线的电线称为区域线。区域线和主线一般采用 7 股 1.6～2.11 mm 的绝缘线。

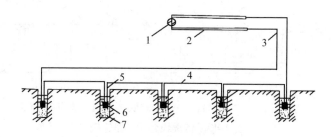

1—电源；2—主线；3—区域线；4—连接线；5—端线；6—电雷管；7—药室（或药包）

图 1-41　电力起爆网络

电力起爆网络有多种形式，常用的有单发电雷管串联网络、成对并联电雷管串联网络和三发并联电雷管串联网络三种形式，其接线方式如图 1-42 所示。

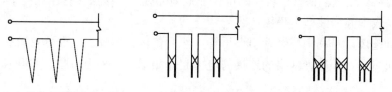

　（a）单发电雷管串联网络　（b）成对并联电雷管串联网络　（c）三发并联电雷管串联网络

图 1-42　电力起爆网络形式

单发电雷管串联网络操作简便，但网络连接的可靠性差，若网络中某一雷管出现故障，将使整个网络拒爆。适用于装药分散、相距较远、电源电流不大的小规模爆破。

成对并联电雷管串联网络和三发并联电雷管串联网络的可靠性较大，但电线和电源消耗量大。适用于每次爆破的炮眼多，且距离较远的爆破作业。

3. 传爆线起爆法

传爆线起爆是利用传爆线直接引起药包爆炸。由于传爆线的爆炸速度快，因此可同时起爆多个药包。使用的材料主要有传爆线和雷管。

传爆线起爆线路的连接有串联和并联两种类型（图 1-43）。

串联连接法线路简单，连接方便且接头少；但连接可靠性差。在整个线路中，如有一个药包拒爆，将会影响整个起爆。目前已很少采用。

并联连接法是将连接每个药包的传爆线与一根传爆线主线相连接，各药包互不干扰，一个药包拒爆不影响整个起爆，准爆有可靠保证。虽然传爆线消耗量少但连接却较复杂，如连接不好，也会产生拒爆。这种方式应用很广。

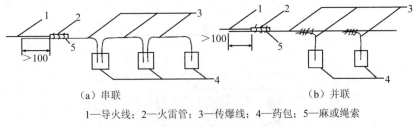

（a）串联 （b）并联

1—导火线；2—火雷管；3—传爆线；4—药包；5—麻或绳索

图 1-43 传爆线起爆线路连接方式

4. 导爆管起爆法

导爆管是一种具有一定强度、韧性，耐温、不透火，内涂一薄层高燃混合炸药的半透明塑料软管。起爆时，以 1 700 m/s 左右的速度通过软管引爆火雷管，但软管不会破坏。这种材料具有抗火、抗电、抗冲击、抗水及传爆安全等性能，是一种安全的导爆材料。在运输保管过程中，可作非危险品处理。该法具有作业简单、安全、起爆可靠、成本低和效率高等优点。

导爆管起爆，是利用导爆管引爆雷管，然后使药包爆炸。主要器材有导爆管、火雷管和起爆器。导爆管网络的连接与电力起爆相似，可采用串联、并联及簇联等方式。

（二）爆破施工工艺

常用的爆破方法有炮眼爆破、药壶爆破、深孔爆破、小洞室爆破、二次爆破、定向爆破及微差爆破等方法。应根据工程性质和要求、地质条件、工程量大小及施工机具等合理选择。

在环境工程中，常采用炮眼爆破法。

炮眼爆破，是在岩石内钻凿直径为 25～46 mm、深为 1～5 m 的炮眼，然后装入长药包进行爆破。具有操作简便，炸药消耗量少，岩石破碎均匀，飞石距离近，不易损坏附近建筑物等优点。广泛用在各种地形或场地狭窄的工作面上作业，如岩层厚度不大的一般场地平整、开挖管沟、基坑（槽）、平整边坡、冻土松动及大块岩石的二次爆破等。

（1）炮眼的布置。布置炮眼位置时，应尽量利用临空面较大、较多的地形，或有计划地改造地形，使前次爆破为后次爆破创造更多的临空面，以提高爆破效果。炮眼方向应避免与临空面垂直，否则，因炮眼轴线与最小抵抗线的方向一致，易造成"冲天炮"；炮眼方向应尽量与临空面平行，或与水平临空面成 45°角，与垂直临空面成 30°角。炮眼布置应避免穿过岩石裂隙，孔底与裂隙应保持 20～30 cm 距离，以免爆炸时发生漏气现象，影响爆破效果。

（2）炮眼深度 L 与最小抵抗线 W 的确定。炮眼深度应根据岩石硬度、梯段高度和抵抗线确定（图 1-44）。

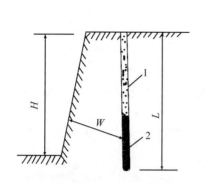

1—堵塞物；2—炸药

图 1-44　炮眼深度

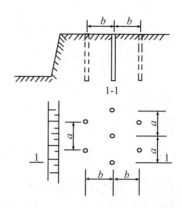

a—炮眼间距；b—行距

图 1-45　炮眼布置

在坚硬岩石中：

$$L = (1.10 \sim 1.15)H \tag{1-49}$$

式中：H—— 岩石梯段高度，m。

在中硬岩石中：

$$L = H \tag{1-50}$$

在松软岩石中：

$$L = (0.85 \sim 0.95)H \tag{1-51}$$

最小抵抗线 W 一般为：

$$W = (0.6 \sim 0.8)H \tag{1-52}$$

（3）炮眼间距的确定。炮眼一般为梅花状布置（图 1-45）。炮眼间距 a 按起爆方法等确定。

对于火花起爆：

$$a = (1.4 \sim 2.0)W \tag{1-53}$$

对于电力起爆：

$$a = (0.8 \sim 2.0)W \tag{1-54}$$

炮眼的行距，可采用第一行炮眼的计算最小抵抗线 W；若第一行各炮眼的 W 不相同，则取其平均值。炮眼爆破时，行距 b 一般按下式计算：

$$b = (0.8 \sim 1.2)W \tag{1-55}$$

（4）药包量计算。炮眼法的药包量可按前述药包量计算式确定。如需布置多行炮眼时，则每一炮眼药包量可按下式计算：

采用抛掷爆破时：

$$Q = KabL \tag{1-56}$$

采用松动爆破时：

$$Q = 0.33KabL \qquad (1\text{-}57)$$

式中：a —— 炮眼间距，m；

$\quad\quad b$ —— 炮眼行距，m；

$\quad\quad L$ —— 炮眼深度，m；

$\quad\quad$ 其他符号同前。

在实际工作中，通常炮眼较多，一般不根据公式计算，而是根据炮眼深度和岩石情况，结合经验，装药量一般控制在炮眼深度的 $\frac{1}{3} \sim \frac{1}{2}$。

（5）钻眼、装药及堵塞方法。

① 钻眼。钻眼有人工和机械两种方法。人工钻眼适用于炮眼深度在 3 m 以内，炮眼数量不大或施工场地条件受限制的情况。钻眼工具为钢钎，有冲钎法和锤击法两种，前者适用于松软岩石，后者适用于中等硬度以下的岩石。由于岩石的抗切和抗拉强度远比抗压强度低，因此，无论采用冲钎法还是采用锤击法，在钻眼过程中都应不断使钢钎转动冲击，以提高钻眼效率。

机械钻眼常用电动凿岩机或风动凿岩机。

电动凿岩机使用轻便，冲击频率为 200～2 200 次/min，冲击功为 4.5 kg·m，钻眼深度为 4 m。但电钻易磨损，可用于松软岩土钻眼。

风动凿岩机常采用手持式或气腿式。钻眼深度为 4～5 m，冲击频率为 1 700～2 100 次/min，耗气量为 2.4～3.6 m³/min，使用气压为 0.5 MPa。操作简便，适用于大量浅眼爆破和任何硬度的岩石凿眼。

② 装药和堵塞。钻眼后，在装药前应将炮眼内石粉、碎屑和泥浆除净。为防止炸药受潮，可在炮眼底部放置油纸或使用经过防潮处理的炸药。炮眼中可装药粉或药卷，应分几次装入，并用木棍轻轻压紧。起爆药卷（或雷管）应置于装药全长的 $\frac{1}{3} \sim \frac{1}{2}$ 处，并注意不能撞击或挤压，以防触及雷管而发生爆炸事故。

装药后，炮眼一般可就地取材，使用砂、黏土等易于充填密实、不漏气的材料堵塞，其配合体积比最好为黏土：砂=1：（2～3）。堵塞时应轻轻捣实，以保证长度，并注意保护起爆导火线或雷管脚线。对于水平或斜炮眼，可用有一定塑性但不过湿的黏土，做成直径比炮孔略小、长为 100～150 mm 的圆柱形土条，进行填塞。

堵塞完毕，应对爆破网络作最后检查，并按有关安全操作规程进行爆破。

（三）沟槽与基坑的爆破开挖

爆破开挖管沟、基坑、沟槽时，应注意以下问题：

① 炮眼深度不得超过沟（槽、坑）宽度的 0.5 倍，当超过时应分层进行爆破。

② 基坑爆破开挖一般分两次进行，第一次用斜孔爆破增加临空面，然后用垂直孔爆破成所需形状（图 1-46）。

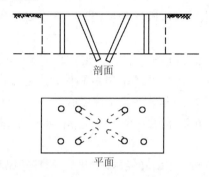

剖面

平面

图 1-46 基坑开挖炮眼

③ 沟槽爆破开挖时，为满足沟槽宽度和堆土的要求，可采用单列纵药包、多列纵药包等方式爆破（图 1-47、图 1-48）。多列纵药包爆破需分两次进行，先爆破靠边部分，后爆破中间部分。一侧堆土时也分两次进行爆破，第二次爆破应在第一次爆破所抛起的土刚回落到地面时进行。

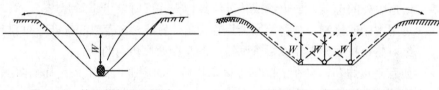

图 1-47 单列药包双向爆破   **图 1-48 多列药包双向爆破**

④ 渠道爆破开挖的炮眼宜采用沟槽式布置。即先沿渠道中心爆破成沟槽，创造出临空面，再沿沟槽布置斜孔进行爆破[图 1-49（a）]；或用两个标准抛掷药包，其间距 $a=W$，使爆破后形成一条整齐的沟槽[图 1-49（b）]。当渠道底宽还需加大时，可再沿沟槽布置斜孔进行爆破。

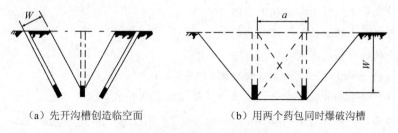

（a）先开沟槽创造临空面   （b）用两个药包同时爆破沟槽

图 1-49 渠道开挖炮眼布置

四、爆破安全措施

爆破作业必须严格执行《爆破安全规程》（GB 6722—86）的有关规定，尤其要注意以下几点：

① 爆破施工前，应做好准备工作，划出警戒范围、立标志、设岗哨。

② 爆破材料的购买、运输、贮存、领取和保管应遵守国家关于爆炸物品管理条例的规定，雷管和炸药不得同车装运、同库贮存。

③ 炮眼深度超过 4 m 时需用两个雷管起爆；如深度超过 10 m，则不得用火花起爆。

④ 装药时必须用木棒把炸药轻轻压入炮眼，严禁冲捣和使用金属棒；堵塞炮眼时，切忌击动雷管。

⑤ 在闪电、鸣雷时禁止进行装药、安装电雷管和连接电线等操作，应迅速将雷管的脚线和电线的主线两端连成短路。所有工作人员应立即离开装药地点，隐蔽于安全区。

⑥ 发生拒爆时，必须查明原因后再进行处理，对于瞎炮可根据实际情况，采取如下处理措施：

➤ 当炮眼外的电线、导火线或传爆线经检查完好时，可重新起爆；

➤ 可用木制或竹制工具将堵塞物轻轻掏出，另装入雷管或起爆药卷重新起爆。绝对禁止拉动导火线或雷管脚线，以及掏动炸药内的雷管；

➤ 如系硝铵炸药，可在清除部分堵塞物后，向炮眼内灌水，使炸药溶解，或用压力水冲洗后，重新装药爆破；

➤ 在原炮眼附近 600 mm 处打一平行于原炮眼的新炮眼，装药爆破。当原炮眼位置不清，或附近可能有其他瞎炮时，不得采用此法。

复习与思考题

1. 土石方工程施工的特点有哪些？
2. 什么是土？它由哪三相体系组成？
3. 什么是土的结构？土有哪些结构？
4. 土的物理性质有哪些？
5. 土的含水量对土方施工有哪些影响？
6. 什么是土的最佳含水量？施工中怎样控制最佳含水量？
7. 土的可松性有哪些用途？
8. 土的力学性质有哪些？
9. 工程上将土怎样进行分类？
10. 场地平整的原则是什么？有哪几种平整方案？

11. 场地平整的土方量怎样计算？

12. 土方调配的原则是什么？

13. 场地平整的施工机械有哪些？各有何施工特点？

14. 沟槽的断面形式有哪些？其尺寸如何确定？

15. 沟槽、基坑的土方量各如何计算？

16. 土方开挖的机械有哪些？各有哪些施工特点？

17. 怎样进行挖土机械挖土与自卸汽车运土的配套计算？

18. 土方施工的质量要求与安全技术各有哪些？

19. 什么是支撑？其支设条件是什么？

20. 支撑有哪些种类？各有哪些组成？各怎样进行支设与拆除？

21. 土方回填的施工工艺有哪些？如何控制回填土密实度？

22. 地基处理的目的是什么？有哪些处理方法？各如何施工？

23. 常用的爆破炸药和起爆材料各有哪些？

24. 爆破施工有哪些工艺？各如何施工？

25. 爆破施工时应注意哪些安全问题？出现瞎炮时应怎样处理？

第二章 施工排（降）水

　　在基坑或沟槽的开挖过程中，土壤的含水层被切断，地下水将会不断地涌入基坑或沟槽内，雨季施工时地面雨水也会不断地进入基坑或沟槽内。为了防止基坑或沟槽的边坡坍塌和地基承载力的下降，创造干槽施工的条件，保证土方开挖正常进行，必须做好施工排（降）水工作。

　　施工排（降）水主要考虑排除地下自由水和地表雨水。第一章中已经述及地下含水层内的液态水有结合水和自由水两种状态。结合水没有出水性，对土方开挖没有影响；自由水对土方开挖影响较大。自由水又分为潜水和承压水两种（图 2-1）。

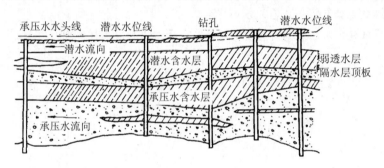

图 2-1　地下含水层

　　潜水是存在于地表以下，第一个稳定隔水层顶板以上的地下自由水，有一个自由水面，称为潜水面。潜水面受当地地质、气候、水文条件及环境的影响较大，雨季上升，冬季下降，附近有地表水体存在时也会互相补给。潜水面至地表的距离称为潜水埋藏深度，潜水面至隔水顶板顶面的距离称为潜水含水层厚度。

　　承压水亦称为层间水，是埋藏于两个隔水层之间的地下自由水。承压水有稳定的隔水顶板和底板，水体承受压力，没有自由水面。承压水一般不是当地补给的，其水位、水量受当地气候的影响较潜水小。

　　在环境工程施工中，对土石方工程施工影响最大的是潜水，因此施工排（降）水主要是针对潜水而言。

　　施工排（降）水方法分为明沟排水和人工降低地下水位两种。明沟排水是在沟槽或基坑开挖时在其周围筑堤截水或在其内底四周（或中央）开挖排水沟，将地下水或进入坑槽内的地表水汇集到集水井内，然后用水泵抽走的方法。人工降低地下水位是在沟槽或基坑开挖之前，预先在沟槽或基坑周围的含水层中布设一定数量的井点，利用抽水设备进行抽水，地下水位下降后形成降落漏斗，如果沟槽或基坑底面位于降落漏斗以上一定距离，就消除了地下水对施工的影响，创造了干槽施工的条件。

第一节 明沟排水

明沟排水包括地面截水和坑内排水。

一、地面截水

地面截水指拦截地表雨水。通常是利用基坑或沟槽挖出的土，在施工现场沿其四周或迎水一侧、两侧筑 0.5～0.8 m 高的土堤，以阻挡地表雨水进入坑槽。

地面截水应尽量利用天然排水沟道，并进行必要的疏通。如无天然排水沟道，则在现场四周开挖排水沟，以拦截排泄附近地表水。但排水沟道与已有建筑物应保持一定的安全距离。

二、坑内排水

坑内排水适用于基坑（或沟槽）底以上水位浅、水量小的情况。当基坑或沟槽在开挖过程中遇到地下水时，在沟槽或基坑内随同土方开挖一起开挖集水井和排水沟，使地下水经排水沟流入集水井内，在集水井内安装水泵，用水泵将集水抽走（图 2-2）。

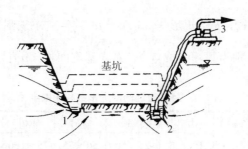

1—排水沟；2—集水井；3—水泵

图 2-2　坑内排水

排水沟可设置在坑（或槽）底四周或来水侧，离开坡脚不小于 0.3 m。沟断面尺寸和纵向坡度主要取决于排水量大小，一般断面尺寸不小于 0.3 m×0.3 m，坡度为 0.1%～0.5%。根据地下水量大小、基坑平面形状及水泵的抽吸能力，每隔 30～40 m

设置一个集水井，集水井的直径（或边长）不小于 0.7 m。其深度随着挖土深度的增加而加深，井底要始终低于排水沟底 0.5～1.0 m 或低于水泵的吸水阀高度。井壁用木板、铁笼、混凝土滤水管等简易支撑加固。

当基坑或沟槽挖至设计标高后，应将排水沟和集水井移至坑槽一侧基础范围以外，井底应低于坑底 1～2 m，并铺设厚 30 cm 左右的碎石或粗砂组成反滤层，以免抽水时将泥砂抽出，并防止井底的土被搅动。

明沟排水法设备简单，排水方便，应用普遍，但不适用于细砂、粉砂土质。

如果基坑开挖深度较大，还可以采用分层明沟排水，即在基坑边坡的中部再设置一层排水沟和集水井，将两层集水井内的积水做接力式的抽取，此种方法只适用于粗粒土层和渗水量小的黏性土。

三、涌水量计算

明沟排水采用的抽水设备主要有离心泵、潜水泥浆泵、活塞泵和隔膜泵等。为了合理选择水泵型号，应对总涌水量进行计算。

1. 当基坑位于干河床时

$$Q = \frac{1.366KH^2}{\lg(R+r_0) - \lg r_0} \tag{2-1}$$

式中：Q —— 基坑总涌水量，m^3/d；

K —— 渗透系数，m/d（表 2-1）；

H —— 稳定水位到坑底的深度，m；当基底以下为深厚透水层时，H 值可增加 3～4 m，以保证安全；

R —— 影响半径，m（表 2-1）；

r_0 —— 基坑半径，m。矩形基坑，$r_0 = \mu \dfrac{L+B}{4}$；不规则基坑，$r_0 = \sqrt{\dfrac{F}{\pi}}$。其中

L 与 B 分别为基坑的长与宽，F 为基坑面积；μ 值见表 2-2。

表 2-1　各种土层的渗透系数和影响半径

含水层种类	粉砂	细砂	中砂	粗砂	砾砂	小砾	中砾	大砾
K/（m/d）	1～5	5～10	10～25	25～50	50～75	75～100	100～200	200～500
R/m	25～50	50～100	100～200	200～400	400～500	500～600	600～1 500	1 500～3 000

表 2-2　μ 值

B/L	0.1	0.2	0.3	0.4	0.6	1.0
μ	1.00	1.00	1.12	1.16	1.18	1.18

2. 当基坑靠近河沿时

$$Q = \frac{1.366KH^2}{\lg \dfrac{2D}{r_0}}$$　（2-2）

式中：D——基坑距河边线距离，m；

其余同式（2-1）。

3. 开挖沟槽时

$$Q = \frac{KL(2H - S)S}{R}$$　（2-3）

式中：L——沟槽长度，m；

H——离沟槽边为 R 处的地下水含水层厚度，m；

S——地下水位降落深度，m；

其余同式（2-1）。

选择水泵型号时，水泵的流量一般采用基坑或沟槽总涌水量的 1.5～2.0 倍。水泵扬程根据基坑或沟槽的开挖深度据实确定。

第二节　人工降低地下水位

当基坑或沟槽的开挖深度较大，地下水位较高、土质较差、采用明沟排水不能奏效时，可采用人工降低地下水位的方法。

人工降低地下水位的方法，包括轻型井点、喷射井点、电渗井点、管井井点和深井井点等。可根据土层的渗透系数、要求水位降低的深度和工程特点，经技术经济和节能比较后择优选用。各种井点降水方法的适用范围见表 2-3。

表 2-3　各种井点的适用范围

井点类别	渗透系数/（m/d）	水位降低深度/m
单层轻型井点	0.1～50	3～6
多层轻型井点	0.1～50	6～12
喷射井点	0.1～2.0	8～20
电渗井点	<0.1	根据选用的井点确定
管井井点	20～200	根据选用的水泵确定
深井井点	10～250	>15

一、轻型井点

轻型井点系统适用在粗砂、中砂、细砂、粉砂等土层中降低地下水位。

（一）轻型井点系统的组成

轻型井点系统由井点管、弯联管、总管和抽水设备四部分组成（图2-3）。

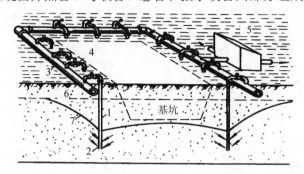

1—直管；2—滤管；3—总管；4—弯联管；5—抽水设备；6—原地下水位线；7—降低后地下水位线

图2-3 轻型井点组成

1. 井点管

井点管包括滤管和直管两部分。滤管是进水设备，一般用直径38～55 mm的镀锌钢管制成，长度一般为1～2 m。管壁上开有直径为5 mm、呈梅花状布置、间距为30～40 mm的孔眼，外面包裹粗、细两层滤网。为避免滤网孔眼淤塞，在管壁与滤网间用塑料管或铁丝绕成螺旋状隔开，滤网外面再缠绕一层粗铁丝做保护层。滤管下端配有堵头，上端同直管相连（图2-4）。

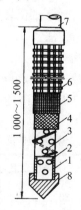

1—钢管；2—孔眼；3—缠绕的塑料管；4—细滤网；5—粗滤网；6—粗铁丝保护网；7—直管；8—铸铁堵头

图2-4 滤管构造

直管也采用镀锌钢管，管径同滤管，长度6～9 m，只是不在管壁上设孔眼。直管上端用弯联管和总管相连，下端用管箍与滤管相连。

2. 弯联管和总管

弯联管用于井点管和总管的连接。一般采用长度为1 m，内径为38～55 mm的塑料管或橡胶管，并且宜装设阀门，以便检修井点。

总管一般用直径 75～150 mm 的钢管，每节长 4～6 m，用法兰连接，上面装有与弯联管连接的三通，间距为 1.0～1.5 m，并与井点布置间距相同。总管要设置一定的上倾坡度，以利于管内气体的排出。

3. 抽水设备

轻型井点的抽水设备有真空泵、射流泵、隔膜泵等，有时也采用自引式抽水设备。真空泵井点，可根据含水层的渗透系数选用相应型号的真空泵及卧式水泵；在粉砂、粉质黏土等渗透系数较小的土层中可采用射流泵和隔膜泵。

（二）轻型井点系统的工作原理

轻型井点系统是利用真空原理提升地下水。

如图 2-5 所示是真空泵—离心泵组成的联合机组，其水位降深一般为 5.5～6.5 m。工作时启动真空泵 6，使副气水分离室 4 内形成一定的真空度，进而使气水分离室 3 和井点管路产生真空，地下水和土中气体一起进入井点管，经过总管进入气水分离室 3，分离室 3 内的地下水由水泵 7 抽吸排出，气体经副气水分离室 4 由真空泵 6 排出。在副气水分离室 4 中再一次水、气分离，剩余水泄入沉砂罐 5，防止水分进入真空泵 6。此外，真空泵还附有冷却循环系统。

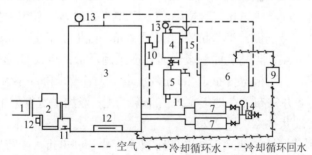

--- 空气　—— 冷却循环水　---- 冷却循环回水

1—总管；2—单向阀；3—气水分离室；4—副气水分离室（真空罐、集气罐）；5—沉砂罐；6—真空泵；
7—水泵；8—稳压罐；9—冷却水循环水泵；10—水箱；11—泄水管嘴；12—清扫口；
13—真空表；14—压力表；15—液面计

图 2-5　真空泵系统

为了减少抽水设备，提高抽水工作的可靠度，减少泵组的水头损失，便于设备的保养和维修，可采用射流泵抽水。其工作过程如图 2-6 所示。离心泵从水箱内抽水，泵内高压水在喷射器的喷口流出，形成射流，产生真空度，使地下水经由井点管、总管而至射流器，压到水箱内，一部分水经过水泵加压使射流器工作，另一部分水经排水口排出。

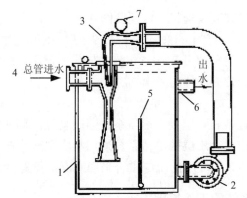

1—水箱；2—加压泵；3—射流器；4—总管；5—隔板；6—出水口；7—压力表

图 2-6　射流泵系统

（三）轻型井点设计

轻型井点的设计包括：平面布置、高程布置、涌水量计算、井点管数量、井点间距和抽水设备的确定等内容。

1. 平面布置

对于基坑，应根据基坑平面形状与大小、土质、地下水流向、水位降深等要求而定。当基坑宽度小于 6 m，水位降深不超过 5 m 时，可采用单排线状井点，布置在地下水流的上游一侧；当基坑宽度大于 6 m，或土质不良、渗透系数较大时，可采用双排线状井点；当基坑面积较大时，应采用环形井点或 U 形井点。

对于沟槽，当沟槽宽度小于 2.5 m，水量不大且要求降深不大于 4.5 m 时，采用单排线状井点，并宜布置在地下水流的上游一侧；当沟槽宽度大于 2.5 m，水量较大时，采用双排线状井点（图 2-7）。

井点管到基坑或沟槽上口边缘的距离不应小于 1.0 m，以防局部漏气，一般取 1.5 m 左右。为保证降水效果，井点管的布置范围应超出沟槽或基坑边沿 10～15 m。

为了观察水位降落情况，应在降水范围内设置若干个观测井，观测井的位置和数量视需要而定。一般在基础中心、总管末端、局部挖深等处，均应设置观测井。观测井和井点管完全一样，只是不与总管相连。

2. 高程布置

井点管的入土深度应根据水位降深、含水层所在位置、总管的高程等确定，但必须将滤水管埋入含水层内，并且比所挖基坑或沟槽底深 0.9～1.2 m。总管标高应尽量接近地下水位并沿抽水水流方向有 0.25%～0.5% 的上仰坡度，最高点设在抽水设备的进水口处，水泵轴心与总管齐平，以利于管内气体的排出。

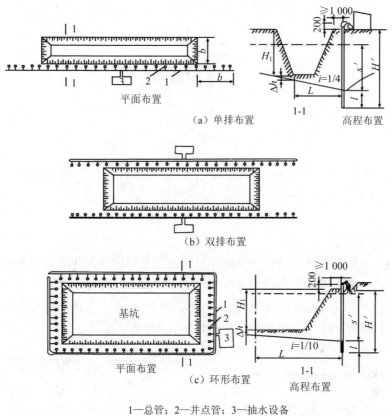

（a）单排布置

（b）双排布置

（c）环形布置

1—总管；2—井点管；3—抽水设备
单位：mm

图2-7 井点布置

井点管理深是指滤管底部到井点埋设地面的距离（图2-7），一般可按下式计算：

$$H' = H_1 + \Delta h + iL + l \qquad (2-4)$$

式中：H'——井点管埋置深度，m；

  H_1——井点管埋设面至基坑底面的距离，m；

  Δh——降水后地下水位至基坑底面的安全距离，m，一般为0.5～1.0 m；

  i——水力坡度，与土层渗透系数、地下水流量等因素有关，对环状或双排井点可取 $\frac{1}{15} \sim \frac{1}{10}$；对单排线状井点可取 $\frac{1}{4}$；

  L——井点管中心至最不利点的水平距离，单排井点取沟槽或基坑另一侧内底边缘为最不利点，双排井点取沟槽或基坑中心为最不利点，m；

  l——滤水管长度，m。

井点露出地面高度一般取0.2～0.3 m。

轻型井点的降水深度一般不超过 6 m；如大于 6 m，则应降低井点管和抽水设备的埋设面；如仍达不到水位降深的要求，可采用二级或多级井点（图 2-8）。

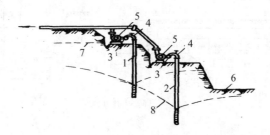

1—第一级井点；2—第二级井点；3—集水总管；4—弯联管；5—水泵；6—基坑或沟槽；
7—原地下水位线；8—降水后地下水位线

图 2-8　二级轻型井点降水

3. 总涌水量计算

井点系统是按水井理论进行计算的。水井根据不同情况，井底达到不透水底板的称为完整井；井底未达到不透水底板的称为非完全井；打设在承压含水层中的是承压井；打设在潜水含水层中的是潜水井（无压井）。其中以无压完整井的理论较为完善，应用较普遍。潜水完整井和非完整井如图 2-9 所示。

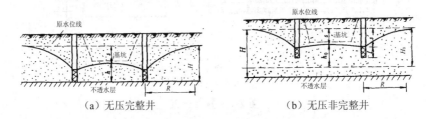

（a）无压完整井　　　　　　　　　（b）无压非完整井

图 2-9　无压完整井和无压非完整井

潜水完整井涌水量：

$$Q = \frac{1.366K(2H-s)s}{\lg R - \lg x_0} \qquad (2-5)$$

式中：Q —— 井点系统总涌水量，m^3/d；

K —— 渗透系数，m/d；

H —— 含水层厚度，m；

R —— 抽水影响半径，m；

s —— 水位降深，m；

x_0 —— 基坑假想半径，m。

潜水非完整井涌水量：

$$Q = \frac{1.366K(2H_0 - s)s}{\lg R - \lg x_0}$$ (2-6)

式中：H_0——有效带深度，m；可根据表 2-4 确定。

其他参数的含义同式（2-5）。

表 2-4　含水层有效带深度 H_0

$\dfrac{s'}{s'+l}$	H_0
0.2	1.3（$s'+l$）
0.3	1.5（$s'+l$）
0.5	1.7（$s'+l$）
0.8	1.85（$s'+l$）

注：表中 l 为滤水管长度，m；s' 为原地下水位至滤管顶部的距离，m。

计算涌水量时，需预先确定 K、R、x_0 值。

（1）渗透系数 K

渗透系数 K 值对计算结果影响很大。一般由水文地质报告提供或参考表 2-1 所列经验数值确定。

当含水层不是均一土层时，渗透系数可按各层不同渗透系数的土层厚度加权平均计算。

$$K_{cp} = \frac{K_1 n_1 + K_2 n_2 + \cdots + K_n n_n}{n_1 + n_2 + \cdots + n_n}$$ (2-7)

式中：K_1，K_2，…，K_n——不同土层的渗透系数，m/d；

n_1，n_2，…，n_n——含水层不同土层的厚度，m。

（2）抽水影响半径 R

井点系统抽水后地下水受到影响而形成降落曲线，降落曲线稳定时的影响半径即为计算用的抽水影响半径 R。

$$R = 1.95s\sqrt{KH} \quad （完整井）$$ (2-8)

或 $$R = 1.95s\sqrt{KH_0} \quad （非完整井）$$ (2-9)

（3）基坑假想半径 x_0（m）

假想半径指降水范围内环围面积的半径，根据基坑形状不同有以下几种情况：

① 环围面积为矩形（$\dfrac{L}{B} \leqslant 5$）时：

$$x_0 = \alpha \frac{L+B}{4}$$ （2-10）

式中：L、B——基坑的长度及宽度，m，为保证降水效果应各加 2 m；

α 值见表 2-5。

表 2-5　α 值

B/L	0	0.2	0.4	0.6~1.0
α	1.00	1.12	1.16	1.18

② 环围面积为圆形或近似圆形时：

$$x_0 = \sqrt{\frac{F}{\pi}} \qquad (2\text{-}11)$$

式中：F——基坑的平面面积，m^2。

③ 当 $\dfrac{L}{B} > 5$ 时，可划分成若干计算单元，长度按（4~5）B 考虑；当 $L > 1.5R$ 时，也可取 $L = 1.5R$ 为一段进行计算；当形状不规则时应分块计算涌水量，将其相加即为总涌水量。

4. 单根井点管涌水量 q（m^3/d）

$$q = 20\,\pi d\ l\ \sqrt{K} \qquad (2\text{-}12)$$

式中：d—— 滤水管直径，m；

　　　l—— 滤水管长度，m；

　　　K—— 渗透系数，m/d。

5. 井点管数量与间距

井点管数量 n（根）：

$$n = 1.1\frac{Q}{q} \qquad (2\text{-}13)$$

式中：1.1——考虑井点管堵塞等因素的备用系数。

井点管间距 D（m）：

$$D = \frac{L_1}{n-1} \qquad (2\text{-}14)$$

式中：L_1——总管长度，m，对环形井点，$L_1 = 2$（$L+B$）；对双排井点，$L_1 = 2L$。

D 值求出后要取整数，并应符合总管接头间距的要求。

6. 确定抽水设备

常用的抽水设备有真空泵（干式、湿式）、离心泵等。一般按总涌水量和所需扬程确定，并考虑 10%~20% 的安全系数，以保证系统的可靠性。

（四）轻型井点管的埋设与使用

轻型井点系统的埋设，包括测量定位、敷设总管、成孔、沉放井点管、填滤料、用弯联管将井点管与总管相连、安装抽水设备、试抽等工序。

测量定位是按照设计要求确定井点管和总管的位置；总管敷设要确保坡度和标高，并预留好三通口的位置；成孔是按照井点管的设计中心位置在地面上打孔，一般在松软土层中采用射水法或套管法，在坚硬土层中采用钻孔法。

1. 射水法

采用射水式井点管，井点管下设射水球阀，上接可旋动节管与高压胶管、水泵等。冲射时，先在地面井点位置处挖一小坑，将射水式井点管插入，利用高压水在井管下端冲刷土体，使井点管下沉。下沉时，随时转动管子以增加下沉速度并保持垂直。射水压力一般为 0.4～0.6 MPa。当井点管下沉至设计深度后取下软管，与集水总管相连，抽水时，球阀自动关闭（图 2-10）。冲孔直径不小于 300 mm，冲孔深度应比滤管深 0.5～1.0 m，以利沉泥。井点管与孔壁间应及时用洁净粗砂灌实，井点管要位于砂滤料中间。灌砂时，管内水面应同时上升，否则可向管内注水，水如很快下降，则认为埋管合格。

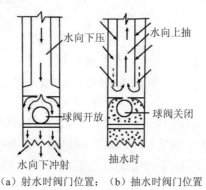

（a）射水时阀门位置； （b）抽水时阀门位置

图 2-10 射水式井点管

2. 套管法

套管水冲设备由套管、翻浆管、喷射头和贮水室四部分组成（图 2-11）。套管直径为 150～200 mm（喷射井点为 300 mm），一侧每 1.5～2.0 m 设置 250 mm×200 mm 排泥窗口，套管下沉时，逐个开闭窗口，套管起导向、护壁作用。贮水室设在套管上、下。用 4 根 ϕ≥38 mm 钢管上下联结，其总截面面积是喷嘴截面面积总和的 3 倍。为了加快翻浆速度及排除土块，在套管底部内安装两根 ϕ25 mm 压缩空气管，喷射器是该设备的关键部件，由下层贮水室、喷嘴和冲头三部分组成。喷嘴布置有三种形式：一种是最下部为 8 个 ϕ10 mm 喷嘴做环形分布，垂直向下，构成环状喷射水流，似取土环刀；另两种为 6 个 ϕ10 mm 或 ϕ8 mm 喷嘴，分两组与垂线成 45°角交错布置，喷射水流从各不同方向切割套管内土体，泥浆水从排泥窗口排出。

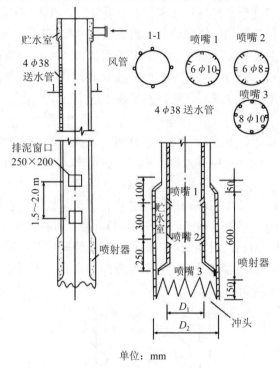

单位：mm

图 2-11　套管水冲设备

套管冲枪的工作压力随土质情况而定，一般取 0.8～0.9 MPa。

当冲孔至设计深度时，继续给水冲洗一段时间，使出水含泥量在 5%以下。此时在孔底填一层砂砾，将井点管居中插入，在套管与井点管之间分层填入粗砂，并逐步拔出套管。

3. 钻孔法

采用回转钻孔或机械钻孔，孔径为 300～400 mm，成孔后再沉放井点管。井点管达到设计深度后立即用支架将其固定，并进行临时封堵，然后再均匀填滤料。

所有井点管在地面以下 0.5～1.0 m 的深度内，应用黏土填实以防漏气。井点管埋设完毕，应接通总管与抽水设备进行试抽，检查有无漏气、淤塞等异常现象。

轻型井点使用时，应保证连续不断地抽水，并配备双电源或自备发电机。正常的出水规律是"先大后小，先浑后清"。如不出水或出水浑浊，应检查纠正。在降水过程中，要对水位降低区域内的建（构）筑物，检查有无沉陷现象，发现沉陷或水平位移过大，应及时采取防护技术措施。

地下构筑物竣工并进行回填土后，方可拆除井点系统，所留孔洞用砂或土填塞，对地基有特殊要求时，应按有关规定填塞。

拆除多级轻型井点时应自底层开始，逐层向上进行，在下层井点拆除期间，上部各层井点应继续抽水。

冬季施工时，应对抽水机组及管路系统采取防冻措施，停泵后必须立即把内部积水放空，以防冻坏设备。

二、喷射井点

当基坑开挖较深，降水深度要求大于 6 m 或采用多级轻型井点不经济时，可采用喷射井点系统。它适用于渗透系数为 0.1～50 m/d 的砂性土或淤泥质土，水位降深可达 8～20 m。

（一）喷射井点设备

喷射井点根据其工作介质的不同，分为喷水井点或喷气井点两种。其设备主要由喷射井点、高压水泵（或空气压缩机）和管路系统组成[图 2-12（a）]。

喷射井管由内管和外管组成，内管下端装有喷射器，并与滤管相连。喷射器由喷嘴、混合室、扩散室等组成。如图 2-12（b）所示，喷水井点工作时，高压水经过内外管之间的环形空隙进入喷射器，由于喷嘴处截面突然缩小，高压水高速进入混合室，使混合室内压力降低，形成一定的真空，这时地下水被吸入混合室与高压水汇合，经扩散室由内管排出，流入集水池中。用水泵抽走一部分水，另一部分由高压水泵压入井管循环使用。如此不断地供给高压水，地下水便不断地抽出。

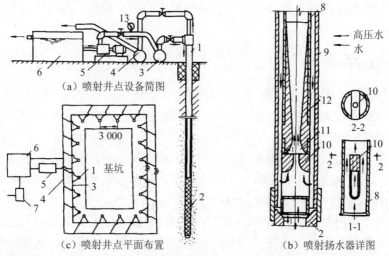

（a）喷射井点设备简图

（c）喷射井点平面布置

（b）喷射扬水器详图

1—喷射井管；2—滤管；3—进水总管；4—排水总管；5—高压水泵；6—集水池；7—水泵；8—内管；9—外管；10—喷嘴；11—混合室；12—扩散室；13—压力表

单位：mm

图 2-12 喷射井点

高压水泵一般采用流量为 50～80 m³/h 的多级高压水泵，每套能带动 20～30 根井点管。

如用压缩空气代替高压水，即为喷气井点。两种井点使用范围基本相同，喷气井点较喷水井点的抽吸能力大，对喷射器的磨损也小，但喷气井点系统的气密性要求高。

（二）喷射井点的布置、埋设与使用

喷射井点的管路布置及井点管埋设方法、要求均与轻型井点相同。喷射井管间距一般为 2～3 m，冲孔直径为 400～600 mm，深度比滤管底深 1 m 以上。

喷射井点埋设时，宜用套管冲孔，加水及压缩空气排泥。当套管内含泥量小于 5% 时方可下井点管及灌砂，然后再将套管拔起。下管时水泵应先开始运转，以便每下好一根井管，立即与总管接通（不接回水管），之后及时进行单根试抽排泥，并测定真空度，待井点管出水变清后为止，地面测定真空度不宜小于 93 300 Pa。全部井点管埋设完毕后，再接通回水总管，全面试抽，然后让工作水循环，进行正式工作。各套进水总管均应用阀门隔开，各套回水总管应分开。

开泵时，压力要小于 0.3 MPa，以后再逐渐正常。抽水时如发现井管周围有泛砂冒水现象，应立即关闭井点管并进行检修。工作水应保持清洁。试抽两天后应更换清水，以减轻工作水对喷嘴及水泵叶轮等的磨损。

（三）喷射井点的计算

喷射井点的涌水量计算及确定井点管数量与间距、抽水设备等均与轻型井点计算相同，不再重述。

三、电渗井点

在渗透系数小于 0.1 m/d 的黏土、粉质黏土、淤泥等土质中，宜用电渗井点降水。它一般与轻型井点或喷射井点配套使用，降深也因选用的井点类型不同而异。与轻型井点配套时，降深小于 8 m，与喷射井点配套时，降深大于 8 m。

电渗降水的原理源于电动作用。在含水的细颗粒土中，插入正、负电极并通以直流电后，土颗粒自负极向正极移动，水自正极向负极移动，前者称为电泳现象，后者称为电渗现象，全部现象称为电动作用。

电渗井点利用井点管作阴极，用钢管、直径 $\phi \geqslant 25$ mm 的钢筋或其他金属材料作阳极。井点管沿基坑外围布置，用套管冲孔埋设。阳极设在井点管内侧，埋设应垂直，严禁与相邻阴极相碰。阳极应外露地面 20～40 cm，入土深度比井点管深 50 cm，以保证水位能降到所要求的深度。阴极、阳极的数量应相等，必要时阳极数量可多于阴极。阴极、阳极的间距，采用轻型井点时一般为 0.8～1.0 m；采用喷射

井点时为 1.2～1.5 m，并呈平行交错排列。阴极、阳极应分别由电线或扁钢、钢筋等连接成通路，并接到直流发电机或电焊机的相应电极上（图 2-13）。

通电时，电压不宜超过 60 V，土中的电流密度为 0.5～1.0 A/m²。在电渗降水时，由于电解作用产生的气体附在电极附近使土体电阻加大而造成能耗增加，故应采用间歇通电，即通电 24 h 后，停电 2～3 h 再通电。

电渗井点设计同轻型井点或喷射井点。

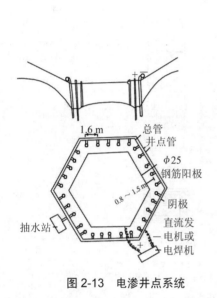

图 2-13　电渗井点系统

图 2-14　管井井点构造

四、管井井点

管井适用于中砂、粗砂、砾砂、砾石等渗透系数大、地下水丰富的土、砂层或轻型井点不易解决的地方。

管井井点系统由滤水井管、吸水管、抽水设备等组成（图 2-14）。

管井井点降水量大且深，可沿基坑或沟槽的一侧或两侧作直线布置，也可沿基坑外围四周呈环状布设。井中心距基坑边缘的距离，采用冲击式钻孔用泥浆护壁时为 0.5～1.0 m；采用套管法时不小于 3 m。管井埋设的深度与间距，根据降水面积、深度及含水层的渗透系数等而定，最大埋深可达十余米，间距 10～50 m。

井管的埋设可采用冲击钻进或螺旋钻进，泥浆或套管护壁。钻孔直径应比滤管大 200 mm 以上。井管下沉前应进行清洗，并保持滤网的畅通。井管放于孔中心，用圆木临时堵塞管口。井壁与井管间用 3～15 mm 砾石填充作过滤层，地面下 0.5 m 以内用黏土填充夯实。

管井井点抽水过程中应经常对电机、传动轴等进行检查。使用完毕用捯链将井管慢慢拔出，洗净后供下次使用，所留孔洞用砾砂回填夯实。

五、深井井点

深井井点适用于涌水量大、降水较深的砂类土质，降水深度可达 50 m。
深井井点系统由深井泵或深井潜水泵及井管滤网组成（图 2-15）。

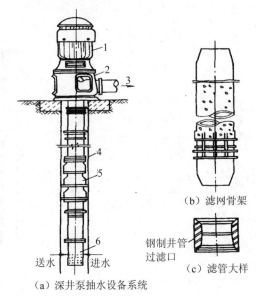

送水　进水

（a）深井泵抽水设备系统

（b）滤网骨架

钢制井管
过滤口

（c）滤管大样

1—电机；2—泵座；3—出水管；4—井管；5—泵体；6—滤管

图 2-15　深井井点

深井井点系统总涌水量可按无压完整井环形井点系统公式计算。一般沿基坑周围，每隔 15～30 m 设一个深井井点，施工方法同管井井点。

复习与思考题

1. 施工排（降）水的目的是什么？
2. 明沟排水有哪些形式？各如何施工？
3. 轻型井点降水的适用条件是什么？包括哪些组成部分？
4. 坑内排水和轻型井点降水的涌水量各如何计算？
5. 怎样进行轻型井点系统的设计？
6. 怎样进行轻型井点系统的施工？
7. 人工降低地下水位的方法有哪些？

第三章　钢筋混凝土工程

环境工程中的各类建筑物、构筑物大都为钢筋混凝土结构，它们可以现场整体浇筑，也可以采用预制构件装配施工。现场浇筑整体性好，抗渗和抗震性强，钢筋消耗量也较低，不需大型起重、运输机械。但施工中模板材料消耗量大，劳动强度高，现场运输量较大，施工工期一般也较长。预制构件装配式结构，由于实行工厂化、机械化施工，可以减轻劳动强度，提高劳动生产率，为保证工程质量、降低成本、加快施工速度和组织均衡施工创造了有利条件；但应处理好装配缝隙，保证其有足够的抗渗性和整体强度。

无论采用哪种结构形式，钢筋混凝土工程都是由钢筋工程、模板工程和混凝土工程所组成，它们的施工都要由多项工序、多个工种密切配合才能完成。

第一节　钢筋工程

一、钢筋的种类

钢筋混凝土结构中使用的钢筋种类很多，通常按生产工艺、化学成分和力学性能等进行分类。

钢筋按生产工艺可分为热轧钢筋、冷拉钢筋、冷拔钢丝、热处理钢筋、碳素钢丝和钢绞线等。其中后三种用于预应力混凝土结构。

钢筋按化学成分分为碳素钢钢筋和普通低合金钢钢筋。碳素钢钢筋按含碳量多少又可分为低碳钢钢筋（含碳量低于 0.25%，如 3 号钢）、中碳钢钢筋（含碳量 0.25%~0.7%）和高碳钢钢筋（含碳量 0.7%~1.4%）。普通低合金钢钢筋是在低碳钢和中碳钢的成分中加入少量合金元素，获得强度高和综合性能好的钢种，其主要品种有 20 锰硅、40 硅 $_2$ 锰钒、45 硅 $_2$ 锰钛等。

钢筋按力学性能分为：HPB235、HRB335、HRBF335、HRB400、HRBF400、RRB400、HRB400E、HRB500、HRBF 500 等级别。其中 H、P、R、B、F、E 分别为热轧（Hotrolled）、光圆（Plain）、带肋（Ribbed）、钢筋（Bars）、细粒（Fine）、地震（Earthquake）6 个词的英文首位字母，后面的数代表屈服强度，单位为 MPa。

此外，钢筋按轧制外形还可分为光圆钢筋和变形钢筋（月牙形、螺旋形、人字形钢筋）；按供应形式分为盘圆钢筋（直径不大于 10 mm）和直条钢筋（长度为 6～12 m）；钢筋按直径大小可分为钢丝（直径为 3～5 mm）、细钢筋（直径为 6～12 mm）、中粗钢筋（直径为 12～20 mm）和粗钢筋（直径大于 20 mm）。

钢筋应有出厂合格证或试验报告单。钢筋运到工地后，应根据品种按批次分别堆存，不得混杂；并应按施工规范要求，对钢筋进行机械性能检验，不符合规定时，应重新分级。钢筋在使用中如发现脆断、焊接性能不良或机械性能显著不正常时，还应检验其化学成分，检验硫、磷、砷等有害成分的含量是否超过允许范围。

钢筋工程主要包括钢筋的加工、制备及安装成型等过程。其中钢筋加工又包括钢筋的冷处理（冷拉、冷拔）、调直、剪切、弯曲、绑扎及焊接等工序。

随着预制装配技术的日益发展，钢筋加工一般都集中在车间内进行流水作业，以便于合理组织生产和采用新技术、新工艺，实现钢筋加工的工厂化。

二、钢筋的冷处理

（一）钢筋冷拉

1. 冷拉工艺

钢筋冷拉是在常温下，以超过钢筋屈服强度的拉应力拉伸钢筋，使其产生塑性变形，以提高强度，节约钢材。

钢筋的冷拉，可采用控制冷拉应力或控制最大冷拉率的方法进行，其冷拉控制应力及最大冷拉率应符合表 3-1 的规定。

采用控制应力法冷拉钢筋时，其冷拉力 N 可按下式计算：

$$N = \sigma_{cs} A_s \qquad (3\text{-}1)$$

式中：N——冷拉力，N；

σ_{cs}——钢筋冷拉的控制应力，N/mm^2；

A_s——钢筋冷拉前的截面面积，mm^2。

表 3-1　冷拉控制应力及最大冷拉率

项次	钢筋级别	冷拉控制应力/（N/mm²）	最大冷拉率/%
1	HPB235	280	10
2	HRB335	450	5.5
3	HRB400	500	5
4	RRB400	700	4

注：II 级钢筋直径大于 25 mm 时，冷拉控制应力降为 430 N/mm²。

钢筋冷拉至控制应力后，如个别钢筋的冷拉率超过最大冷拉率，则该钢筋的实际抗拉强度一般低于国家标准规定，应将其剔除。

采用控制最大冷拉率法时，其冷拉伸长值 ΔL，可按下式计算：

$$\Delta L = rL \qquad\qquad (3\text{-}2)$$

式中：ΔL——冷拉伸长值，m；

$\quad r$——钢筋的最大冷拉率，%；

$\quad L$——钢筋冷拉前的长度，m。

控制最大冷拉率法的优点是设备简单，并能满足等长或定长的要求。对一些重要的预应力钢筋，当来料混杂或混炉批、材质不均匀而又无测力装置时，可采用逐根取样法。

冷拉后的钢筋，应放置 7～15 d 后再使用。

在冬季施工时，钢筋可以在负温条件下冷拉。但环境温度不宜低于 −20℃，并应注意：

> 在负温条件下采用控制最大冷拉率法冷拉钢筋时，应采用与常温施工相同的伸长率；

> 在负温条件下采用控制应力法冷拉钢筋时，冷拉的控制应力应较常温提高 30 MPa。

2. 质量检验

冷拉钢筋的质量检验，应按照国家现行规范规定，进行外观检查及机械性能试验。

机械性能试验，应分批进行。同批钢筋应由同钢号和同直径的钢筋组成。试验结果应符合表 3-2 的规定。

表 3-2　冷拉钢筋的力学性能

钢筋级别	直径/mm	屈服强度/ (N/mm²)	抗拉强度/ (N/mm²)	伸长率 δ_{10}/%	冷弯	
		≥			弯曲角度（°）	弯心直径
冷拉 HPB235 级	6～12	280	370	11	180	3 d
冷拉 HRB335 级	8～25	420	510	10	90	3 d
	28～40		490		90	4 d
冷拉 HRB400 级	8～40	500	570	8	90	5 d
冷拉 RRB400 级	10～28	700	835	6	90	5 d

注：直径大于 25 mm 的冷拉Ⅲ级、Ⅳ级钢筋，弯心直径应增加 1 d。

3. 钢筋冷拉设备

钢筋冷拉设备主要由拉力装置、承力结构、钢筋夹具和测量装置等组成。

拉力装置一般采用卷扬机，由卷扬机张拉小车及滑轮组等组成，其布置方案如图 3-1 所示；也可采用长冲程液压千斤顶冷拉钢筋，其布置方案如图 3-2 所示。

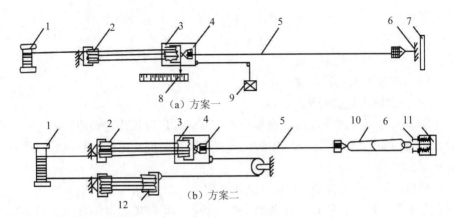

1—卷扬机；2—滑轮组；3—冷拉小车；4—钢筋夹具；5—钢筋；6—地锚；7—防护壁；8—标尺；
9—回程荷重架；10—连接杆；11—弹簧测力器；12—回程滑轮组

图 3-1　卷扬机冷拉钢筋设备布置方案

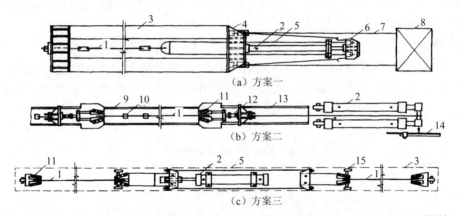

1—钢筋；2—千斤顶；3—台座；4—横梁；5—传力架；6—活动横梁；7—钢丝绳；8—荷重架；
9—工字钢轨道；10—孔洞；11—冷拉夹具；12—油缸；13—拉杆；14—光电计数装置；15—冷拉小车

图 3-2　液压千斤顶冷拉钢筋设备布置方案

（二）钢筋冷拔

钢筋冷拔是将直径为 6~10 mm 的Ⅰ级光圆钢筋，在常温下通过拔丝模多次强力拉拔，使钢筋产生塑性变形，拔成比原钢筋直径小的钢丝，以改变其物理力学性能（图 3-3）。冷拔后的钢筋称为冷拔低碳钢丝，它的塑性降低，没有明显的屈服阶段，但强度却显著增高，故能节约大量钢材。

冷拔低碳钢丝分为甲、乙两级。甲级主要用作预应力筋，乙级主要用作焊接钢筋网、钢筋骨架以及架立筋、箍筋和构造钢筋等。

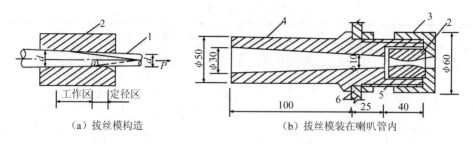

（a）拔丝模构造　　　　　　（b）拔丝模装在喇叭管内

1—钢筋；2—拔丝模；3—螺母；4—喇叭管；5—排渣孔；6—润滑剂存放箱壁

单位：mm

图 3-3　拔丝模构造与装法

1. 冷拔工艺

冷拔钢筋采用强迫拔丝工艺，其工艺流程为轧头、剥壳及拔丝。在拔丝过程中不得用酸洗，也不得退火。影响冷拔钢丝强度的主要因素是原材料的强度和拔丝工艺的总压缩率。

为了稳定冷拔低碳钢丝的质量，要求原材料按钢厂、钢号、直径分别堆放和使用。对钢号不明或无出厂合格证的钢材，应在拔丝前取样检验。甲级冷拔钢丝应优先采用甲类 3 号钢盘条拔制。

冷拔总压缩率是指由盘条拔至成品钢丝的横截面缩减率，可按下式计算：

$$\beta = \frac{{d_0}^2 - d^2}{{d_0}^2} \times 100\% \qquad (3\text{-}3)$$

式中：β —— 冷拔总压缩率，%；

$\quad\quad d_0$ —— 盘条钢筋直径，mm；

$\quad\quad d$ —— 成品钢丝直径，mm。

冷拔总压缩率越大，钢丝的抗拉强度就越高，但塑性也越差。为了保证甲级冷拔丝的强度和塑性相对稳定，必须控制总压缩率。在一般情况下，$\phi5$ 钢丝宜用 $\phi8$ 盘条拔制，$\phi3$ 和 $\phi4$ 钢丝宜用 $\phi6.5$ 盘条拔制。

冷拔次数是冷拔工艺的一个重要参数，次数过多易使钢丝变脆，且降低冷拔机生产率；冷拔次数过少，每次压缩过大，易产生断丝和安全事故。根据实践经验，每冷拔一次的钢筋截面直径可按下式计算，并据此编制成表 3-3，以便参考。

$$d_2 = 0.85 \sim 0.9\, d_1 \qquad (3\text{-}4)$$

式中：d_1 —— 前道钢丝直径，mm；

$\quad\quad d_2$ —— 后道钢丝直径，mm。

表 3-3　钢丝冷拔次数参考表

项次	钢丝直径	盘条直径	冷拔总压缩率/%	冷拔次数和拔后直径/mm					
				第 1 次	第 2 次	第 3 次	第 4 次	第 5 次	第 6 次
1	$\phi^b 5$	$\phi 8$	61	6.5	5.7	5.0			
				7.0	6.3	5.7	5.0		
2	$\phi^b 4$	$\phi 6.5$	62.2	5.5	4.6	4.0			
				5.7	5.0	4.5	4.0		
3	$\phi^b 3$	$\phi 6.5$	78.7	5.5	4.6	4.0	3.5	3.0	
				5.7	5.0	4.5	4.0	3.5	3.0

拔丝工艺中，常用的润滑剂配方是：生石灰 100 kg，动物油 20 kg，肥皂 5～8 条，水 200 kg，石蜡少掺或不掺配制而成。润滑剂也可采用三级硬脂酸与石灰粉按 1∶2 混合而成。

2. 质量检验

（1）外观检查

在每批冷拔低碳钢丝中任取 5% 的盘数（但不少于 5 盘）作外观检查，要求表面没有锈蚀、伤痕、裂纹和油污等，甲级冷拔钢丝直径的允许偏差见表 3-4。

表 3-4　甲级冷拔钢丝直径的允许偏差

钢丝直径/mm	直径允许偏差/mm，≤	备　　注
3	±0.06	检验时应同时量测钢丝
4	±0.08	两个垂直方向的直径
5	±0.10	

（2）拉力试验

甲级冷拔钢丝应从每盘上任一端截取 2 个试样，分别做拉力试验（包括屈服强度和伸长率）和反复弯曲试验，并按其抗拉强度确定该盘钢丝的组别。

乙级冷拔钢丝应从每批中选取 3 盘，每盘各截取 2 个试样，分别做拉力试验和反复弯曲试验；如有 1 个试样不合格，则该批钢丝应逐盘试验，合格者方能使用。

3. 冷拔设备

常用的冷拔设备主要是拔丝机，它有卧式（图 3-4）和立式（图 3-5）两种。卧式拔丝机构造简单，人工卸丝方便，宜用于建筑工地拔粗丝；立式拔丝机占地面积小，机械卸丝，宜用于专业拔丝厂拔丝。

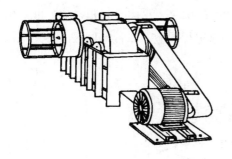

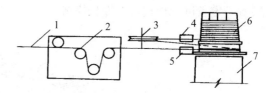

1—钢筋；2—剥壳槽轮；3—导向轮；
4、5—拔丝模；6—绕丝筒；7—机座

图 3-4　卧式双卷筒拔丝机　　　　　图 3-5　立式单卷筒双模拔丝机示意

三、钢筋焊接

钢筋连接采用焊接代替绑扎，可改善结构受力性能，节约钢材和提高工效。钢筋焊接的效果与钢材的可焊性和焊接工艺有关。

钢材的可焊性是指在采用一定焊接材料和焊接工艺的条件下，被焊钢材获得优质焊接接头的难易程度。钢筋的可焊性与其含碳量及含合金元素量有关，含碳量增加，可焊性降低；含锰量增加，可焊性降低；含适量的钛，可改善焊接性能。Ⅳ级钢筋的碳、锰、硅含量较高，可焊性就差，但其中硅钛系钢筋的可焊性较好。

焊接工艺对钢筋的焊接质量影响很大，即便可焊性较差的钢材，如采用适宜的焊接工艺也能获得良好的焊接质量。因此改善焊接工艺是提高焊接质量的关键。

钢筋焊接的方法通常有对焊、点焊、电弧焊、接触电渣焊、埋弧焊等。

（一）对焊

对焊原理如图 3-6 所示，利用对焊机使两段钢筋接触，通以低电压的强电流，把电能转化为热能。当钢筋加热到一定程度后，施加轴向压力顶锻，便形成对焊接头。对焊广泛用于Ⅰ～Ⅳ级钢筋的接长及预应力钢筋与螺丝端杆的焊接。

常用对焊机型号有 UN_1-75（LP-75）、 UN_1-100（LP-100）、UN_2-150（LM-150-2）及 UN_{17}-150-1 等。其中 UN_1-75（LP-75）可焊小于 $\phi36$ 的钢筋；UN_1-100（LP-100）、UN_2-150（LM-150-2）及 UN_{17}-150-1 可焊小于 $\phi50$ 的钢筋。

1. 对焊工艺

钢筋对焊应采用闪光焊。根据钢筋品种、直径和所用焊机功率的不同，闪光对焊可分为连续闪光焊、预热闪光焊、闪光—预热—闪光焊三种工艺。

（1）连续闪光焊

连续闪光焊工艺包括连续闪光和顶锻两个过程。施焊时，先闭合电源，使两钢筋端面轻微接触，此时端面的间隙中即喷射出火花般熔化的金属微粒（闪光），接着慢慢移动钢筋使两端面仍保持轻微接触，形成连续闪光。当闪光到预定的长度，钢筋接头加热到接近熔点时，便以一定的压力迅速进行顶锻。先带电顶锻，再无电顶锻到一定长度，焊接接头即告完成。

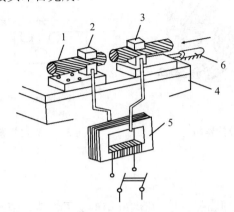

1—钢筋；2—固定电极；3—可动电极；4—机座；5—变压器；6—手动压力机构

图 3-6　钢筋对焊原理

（2）预热闪光焊

预热闪光焊是在连续闪光焊前增加一次预热过程，以扩大焊接热影响区。其工艺包括预热、闪光和顶锻三个过程。施焊时先闭合电源，然后使两钢筋端面交替接触和分开，这时钢筋端面的间隙中即发生断续的闪光，形成预热的过程。当钢筋达到预热的温度后进入闪光阶段，随后顶锻而成。

（3）闪光—预热—闪光焊

闪光—预热—闪光焊是在预热闪光焊前加一次闪光过程，以便使不平整的钢筋端面烧化平整，使预热均匀。其工艺包括一次闪光、预热、二次闪光及顶锻四个过程。

钢筋直径较粗时，宜采用预热闪光焊和闪光—预热—闪光焊。

2. 质量检验

钢筋对焊接头的外观检查，每批应抽查 10% 的接头，并不得少于 10 个。对焊接头的力学性能试验，应从每批成品中切取 6 个试件，3 个进行拉伸试验，另外 3 个进行弯曲试验。在同一班内，由同一焊工，按同一焊接参数完成的 200 个同类型接头作为一批。

拉伸试验应符合同级钢筋抗拉强度标准值的要求。在 3 个试件中至少有 2 个试件断于焊缝之外，并呈塑性断裂。当试验结果不符合要求时，应取双倍数量的试件进行复验。当复验不符合要求时，则该批接头即为不合格品。

弯曲试验应将受压面的金属毛刺和镦粗变形部分去除，与母材的外表平齐。弯曲试验焊缝应处于弯曲的中心点，弯心直径见表 3-5。弯曲到 90°时，接头外侧不得出现宽度大于 0.15 mm 的横向裂纹。弯曲试验结果如有 2 个试件未达到上述要求，则应取双倍数量试件进行复验，如仍有 3 个试件不符合要求，该批接头即为不合格品。

表 3-5　钢筋对接接头弯曲试验指标

项次	钢筋级别	弯心直径/mm	弯曲角/（°）
1	I	2 d	90
2	II	4 d	90
3	III	5 d	90
4	IV	7 d	90

注：1. d 为钢筋直径；
　　2. 直径大于 25 mm 的钢筋对焊接头，做弯曲试验时弯心直径应增加一个钢筋直径。

（二）点焊

点焊主要用于钢筋的交叉连接，其工作原理如图 3-7 所示，是将已除锈去污的钢筋交叉点放入点焊机的两电极间，通电使钢筋发热至一定温度后，加压使焊点金属焊接牢固。

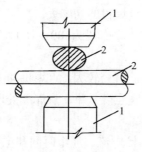

1—电极；2—钢筋

图 3-7　点焊原理

采用点焊代替人工绑扎，可提高工效，成品刚性好，运输方便。采用焊接骨架或焊接网时，钢筋在混凝土中能更好地锚固，可提高构件的刚度及抗裂性，钢筋端部不需做成弯钩，可节约钢材。因此制作钢筋骨架应优先采用点焊。

点焊机有单点点焊机（焊接较粗的钢筋）、多头点焊机（一次可焊数点，用以焊接钢筋网）、悬挂式点焊机（可焊平面尺寸大的骨架或钢筋网）和手提式点焊机（施工现场常用）等。点焊机类型较多，但工作原理基本相同，图 3-8 为脚踏式点焊机工作示意，当电流接通踏下踏板，上电极即压紧钢筋，断路器接通电流，在极短的时间内强大电流经变压器次级线圈引至电极，使焊点产生大量的电阻热形成熔融状态，同时在电极施加的压力下，使两焊件在接触处结合成牢固的焊点。

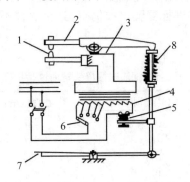

1—电极；2—电极臂；3—变压器次级线圈；4—变压器初级线圈；5—断路器；6—变压器调节级数开关；
7—踏板；8—压紧机构

图 3-8　脚踏式点焊机工作示意

1. 点焊工艺

点焊过程分为预压、加热熔化和冷却结晶三个阶段。钢筋点焊工艺，根据焊接电流大小和通电时间长短，可分为强参数工艺和弱参数工艺。

强参数工艺的电流强度较大，一般为 120～360 A/mm²；通电时间短，通常为 0.1～0.5 s。该工艺的经济性好，但点焊机的功率大。

弱参数工艺的电流强度较小，一般为 80～160 A/mm²；通电时间较长，通常为 0.5 s 至数秒。

点焊热轧钢筋时，除因钢筋直径较大，点焊机功率不足，需采用弱参数工艺外，一般都采用强参数工艺，以提高点焊效率。点焊冷处理钢筋时，为了保证点焊质量，必须采用强参数工艺。

钢筋点焊参数主要包括焊接电流、通电时间和电极压力。在焊接过程中，应保证点焊焊点的压入深度，对热轧钢筋应为较小钢筋直径的 30%～45%；对冷拔低碳钢丝应为较小钢丝直径的 30%～35%。

点焊过程中如发现下列现象，可以调整点焊参数：

➢ 焊点周围没有铁浆挤出，可增大焊接电流；
➢ 焊点的压入深度不足，可增大电极压力；
➢ 焊点表面发黑（过烧），可缩短通电时间或减小焊接电流；
➢ 焊点熔化金属飞溅，表面有烧伤现象，应清刷电极和钢筋的接触表面，并适当地增大电极压力或减小焊接电流。

2. 质量检验

（1）外观检查

点焊制品的外观检查，应按同一类型制品分批抽验。一般制品每批抽查 5%；梁、柱、桁架等重要制品每批抽查 10%，且不得小于 3 件。凡钢筋级别、直径及尺寸均相同的焊接制品，即为同一类制品，每 200 件为一批。

外观检查主要包括焊点处金属熔化是否均匀；有无脱落、漏焊、裂纹、多孔等缺陷及明显的烧伤现象；抽取纵横方向 3～5 个网格量测成品总尺寸，其偏差应符合表 3-6 的规定。当外观检查不符合上述要求时，则逐件检查，剔除不合格品。不合格品经检修后，应进行二次验收。

表 3-6　钢筋点焊制品外观尺寸允许偏差

项次	量测项目		允许偏差/mm
1	焊接网片	长 宽 网格尺寸	±10
2	焊接骨架	长 宽 高	±10 ±5 ±5
3	骨架箍筋间距		±10
4	网片两对角线之差		10
5	受力主筋	间距 排距	±10 ±5

（2）强度检验

点焊制品的强度检验，应从每批成品中切取。热轧钢筋焊点做抗剪试验时，试件为 3 件；冷拔低碳钢丝焊点除做抗剪试验外，还应对较小的钢丝做拉力试验，试件各为 3 件。

焊点的抗剪试验结果，应符合表 3-7 的规定。拉力试验结果，应不低于乙级冷拔低碳钢丝的规定数值。

试验结果如有 1 个试件达不到上述要求，则应取双倍数量的试件进行复验。

表 3-7　钢筋焊点抗剪力指标（kN）

项次	钢筋级别	较小一根钢筋直径/mm								
		3	4	5	6	6.5	8	10	12	14
1	HPB235 级	—	—	—	6.8	8.0	12.1	18.8	27.1	36.9
2	HRB335 级	—	—	—	—	—	17.1	26.7	38.5	52.3
3	冷拔低碳钢丝	2.5	4.5	7.0	—	—	—	—	—	—

（三）电弧焊

电弧焊在钢筋的搭接接长、钢筋骨架的焊接、钢筋与钢板的焊接、装配式结构接头的焊接及其他各种钢结构的焊接中广泛应用。其原理如图 3-9 所示，利用弧焊机使焊条与焊件之间产生高温电弧，将焊条和电弧燃烧范围内的焊件金属熔化，熔化的金属凝固后，便形成焊缝或焊接接头。

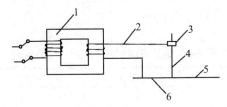

1—交流弧焊机变压器；2—变压器次级导线；3—焊钳；4—焊条；5、6—焊件

图 3-9　电弧焊示意

弧焊机分为交流弧焊机和直流弧焊机两类。交流弧焊机具有结构简单、价格低、保养维护方便等优点，工地采用多，其常用型号有 BX3-120-1、BX3-300-2、BX3-500-2 和 BX2-1000 等。

电弧焊使用的焊条，可按表 3-8 选用，焊条直径和焊接电流选择见表 3-9。

表 3-8　电弧焊接时使用焊条规定

项次	焊接形式	钢筋级别		
		HPB235 级	HRB335 级	HRB400 级
1	搭接焊、帮条焊	结 380 结 420	结 500	结 500 结 550
2	坡口焊	结 420	结 550	结 550 结 600

表 3-9　焊条直径和焊接电流选择

焊接位置	搭接焊、帮条焊			坡口焊		
	钢筋直径/ mm	焊条直径/ mm	焊接电流/ A	钢筋直径/ mm	焊条直径/ mm	焊接电流/ A
平焊	10～12	3.2	90～130	16～20	3.2	140～170
	14～22	4	130～180	22～25	4	170～190
	25～32	5	180～230	28～32	5	190～220
	36～40	5	190～240	36～40	5	200～230
立焊	10～12	3.2	80～110	16～20	3.2	120～150
	14～22	4	110～150	22～25	4	150～180
	25～32	4	120～170	28～32	4	180～200
	36～40	5	170～220	36～40	5	190～210

1. 电弧焊工艺

（1）帮条焊与搭接焊

帮条焊与搭接焊如图 3-10 所示。施焊时，引弧应在帮条或搭接钢筋的一端开始，收弧应在帮条或搭接钢筋端头上，弧坑应填满。多层施焊时第一层焊缝应有足够的熔深，主焊缝与定位焊缝，特别是在定位焊缝的始端与终端应熔合良好。

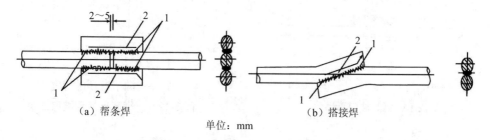

（a）帮条焊　　　　　　　　　　（b）搭接焊

单位：mm

1—定位焊缝；2—弧坑拉出方位

图 3-10　帮条焊与搭接焊的定位

采用帮条焊或搭接焊的钢筋接头，焊缝长度不应小于帮条或搭接长度，焊缝高度 $h \geqslant 0.3d$，并不得小于 4 mm；焊缝宽度 $b \geqslant 0.7d$，并不得小于 10 mm。钢筋与钢板接头采用搭接焊时，焊缝高度 $h \geqslant 0.35d$，并不得小于 6 mm；焊缝宽度 $b \geqslant 0.5d$，并不得小于 8 mm（图 3-11）。

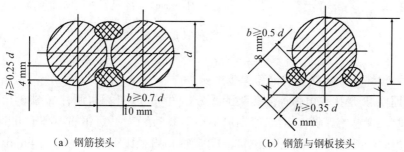

（a）钢筋接头　　　　　　　（b）钢筋与钢板接头

图 3-11　焊缝尺寸

（2）坡口焊

坡口焊如图 3-12 所示，适用于在施工现场焊接装配、现浇构件接头中直径为 16～40 mm 的钢筋。

坡口焊分为平焊和立焊两种。施焊时，焊缝根部、坡口端面，以及钢筋与钢垫板之间均应熔合良好。为了防止接头过热，可采用几个接头轮流焊接。如发现接头有弧坑、未填满、气孔及咬边等缺陷时，应补焊。Ⅲ级钢筋接头冷却补焊时，需用氧乙炔预热。

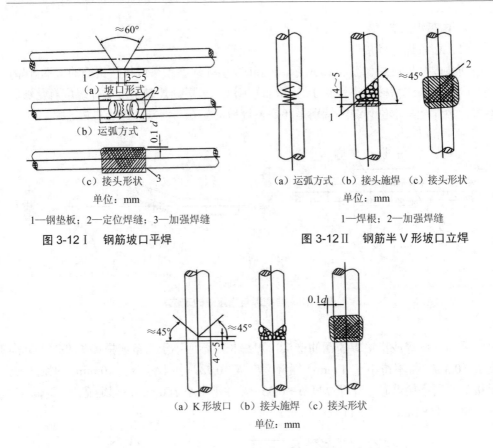

单位：mm

1—钢垫板；2—定位焊缝；3—加强焊缝

图 3-12Ⅰ　钢筋坡口平焊

单位：mm

1—焊根；2—加强焊缝

图 3-12Ⅱ　钢筋半 V 形坡口立焊

（a）K 形坡口　（b）接头施焊　（c）接头形状

单位：mm

图 3-12Ⅲ　钢筋 K 形坡口立焊

（3）预埋件 T 形接头的钢筋焊接

预埋件 T 形接头电弧焊的接头形式分贴角焊和穿孔塞焊两种（图 3-13）。采用贴角焊时，焊缝的焊脚 K 对Ⅰ级钢筋不小于 $0.5d$；对Ⅱ级钢筋不小于 $0.6d$。采用穿孔塞焊时，钢板的孔洞应做成喇叭口，其内口直径比钢筋直径 d 大 4 mm，倾斜角为 45°，钢筋缩进 2 mm。施焊时，电流不宜过大，以免烧伤钢筋。

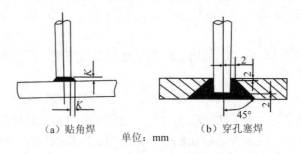

（a）贴角焊　　　　　　　（b）穿孔塞焊

单位：mm

图 3-13　预埋件 T 形接头电弧焊

2. 质量检验

钢筋电弧焊接头外观检查时，应在接头清渣后逐个进行目测或量测，并应符合下列要求：① 焊缝表面平整，不得有较大的凹陷、焊瘤；② 接头处不得有裂纹；③ 咬边、气孔、夹渣的数量与大小，以及接头尺寸偏差不得超过表 3-10 的规定；④ 坡口焊的焊缝加强高度为 2～3 mm。

表 3-10　电弧焊钢筋接头尺寸允许偏差

项次	项目	单位	允许偏差
1	帮条对焊接头中心纵向偏移	mm	$0.50d$
2	接头处钢筋轴线曲折	(°)	4
3	接头处钢筋轴线偏移	mm	$0.10d$（3）
4	焊缝高度	mm	$-0.05d$
5	焊缝宽度	mm	$-0.10d$
6	焊缝长度	mm	$-0.50d$
7	横向咬肉深度	mm	0.5
8	焊缝表面上的气孔和夹渣 ① 在长 $2d$ 的焊缝表面上 ② 对坡口焊全部焊缝上	个 mm^2	2 6

注：1. 允许偏差值在同一项目内有两个数值时，应按其中较严的数值控制；
　　2. d 为钢筋直径。

外观检查不合格的接头，经修整或补强后，应提交二次验收。

钢筋电弧焊接头，应从成品中每批抽取 3 个接头进行拉伸试验。对装配式结构节点的钢筋焊接接头，可按生产条件制作模拟试件。接头拉伸试验结果，应符合 3 个试件的抗拉强度均不得低于该级别钢筋的抗拉强度标准值；至少有 2 个试件呈塑性断裂。当检验结果有 1 个试件的抗拉强度低于规定指标，或有 2 个试件发生脆性断裂时，应取双倍数量的试件进行复验。

四、钢筋的制备与安装

钢筋的制备包括钢筋的配料、加工、钢筋骨架的成型等工序。钢筋配料时如遇到钢筋的规格、品种与设计要求不符，还需进行钢筋的代换。这是钢筋制备中需预先解决的主要问题。

（一）钢筋的配料与代换

1. 钢筋的配料

钢筋配料是根据施工图中的构件配筋图，分别计算各种形状和规格的单根钢筋下料长度、根数和总重量，并填写配料单，以作为钢筋加工的依据。

　　钢筋因弯曲或弯钩会使其长度变化，在配料中不能直接根据图纸尺寸下料，必须根据对混凝土保护层及钢筋弯曲、弯钩等的规定，再按图中尺寸计算其下料长度。各种钢筋下料长度计算如下：

　　直钢筋下料长度=构件长度－保护层厚度+弯钩增加长度

　　弯起钢筋下料长度=直段长度+斜段长度+弯钩增加长度－弯曲量度差值

　　箍筋下料长度=箍筋周长+箍筋调整值

　　上述钢筋需要搭接时，还应增加钢筋搭接长度。受拉钢筋绑扎接头的搭接长度见表3-11。

表 3-11　受拉钢筋绑扎接头的搭接长度

钢筋级别	混凝土强度标号对应的搭接长度		
	C20	C25	≥C30
HPB235	35d	30d	25d
HRB335	45d	40d	35d
HRB400	55d	50d	45d
冷拔低碳钢丝	300 mm		

　　钢筋下料长度计算式中的弯曲量度差值和弯钩增加长度按如下方法确定。

　　（1）弯曲量度差值

　　钢筋弯曲后轴线长度不变，在弯曲处形成圆弧。钢筋的量度方法是沿直线量外包尺寸（图3-14）。因此，弯起钢筋的量度尺寸大于下料尺寸，两者之差值称为弯曲量度差值。根据理论推算并结合实践经验，弯曲量度差值按表3-12确定。

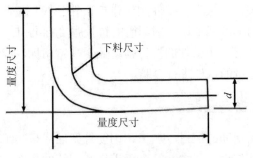

图 3-14　钢筋弯曲时的量度方法

表 3-12　钢筋弯曲量度差值

钢筋弯曲角度	30°	45°	60°	90°	135°
钢筋弯曲量度差值	0.35d	0.5d	0.85d	2d	2.5d

注：d 为钢筋直径。

（2）弯钩增加长度

钢筋的弯钩形式有半圆弯钩、直弯钩及斜弯钩（图 3-15）。弯钩增加长度，按图 3-15 所示的计算简图，其计算值为：半圆弯钩 $6.25 d$，直弯钩 $3.5 d$，斜弯钩 $4.9 d$。

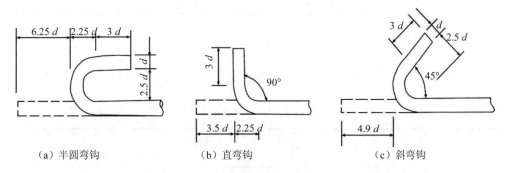

| （a）半圆弯钩 | （b）直弯钩 | （c）斜弯钩 |

图 3-15　钢筋弯钩计算简图

在生产实践中，由于实际弯心直径与理论弯心直径有时不一致，钢筋粗细和机具条件不同等而影响平直部分的长短（手工弯钩时平直部分可适当加长，机械弯钩时可适当缩短），因此在实际配料计算时，对半圆弯钩增加长度常根据具体条件，采用表 3-13 的经验数据。

表 3-13　半圆弯钩增加长度参考（用机械弯）　　　　　　　　单位：mm

钢筋直径	≤6	8～10	12～18	20～28	32～36
一个弯钩长度	40	$6d$	$5.5d$	$5d$	$4.5d$

（3）弯起钢筋斜长

弯起钢筋斜长如图 3-16 所示，弯起钢筋斜长系数按表 3-14 确定。

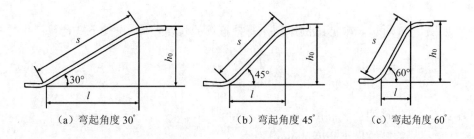

| （a）弯起角度 30° | （b）弯起角度 45° | （c）弯起角度 60° |

图 3-16　弯起钢筋斜长计算

表 3-14 弯起钢筋斜长系数

弯起角度	30°	45°	60°
斜边长度 s	$2h_0$	$1.41h_0$	$1.15h_0$
底边长度 l	$1.732h_0$	h_0	$0.575h_0$
增加长度 s−l	$0.268h_0$	$0.41h_0$	$0.575h_0$

注：h_0 为弯起高度。

（4）箍筋调整值

箍筋调整值是弯钩增加长度和弯曲量度差值两项的合并值，按表 3-15 确定。

表 3-15 箍筋调整值

箍筋度量方法	箍筋直径/mm			
	4～5	6	8	10～12
量外包尺寸	40	50	60	70
量内皮尺寸	80	100	120	150～170

箍筋度量方法如图 3-17 所示。

对变截面、圆形和曲线构件而言，其钢筋长度按下述方法计算：

（1）变截面构件箍筋计算

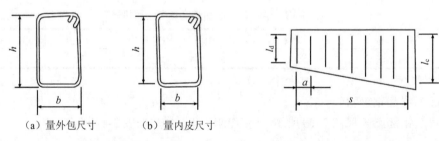

（a）量外包尺寸　　（b）量内皮尺寸

图 3-17 箍筋度量方法　　　　图 3-18 变截面构件箍筋计算

如图 3-18 所示，根据比例原理，每根箍筋的长度差值 Δ 可按下式计算：

$$\Delta = \frac{l_c - l_d}{n-1} \tag{3-5}$$

式中：l_c——箍筋的最大高度，mm；

l_d——箍筋的最小高度，mm；

n——箍筋个数，$n = \frac{s}{a} + 1$，其中 s 为最长箍筋和最短箍筋之间的总距离，mm，

a 为箍筋间距，mm。

（2）圆形构件钢筋

平面为圆形的构件，其配筋有按弦长布置和按圆形布置两种形式。

如图 3-19 所示为按弦长布置，先根据下式算出钢筋所在处弦长；再减去两端保护层厚度，就得钢筋长度。

当配筋为单数间距时[图 3-19（a）]：

$$l_i = a \cdot \sqrt{(n+1)^2 - (2i-1)^2}$$ （3-6）

当配筋为双数间距时[图 3-19（b）]：

$$l_i = a \cdot \sqrt{(n+1)^2 - (2i)^2}$$ （3-7）

式中：l_i——第 i 根（从圆心向两边计数）钢筋所在的弦长，mm；

a——钢筋间距，mm；

n——钢筋根数，$n = \dfrac{D}{a} - 1$，其中 D 为圆直径，mm，

i——从圆心向两边计数的序号数。

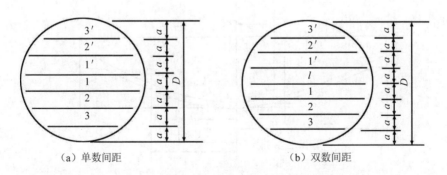

(a) 单数间距   (b) 双数间距

图 3-19 圆形构件钢筋计算（按弦长布置）

按圆形布置：如图 3-20 所示，一般可用比例方法先求出每根钢筋所在处的圆直径，再乘圆周率算得钢筋长度。

（3）曲线构件钢筋

曲线钢筋长度，可采用渐近法计算。其方法是分段按直线计，用勾股定理求得每段长度，然后再求总和。

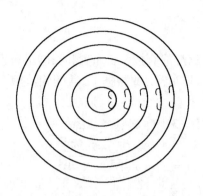

图 3-20 圆形构件配筋（按圆形布置）

如图 3-21 所示的曲线构件，设曲线方程式 $y=f(x)$，沿水平方向分段，每段长度为 l（一般取 0.5 m），求已知 x 值时的相应 y 值，然后计算每段长度，例如，第三段长度为 $\sqrt{(y_3 - y_2)^2 + l^2}$。

曲线构件箍筋高度，可根据已知曲线方程求解。其方法是先根据箍筋的间距确定 x 值，代入曲线方程式求 y 值，然后计算该处的梁高 $h=H-y$，再扣除上下保护层厚度，即得箍筋高度。

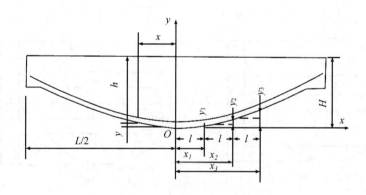

图 3-21 曲线构件钢筋计算

对一些外形复杂的构件，用数学方法计算钢筋长度有困难时，也可用放小样（1∶5），或放足尺（1∶1）的办法求钢筋长度。

钢筋配料计算完毕，填写配料单。表 3-16 为某梁的钢筋配料单。

表 3-16　钢筋配料单

项次	构件名称	钢筋编号	简图	直径/mm	钢号	下料长度/mm	单位根数	合计根数	重量/kg
1		①	6 430	16	φ	6 630	2	10	104.6
2		②	3 600	16	φ	3 800	1	15	30
3	L_1 梁计 5 根	③	260 265 150 5 082 150	16	φ	7 170	2	10	113.1
4		④	100 6 430 100	10	φ	6 720	2	10	41.5
5		⑤	462 162	6	φ	1 310	33	165	48
6	合计 φ6：48 kg		φ10：41.5 kg			φ16：247.7 kg			

列入加工计划的配料单，将每一编号的钢筋制作一块料牌（图 3-22），作为钢筋加工的依据，并在安装中作为区别各工程项目、构件和各种编号钢筋的标志。

钢筋配料单和料牌，必须准确无误，以免造成返工浪费。

图 3-22　钢筋料牌

2. 钢筋的代换

当施工中钢筋的品种或规格与设计要求不符时，应按下述原则进行代换：

① 等强度代换。当构件受强度控制时，钢筋应按强度相等原则进行代换。

② 等面积代换。当构件按最小配筋率配筋时，钢筋应按面积相等原则进行代换。

③ 当构件受裂缝宽度或抗裂性要求控制时，代换后应进行抗裂性验算。

钢筋代换后，还应满足构造方面的要求（如钢筋间距、最小直径、最少根数、锚固长度、对称性等），以及设计中提出的特殊要求（如冲击韧性、抗腐蚀性等）。

（二）钢筋的加工、绑扎与安装

1. 钢筋加工

钢筋加工包括调直、除锈、下料剪切、接长、弯曲等工序。

钢筋调直可采用冷拉的方法，若冷拉只是为了调直，而不是为了提高钢筋的强度，则冷拉率可采用 0.7%～1.0%，或拉到钢筋表面的氧化铁皮开始剥落时为止。除冷拉的调直方法外，粗钢筋还可采用锤直或扳直的方法。φ4～φ14 的钢筋可采用调直机进行调直。

经冷拉或机械调直的钢筋，一般不必再进行除锈，但如果保管不良，产生鳞片状锈蚀时，还应进行除锈。除锈可采用钢丝刷，或在砂堆中往复拉擦，或喷砂除锈，要求较高时还可采用酸洗除锈。

钢筋下料时须按下料长度度量，用钢筋剪切机或手动剪切器切断。手动剪切器一般适用于小于 $\phi12$ 的钢筋，钢筋剪切机可切断小于 $\phi40$ 的钢筋。大于 $\phi40$ 的钢筋需用氧-乙炔焰或电弧割切。

钢筋下料之后，应按弯曲设备的特点及工地习惯，进行划线，以便将钢筋准确地加工成所规定的外包尺寸。钢筋弯曲宜采用弯曲机，弯曲机可弯 $\phi6\sim\phi40$ 的钢筋。大于 $\phi25$ 的钢筋当无弯曲机时也可采用扳钩弯曲。为了提高工效，工地常自制多头弯曲机，由一个电动机带动几个钢筋弯曲盘来同时弯曲数根细钢筋。受力钢筋弯曲后，顺长度方向全长尺寸允许偏差不应超过 ±10 mm，弯起位置允许偏差不应超过 ±20 mm。施工时要进行试弯，满足要求后才能成批加工，否则必须调整划线位置，直至满足要求为止。

2. 钢筋绑扎、安装

钢筋加工后，应进行绑扎、安装。

钢筋的接长、钢筋骨架或钢筋网的成型应优先采用焊接，如不可能采用焊接时，可采用绑扎的方法。钢筋绑扎一般采用 20～22 号铁丝。铁丝过硬时，可进行退火处理。绑扎时钢筋位置要准确，绑扎要牢固，搭接长度及绑扎点位置要符合规范要求。在同一截面内，绑扎接头的钢筋面积占受力钢筋总面积的百分比，在受压区中不得超过 50%；在受拉区或拉压不明的区中，不得超过 25%。不在同一截面中的绑扎接头，中距不得超过搭接长度。绑扎接头与钢筋弯曲处相距不得小于钢筋直径的 10 倍，也不得放在最大弯矩处。

钢筋网外围的钢筋交点均应绑扎牢固，但对双向都配主筋的钢筋网，其中间部分钢筋交点可成梅花形隔点绑扎。在柱或梁中，箍筋转角与主筋的交点均应绑扎牢固，但箍筋平直部分与主筋的交点则可成梅花形隔点绑扎。柱角处的竖向钢筋，其弯钩应放在柱模内角的等分线上；其他位置处的竖向钢筋，其弯钩则应与柱模垂直。如柱截面较小，为避免振捣器碰到钢筋，弯钩可放偏些，但与模板所成角度不应小于 15°。

钢筋安装或现场绑扎应与模板支设配合进行，以避免相互干扰。柱钢筋现场绑扎时，一般在模板安装前进行，柱钢筋采用预制安装时，可先安装钢筋骨架，然后支设柱模；或先支设三面模板，待钢筋骨架安装后，再钉第四面模板。梁的钢筋一般在梁模支设好后，再安装或绑扎；当梁断面高度大于 600 mm 或跨度较大、钢筋较密时，可留一面侧模，待钢筋绑扎安装完后再钉。楼板钢筋绑扎应在楼板模板安装后进行，并应按设计先划线，然后再摆料、绑扎。

钢筋在混凝土中应有一定厚度的保护层，其厚度大小应按设计或规范要求确定。施工时将预制水泥砂浆垫块垫在钢筋与模板间，以控制保护层厚度。垫块应成梅花形布置，其相互间距不大于 1.0 m。上下双层钢筋之间的尺寸可通过绑扎短钢筋或垫预制块来控制。

第二节　模板工程

在钢筋混凝土结构施工中，模板是保证浇筑的混凝土按设计要求成型并承受其荷载的模型结构，通常由模型板和支架两部分组成。模板的支设应符合如下规定：

➢ 保证工程结构和构件各部分形状、尺寸和相互位置的正确性；

➢ 应具有足够的强度、刚度和稳定性，能可靠地承受新浇筑混凝土的重量和产生的侧压力，以及在施工中所产生的各种荷载；

➢ 应构造简单，支拆方便，能多次周转使用，且便于后续工序的操作；

➢ 接缝应严密不漏浆。

在钢筋混凝土工程中，模板工程的费用占有很大比重，常会超过混凝土的费用，甚至超过钢筋和混凝土费用的总和。因此，模板工程应力求在保证质量的前提下尽量降低费用。

模板按其形式不同，可分为整体式模板、工具式模板、翻转模板、滑动模板、胎模等。按其使用材料不同，可分为木模板、钢模板、钢木组合模板、竹木模板、塑料模板、玻璃钢模板等。其中木模板的应用较为普遍，但它的缺点是木材消耗量大、周转次数少、成本高。目前国内已大量采用组合式定型钢模板，因此本教材主要介绍定型模板。

一、定型模板及支撑工具

使用定型模板可以使模板制作工厂化，节约材料和提高工效。但模板的规格不宜太多，要尽量拼装成多种尺寸。

（一）定型模板

定型模板一般有木定型模板、钢木定型模板、钢定型模板等。

1. 木定型模板

木定型模板可利用短、窄、废旧板材拼制，构造简单，制作方便，缺点是耐久性差。模板尺寸一般为 1 000 mm×500 mm，其构造如图 3-23 所示。

2. 钢木定型模板

钢木定型模板由钢边框和木面板组成，钢边框的制作尺寸及钻孔位置要准确，面板可用防水胶合板或木屑板，板面要与边框相平，钢材表面应涂刷防锈漆。模板尺寸一般为 1 000 mm×500 mm，其构造如图 3-24 所示。

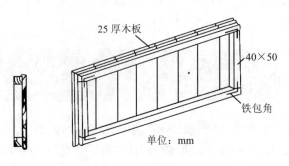

图 3-23　木定型模板

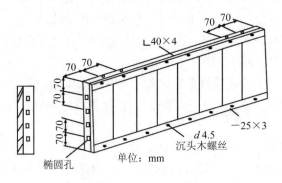

图 3-24　钢木定型模板

3. 钢定型模板

钢定型模板由钢模板和配件两部分组成，称为组合钢模板。钢模板包括平面模板、阴角模板、阳角模板和连接角模；配件包括连接件和支撑件。连接件包括 U 形卡、L 形插销、钩头螺栓、紧固螺栓、对拉螺栓、扣件等；支撑件包括柱箍、钢楞、支柱、斜撑、钢桁架等。

组合钢模板的规格见表 3-17，构造如图 3-25 所示。

表 3-17　组合钢模板规格　　　　　　　　　　　　　　　　单位：mm

规格	平面模板	阴角模板	阳角模板	连接角模
宽度	300、250、200、150、100	150×150 100×150	100×100 50×50	50×50
长度	1 500、1 200、900、750、600、450			
肋高	55			

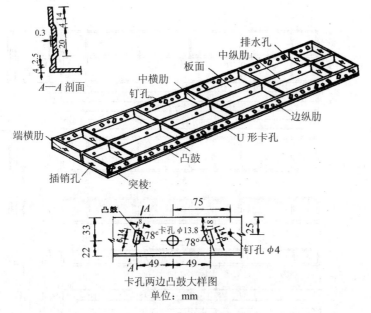

卡孔两边凸鼓大样图
单位：mm

图 3-25 钢模板透视

钢板厚度宜为 2.3 mm 或 2.5 mm，封头横肋板及中间加肋板厚度为 2.8 mm。钢模板的规格编码如图 3-26 所示。

定型模板的连接除木模采用螺栓与圆钉外，一般采用 U 形卡、L 形插销、钢板卡等进行连接（图 3-27）。

定型模板使用的卡具、撑头和柱箍如下：

（1）钢管卡具 适用于矩形梁、圈梁等模板，用于将侧模板固定在底板上，也可用于侧模上口的卡固定位（图 3-28）。

（2）板墙撑头 撑头用于保证模板与模板之间的设计厚度，常用的撑头有：

① 钢板撑头：用于保证模板间距（图 3-29）。

② 混凝土撑头：带有穿墙栓孔的撑头使用较普遍，单纯作支撑时，可采用预埋铁丝撑头，将铁丝吊在横向钢筋上（图 3-30）。

③ 螺栓撑头：用于有抗渗要求的混凝土墙，由螺帽保持两侧模板间距，两头用螺栓拉紧定位，待混凝土达到一定强度后，拆去两头螺栓，脱模后用水泥砂浆补平（图 3-31）。

④ 止水板撑头：用于抗渗要求较高的工程，拆模后将垫木凿去，螺栓两端沿止水板面割平，用水泥砂浆补平（图 3-32）。

（3）柱箍 常用的柱箍有木制柱箍（图 3-33）、角钢柱箍（图 3-34）、扁钢柱箍（图 3-35）等。

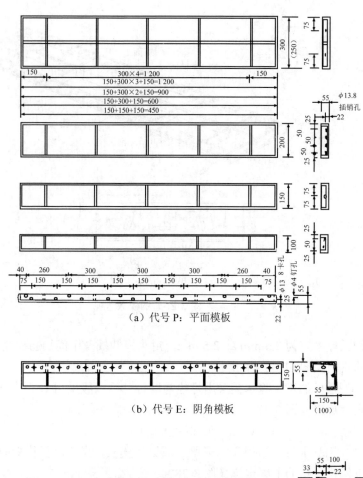

（a）代号 P：平面模板

（b）代号 E：阴角模板

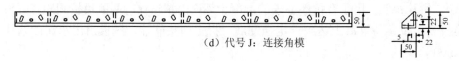

（c）代号 Y：阳角模板

（d）代号 J：连接角模

单位：mm

图 3-26 钢模板

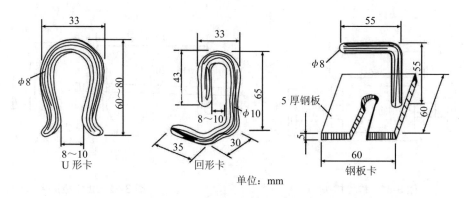

图 3-27　定型模板的连接工具

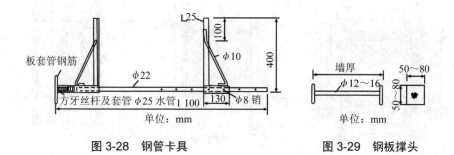

图 3-28　钢管卡具　　　　　　图 3-29　钢板撑头

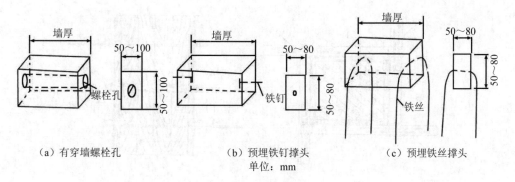

（a）有穿墙螺栓孔　　　　（b）预埋铁钉撑头　　　　（c）预埋铁丝撑头

单位：mm

图 3-30　混凝土撑头

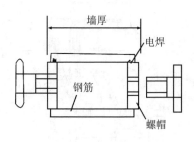

图 3-31　螺栓撑头

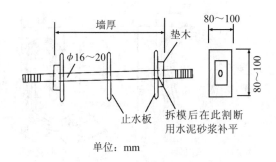

单位：mm

图 3-32　止水板撑头

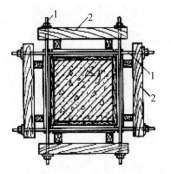

1—φ12～16 夹紧螺栓；2—方木

图 3-33　木制柱箍

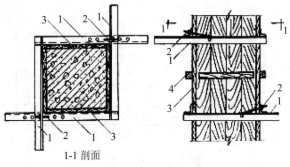

1-1 剖面

1—50×4 角钢；2—φ12 弯脚螺栓；3—木模；4—拼条

图　3-34　角钢柱箍

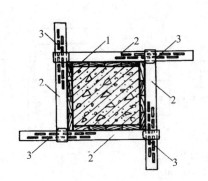

1-1 剖面

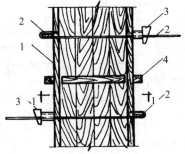

1—木模；2—60×5 扁钢；3—钢板楔；4—拼条

图 3-35　扁钢柱箍

（二）支撑工具

1. 钢桁架

如图 3-36 所示，钢桁架可搁置在钢筋托具上、墙上、梁侧模板横挡上、柱顶梁底横挡上，用于支撑梁或板的模板。使用前应根据荷载对桁架进行强度和刚度的验算。

2. 钢管支柱（琵琶撑）

由内外两节钢管制成（图 3-37）。其高低调节距模数为 100 mm，支柱底部除垫板外，均用木楔调整零数，并利于拆卸。

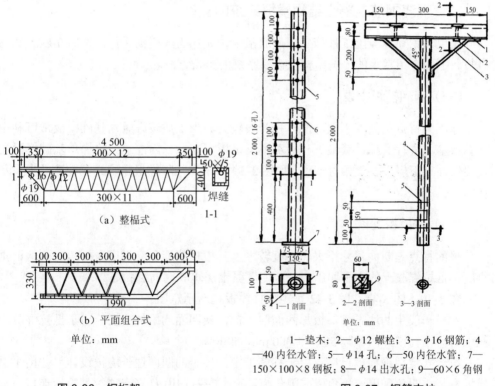

（a）整榀式

（b）平面组合式

单位：mm

图 3-36 钢桁架

单位：mm

1—垫木；2—$\phi12$ 螺栓；3—$\phi16$ 钢筋；4—40 内径水管；5—$\phi14$ 孔；6—50 内径水管；7—150×100×8 钢板；8—$\phi14$ 出水孔；9—60×6 角钢

图 3-37 钢管支柱

3. 钢筋托具

混合结构楼面的梁、板模板可以通过钢筋托具支撑在墙体上以简化支架系统，扩大施工空间。托具随墙体砌筑安放在需要位置，其构造如图 3-38 所示。

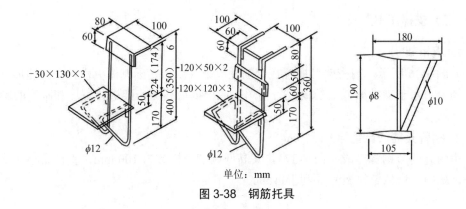

单位：mm

图 3-38　钢筋托具

二、现浇钢筋混凝土结构模板系统的支设

在现浇钢筋混凝土工程施工中，通常是预先加工成模板元件，然后在施工现场拼装。下面介绍常见的一些结构物模板系统的支设方法。

（一）基础模板支设

基础的特点是高度不大，但体积一般较大。当土质较好时，基础模板常可利用地基或基坑进行支撑，其最下一级可不支模板而在原槽内灌筑。阶梯形基础模板支设要保证上下层不发生相对移动。如图 3-39 所示为某阶梯形基础模板构造及支设示意图。

（二）柱模板支设

柱的特点是断面尺寸不大而高度较大，其模板构造和支设应主要考虑须保证垂直度、抵抗混凝土的水平侧压力、方便混凝土浇筑和钢筋绑扎等。

图 3-40、图 3-41、图 3-42 是矩形柱模板构造示意图。

木模一般用两块长柱头板加两面门子板，或四面均用柱头板。为了抵抗混凝土侧压力，在柱模外面每隔 500～1 000 mm 加柱箍一道。

组合式定型钢模板已广泛用于柱施工中，柱子的四面边长均按设计尺寸由平面模板拼装，四角采用连接角模或阳角模，上下左右均用 U 形卡或拉紧螺栓连接。提升模板由 4 块贴面模板用螺栓连接而成，使用时用 4 块贴面模板组成柱的断面尺寸，安装在小方盘上，4 根柱子组成一组，校正固定后用木料支搭牢固，每次浇筑的混凝土为一节模板高度，待混凝土强度达到不致因拆模而损坏表面及棱角时即可拆模，拆模时松动两对角螺栓使模板脱开，然后用人工或提升架提升模板到上一段，其下口与已浇捣混凝土搭接 300 mm，拧紧螺栓并校正固定，继续浇筑上段混凝土。此种模板适用于柱面宽为 300～800 mm、高度 4 m 以内的矩形柱。

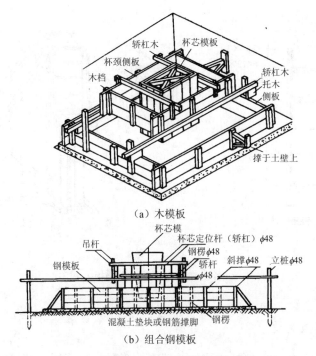

（a）木模板

（b）组合钢模板

图 3-39　杯形基础模板

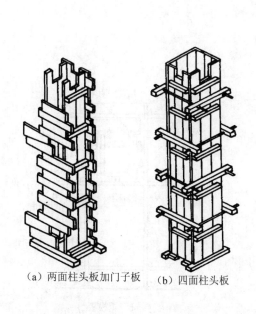

（a）两面柱头板加门子板　　（b）四面柱头板

（a）形式一

（b）形式二

1—钢模板；2—柱箍；3—拉紧螺栓；
4—长角钢；5—钢筋卡子
单位：mm

图 3-40　矩形柱木模板　　　　　图 3-41　矩形柱钢模板

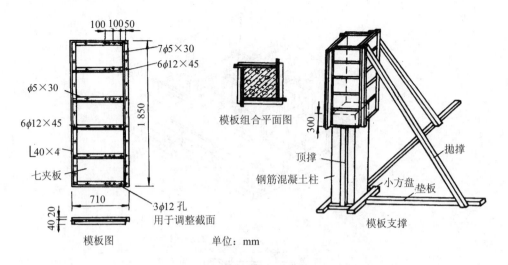

图 3-42　矩形柱提升模板

（三）梁模板支设

梁模板是由底板加两侧板组成，一般有矩形梁、T 形梁、花篮梁等模板。梁底均有支撑系统，采用支柱（琵琶撑）或桁架支模。

T 形梁模板拼装方法如图 3-43 所示。

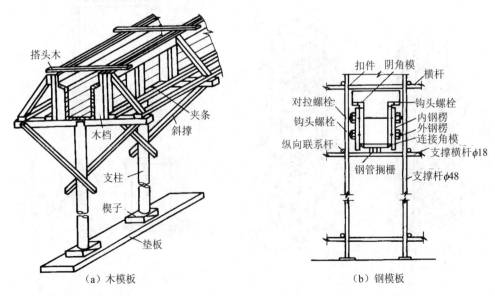

（a）木模板　　　　　　　　　　　（b）钢模板

图 3-43　T 形梁模板

（四）墙体模板支设

墙体模板一般由侧板、立档、横档、斜撑和水平撑组成。为了保证墙的厚度，墙模板内加撑头；防水混凝土墙则加带止水板的撑头或临时撑头。在混凝土浇筑过程中，逐层、逐根将临时撑头取出。如图 3-44 所示为墙体一般模板构造。

在混凝土墙体较多的工程中，宜采用定型模板以便多次周转使用。图 3-45 为钢定型模板墙模。

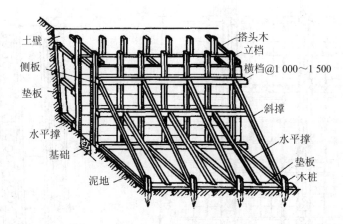

图 3-44　墙体模板构造

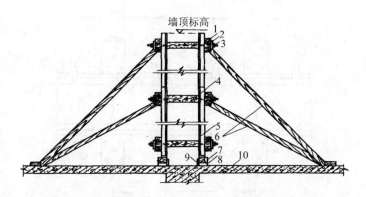

1—木横档；2—钢垫板；3—φ16 螺栓；4—混凝土撑头；5—钢模板；6—木斜撑；7—找平木枋；
8—找平层垫板；9—封脚纤维板；10—地面或露面

图 3-45　钢定型模板墙模

（五）水池定型组合钢模板支设

在现浇钢筋混凝土水池施工中，广泛使用定型组合钢模板（如 SZ 系列钢模板）。定型组合钢模板由钢模面板、支撑结构和连接件三部分组成。组装后的池壁模板如图 3-46 所示。池壁模板的侧压力主要靠对拉螺栓承担（图 3-47）。池壁支模采用的花梁和连接件（图 3-48、图 3-49）。

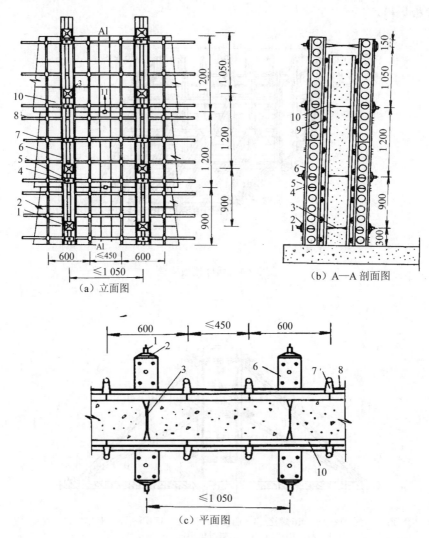

（a）立面图

（b）A—A 剖面图

（c）平面图

单位：mm

1—外拉杆；2—压盖；3—内拉杆；4—螺栓；5—槽形垫板；6—花梁；7—B 形卡；8—ϕ48 钢管；9—G 形卡，10—平面模板；11—A 形卡

图 3-46　池壁模板支设

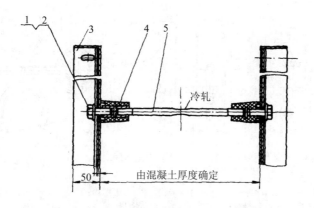

单位：mm

1—螺栓；2—垫圈；3—钢模板；4—锥形螺母；5—内拉杆

图 3-47　对拉螺栓

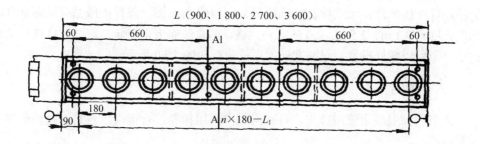

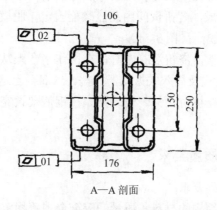

A—A 剖面

单位：mm

图 3-48　花梁大样

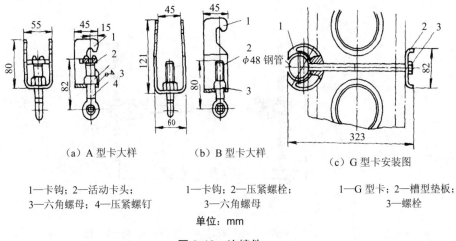

（a）A 型卡大样　　　　（b）B 型卡大样　　　　（c）G 型卡安装图

1—卡钩；2—活动卡头；　　　1—卡钩；2—压紧螺栓；　　　1—G 型卡；2—槽型垫板；
3—六角螺母；4—压紧螺钉　　　　3—六角螺母　　　　　　　　3—螺栓

单位：mm

图 3-49　连接件

池顶模板的支撑结构采用桁架梁及支撑杆件。支撑杆件包括立柱和斜杆两部分。立柱为 $\phi 8 \times 3.5$ 钢管，长度有 3.0 m、1.5 m、1.0 m、0.5 m 四种规格。立柱上部焊有卡板，以连接横杆；上端铆 $\phi 38$ mm 插头，以纵向连接。斜杆的截面尺寸同立柱，轴距长度有 3.1 m、2.5 m、2.0 m 三种规格，两端铆有万向挂钩，可与立柱任一部位扣接，最后用螺栓拧紧。组装完毕的顶板模板如图 3-50 所示。

（六）拉模

大型钢筋混凝土管道施工，可在沟槽内利用拉模进行混凝土浇筑。拉模分为内模和外模。

内模根据管径、一次浇筑长度和施工方法等因素，采用钢模和型钢连接而成。一般内模由 3 块拼板组成，各拼板间由花篮螺栓固定，脱模时将花篮螺栓收缩后，使板面与浇筑的混凝土脱离（图 3-51）。

外模为一列车式桁架，浇筑混凝土时，在操作平台上从外模上部的缺口将其灌入（图 3-52），采用附着式及插入式振动器振捣。当混凝土达到一定强度后，将已松动的内模由沟槽内的卷扬机拉到另一浇筑段。在钢筋架设完成后，将外模移位至下一段，继续浇筑。

三、模板支设的质量要求

模板支设应符合下列要求：

（1）模板及其支撑结构的材料、质量，应符合规范规定和设计要求；

（2）模板及支撑结构应有足够的强度、刚度和稳定性，并不致发生不允许的下沉与变形，模板的内侧面要平整，接缝严密，不得漏浆；

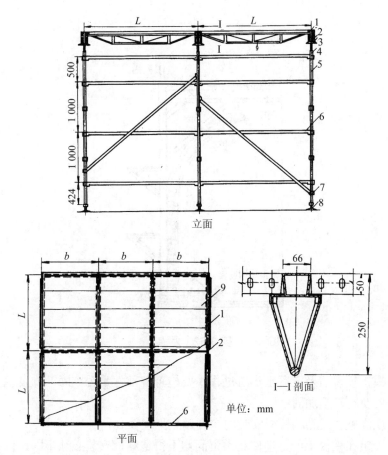

1—钢桁架；2—顶部支架；3—旋把；4—顶部丝杠；5—立杆；6—横杆；7—斜杆；8—底座；9—钢模板

单位：mm

图 3-50 顶板模板支设

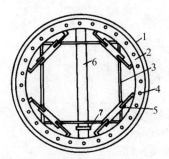

1—内模；2—环向肋；3—加劲杆；4—连接螺栓孔；5—花篮螺栓；6—槽钢；7—系牵引绳处

图 3-51 内模

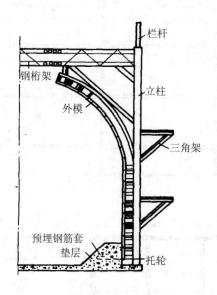

图 3-52　外模

（3）模板安装后及混凝土浇筑过程中要检查各部件是否牢固，如发现变形、松动等情况要及时修整加固；

（4）现浇整体式结构模板安装的允许偏差见表 3-18；

（5）固定在模板上的预埋件和预留洞均不得遗漏，安装必须牢固，位置准确，允许偏差见表 3-19；

表 3-18　现浇结构模板安装的允许偏差

项次	项目	允许偏差/mm
1	轴线位置	5
2	底模上表面标高	±5
3	截面内部尺寸 ① 基础 ② 柱、墙、梁	 ±10 +4，−5
4	层高垂直度 ① 全高≤5 m ② 全高>5 m	 6 8
5	相邻两板表面高低差	2
6	表面平整（2 m 长度上）	5

表 3-19　预埋件和预留孔洞的允许偏差

项次	项目	允许偏差/mm
1	预埋钢板中心线位置	3
2	预埋管中心线位置	3
3	预埋螺栓中心线位置	2
4	预埋螺栓外露长度	+10，0
5	预留孔中心线位置	3
6	预留洞中心线位置	10
7	预留洞截面内部尺寸	+10，0

（6）组合钢模板在浇筑混凝土前，还应检查下列内容：

➢ 扣件规格与对拉螺栓、钢楞的配套和紧固情况；
➢ 斜撑、支柱的数量和着力点；
➢ 钢楞、对拉螺栓及支柱的间距；
➢ 各种预埋件和预留孔洞的规格尺寸、数量、位置及固定情况；
➢ 模板结构的整体稳定性。

四、模板的脱模剂与模板的拆除

（一）模板的脱模剂

为了减少模板与混凝土构件之间的黏结，便于拆模，降低模板的损耗和保护成品混凝土，混凝土浇筑前在模板内表面应涂刷脱模剂。常用的脱模剂有肥皂下脚料、纸筋灰膏、黏土石灰膏、废机油、滑石粉等。

（二）模板的拆除

拆模时应使混凝土达到必要的强度。不承重的侧模，只要能保证混凝土表面及棱角不致因拆模而损坏即可拆除。对于承重模板，应在混凝土达到设计强度的一定比例以后，方可拆除。这一期限决定于构件受力情况、气温、水泥品种及振捣方法等因素。

当构件的混凝土强度达到设计强度的下列百分数后，就可拆去承重模板。

板：

跨度≤2 m　　　　　　50%

跨度>2 m，≤8 m　　　75%

　　　>8 m　　　　　100%

梁、拱、壳：

跨度≤8 m　　　　　　75%

| 跨度＞8 m | 100% |
| 悬臂构件： | 100% |

拆模顺序一般应是后支先拆，先支后拆，先拆除非承重部分，后拆除承重部分。重大复杂模板的拆除，应事先制定拆模方案。拆除跨度较大的梁下支柱时，应先从跨中开始，分别拆向两端。拆除模板时不要用力过猛过急，定型模板、特别是组合钢模板，拆除后应逐块传递下来，不得抛掷。拆下后即将模板清理干净，板面涂油，按规格分类堆放整齐，以备再用。若油漆脱落，应补刷防锈漆。

已拆除模板的承重结构，应在混凝土达到设计标号以后，才允许承受全部设计荷载。

第三节　混凝土的制备

混凝土是由胶凝材料、细骨料、粗骨料和水（根据需要可掺入外掺剂），按适当比例配合，经均匀拌制、密实成型及养护硬化而成的人造石材。

混凝土按胶凝材料可分为无机胶凝材料混凝土和有机胶凝材料混凝土；按使用功能分为普通结构混凝土、防水混凝土、耐酸及耐碱混凝土、水工混凝土、耐热混凝土、耐低温混凝土；按质量密度分为特重混凝土（质量密度大于 2 700 kg/m³，含重骨料如钢屑、重晶石等）、普通混凝土（质量密度为 1 900～2 500 kg/m³，以普通砂石为骨料）、轻混凝土（质量密度为 1 000～1 900 kg/m³）和特轻混凝土（质量密度小于 1 000 kg/m³，如泡沫混凝土、加气混凝土等）；按施工工艺分为普通浇筑混凝土、离心成型混凝土、喷射混凝土、泵送混凝土；按拌合料流动度分为干硬性和半干硬性混凝土、塑性混凝土、大流动性混凝土等。在一般土建工程中，以普通混凝土应用最广。

一、普通混凝土的组成材料

（一）水泥

水泥是一种无机粉状水硬性胶凝材料，加水拌合后，在空气和水中经物理化学过程能由可塑性浆体变成坚硬的石状体。水泥与砂石等材料混合，硬化后成为水泥混凝土。

1. 常用水泥的种类和强度等级

水泥是应用广泛而又十分重要的建筑材料，它的品种规格很多，根据水泥的性能和用途通常可将其分为以下三类：

（1）常用水泥，如硅酸盐水泥、普通硅酸盐水泥、矿渣硅酸盐水泥、火山灰质硅酸盐水泥、粉煤灰硅酸盐水泥、混合硅酸盐水泥等；

（2）专用水泥，如油井水泥、型砂水泥等；

（3）特种水泥，如快硬硅酸盐水泥、膨胀水泥、抗硫酸盐硅酸盐水泥、中热硅酸盐水泥等。

此外，水泥按其所含主要水硬性矿物质的不同，又可分为硅酸盐水泥、铝酸盐水泥、硫铝酸盐水泥和少熟料水泥等。

我国现行水泥标准所规定的通用硅酸盐水泥包括硅酸盐水泥（代号 P·Ⅰ、P·Ⅱ）、普通硅酸盐水泥（代号 P·O）、矿渣硅酸盐水泥（代号 P·S）、火山灰质硅酸盐水泥（代号 P·P）、粉煤灰硅酸盐水泥（代号 P·F）和复合硅酸盐水泥（代号 P·C）。

硅酸盐水泥俗称纯熟料水泥，是用石灰质（如石灰石、白垩、泥灰质石灰石等）和黏土质（如黏土、泥灰质黏土）原料，按适当比例配成生料，在 1 300～1 450℃高温下烧至部分熔融，得到以硅酸钙为主要成分的熟料，再加入适量的石膏，磨成细粉而制成的一种不掺任何混合材料的水硬性胶凝材料。其特性是早期及后期强度都较高，在低温下强度增长比其他水泥快，抗冻、耐磨性能好。但水化热较高，抗腐蚀性较差。

普通硅酸盐水泥简称普通水泥，是在硅酸盐水泥熟料中，加入少量混合材料和适量石膏，磨成细粉而制成的水硬性胶凝材料。混合材料的掺量按水泥成品重量百分比计，活性混合材料的掺量不超过 15%；非活性材料的掺量不超过 10%。普通水泥除早期强度比硅酸盐水泥稍低外，其他性质接近硅酸盐水泥。

矿渣硅酸盐水泥简称矿渣水泥，是在硅酸盐水泥熟料中，加入粒化高炉矿渣和适量石膏，磨成细粉而制成的水硬性胶凝材料。粒化高炉矿渣掺量按水泥成品重量百分比计为 20%～70%。石灰石、窑灰可代替部分粒化高炉矿渣，但代替总量最多不超过水泥重量的 15%，其中石灰石不得超过 10%，窑灰不得超过 8%。替代后水泥中的粒化高炉矿渣不得少于 20%。矿渣水泥的特性是早期强度较低，在低温环境中强度增长较慢，但后期强度增长快，水化热较低，抗硫酸盐侵蚀性较好，耐热性较好。但干缩变形较大，析水性较大，抗冻、耐磨性较差。

火山灰质硅酸盐水泥简称火山灰水泥，是在硅酸盐水泥熟料中，加入火山灰质混合材料和适量石膏，磨成细粉制成的水硬性胶凝材料。火山灰质混合材料的掺量按水泥成品重量百分比计为 20%～50%。允许用不超过混合材料总掺量 $\frac{1}{3}$ 的粒化高炉矿渣代替部分火山灰质混合材料，替代后水泥中的火山灰质混合材料不得少于 20%。火山灰水泥的特性是早期强度较低；在低温环境中强度增长较慢；在高温潮湿环境中（如蒸汽养护）强度增长较快；水化热低；抗硫酸侵蚀性较好。但抗冻、耐磨性差；拌制混凝土时需水量比普通水泥大；干缩变形也大。

粉煤灰硅酸盐水泥简称粉煤灰水泥，是在硅酸盐水泥熟料中，加入粉煤灰和适量石膏，磨成细粉的水硬性胶凝材料。粉煤灰的掺量按水泥成品重量百分比计为20%～40%。允许用不超过混合材料总量$\frac{1}{3}$的粒化高炉矿渣代替粉煤灰，此时混合材料总掺量可达50%，但粉煤灰掺量仍不得少于20%或超过40%。粉煤灰水泥的特性是早期强度较低；水化热比火山灰水泥还低；和易性比火山灰水泥要好；干缩性较小；抗腐蚀性能好。但抗冻、耐磨性较差。

复合硅酸盐水泥与普通水泥相近，其水化热较低，抗渗、抗硫酸盐性能较好。根据所掺混合材料的种类与数量的不同，其用途也不相同。

6 种常用水泥的强度等级和各龄期强度要求见表 3-20。按照水泥标准，将水泥按早期强度分为两种类型，其中 R 型为早强型水泥。

表 3-20　硅酸盐水泥和普通硅酸盐水泥强度等级及各龄期强度

品　种	强度等级	抗压强度/MPa		抗折强度/MPa	
		3 d	28 d	3 d	28 d
硅酸盐水泥	42.5	17.0	42.5	3.5	6.5
	42.5R	22.0	42.5	4.0	6.5
	52.5	23.0	52.5	4.0	7.0
	52.5R	27.0	52.5	5.0	7.0
	62.5	28.0	62.5	5.0	8.0
	62.5R	32.0	62.5	5.5	8.0
普通硅酸盐水泥	42.5	16.0	42.5	3.5	6.5
	42.5R	21.0	42.5	4.0	6.5
	52.5	22.0	52.5	4.0	7.0
	52.5R	26.0	52.5	5.0	7.0
矿渣硅酸盐水泥 火山灰硅酸盐水泥 粉煤灰硅酸盐水泥	32.5	10.0	32.5	2.5	5.5
	32.5R	15.0	32.5	3.5	5.5
	42.5	15.0	42.5	3.5	6.5
	42.5R	19.0	42.5	4.0	6.5
	52.5	21.0	52.5	4.0	7.0
	52.5R	23.0	52.5	4.5	7.0
复合硅酸盐水泥	32.5	11.0	32.5	2.5	5.5
	32.5R	16.0	32.5	3.5	5.5
	42.5	16.0	42.5	3.5	6.5
	42.5R	21.0	42.5	4.0	6.5
	52.5	22.0	52.5	4.0	7.0
	52.5R	26.0	52.5	4.5	7.0

2. 水泥的基本性质

（1）密度与质量密度

普通水泥的密度为 3.05～3.15 g/cm³，通常采用 3.10 g/cm³；堆积密度为 1 000～

1 600 kg/m^3，通常采用 1 300 kg/m^3。

（2）细度

细度是指水泥颗粒的粗细程度。水泥颗粒粗细对水泥性质影响很大，颗粒越细，与水起化学反应的表面积愈大，水泥的硬化就越快，早期强度也就越高，故水泥颗粒小于 40 μm 时，才具有较高的活性。

水泥的细度用筛析法检验，即以在 0.08 mm 方孔标准筛上的筛余量不超过 15% 为合格。

（3）凝结时间

凝结时间包括初凝和终凝时间。水泥从加水搅拌到开始失去可塑性的时间称为初凝时间；水泥从加水搅拌至水泥浆完全失去可塑性并开始产生强度的时间称为终凝时间。

为了便于混凝土的搅拌、运输和浇筑，国家标准规定：硅酸盐水泥初凝时间不得少于 45 min、终凝时间不得超过 12 h 为合格。

凝结时间的检验方法是以标准稠度的水泥净浆，在规定的温度、湿度的环境下，用凝结时间测定仪测定。

（4）体积安定性

水泥体积安定性是指水泥在硬化过程中体积变化的均匀性能。如果水泥中含有较多的游离石灰、氧化镁或三氧化硫，就会使水泥的结构产生不均匀的变形，甚至破坏而影响混凝土的质量。国家标准规定：游离氧化镁含量应小于 5%，三氧化硫含量不得超过 3.5%。

检验方法是将标准稠度的水泥净浆所制成的试饼沸煮 4 h 后，观察未发现裂纹、用直尺检查没有弯曲现象为合格。

（5）强度

水泥强度按国家标准强度检验方法，以水泥和标准砂按 1:2.5 的比例混合，加入规定水量，按规定的方法制成尺寸 4 cm×4 cm×16 cm 的试件，在标准温度（20℃±3℃）的水中养护，测其 28 d 的抗压和抗折的强度值加以确定。

（6）水化热

水泥与水的作用为放热反应，在水泥硬化过程中，不断放出热量，称为水化热。水化热量和放热速度与水泥的矿物成分、细度、掺入混合材料等因素有关。普通硅酸盐水泥 3 d 内的放热量是总放热量的 50%，7 d 为 75%，6 个月为 83%～91%。

放热量大的水泥对小体积混凝土及冷天施工有利，对大型基础、混凝土坝等大体积结构不利，因内外温度差引起的应力，使混凝土产生裂缝。

3. 水泥的保管

（1）入库的水泥应按品种、强度等级、出厂日期分类堆放，树立标志，做到先到先用。水泥不得和石灰、石膏、黏土、白垩等粉状物料混存于同一仓库，以免误用。

（2）水泥贮存时间不宜过久，以免结块降低强度。常用水泥在正常环境中存放 3 个月，强度将降低 10%～20%；存放 6 个月，强度将降低 15%～30%。当水泥存放时间超过 3 个月时应视为过期水泥，使用前必须重新检验确定强度等级。

（3）为了防止水泥受潮，现场仓库应尽量密闭。袋装水泥存放应垫起离地约 30 cm，离墙 30 cm 以上，堆放高度不应超过 10 袋。临时露天存放应用防雨篷布盖严，底板垫高。

受潮水泥经鉴定后，在使用前应将结块水泥筛除。受潮的水泥不宜用于强度等级高的混凝土或工程结构的主要部位。

（二）砂石骨料

1. 砂的分类及颗粒级配

普通混凝土以天然砂作为细骨料。天然砂有河砂、海砂和山砂之分，按砂的粒径又可分为粗砂、中砂、细砂和特细砂。目前均以平均粒径或细度模数 M_x 来区分：

粗砂：平均粒径为 0.5 mm 以上，M_x 为 3.7～3.1。

中砂：平均粒径为 0.35～0.5 mm，M_x 为 3.0～2.3。

细砂：平均粒径为 0.25～0.35 mm，M_x 为 2.2～1.6。

特细砂：平均粒径为 0.25 mm 以下，M_x 为 1.5～0.7。

混凝土用砂应坚硬、洁净，砂中有害物质含量应符合表 3-21、表 3-22 的规定。

表 3-21　砂的含泥量

混凝土强度等级	高于或等于 C30	低于 C30
按重量计含泥量不大于/%	3	5

注：对有抗冻、抗渗或其他特殊要求的混凝土用砂，其含泥量不应大于 3%；对 C10 或 C10 以下混凝土用砂，含泥量可酌情放宽。

表 3-22　砂中有害物质含量　　　　　　　　　　　　　　单位：%

项目	质量指标
云母含量，按重量计，不宜大于	2
轻物质含量，按重量计，不宜大于	1
硫化物及硫酸盐含量，按重量计（折算成 SO_2），不大于	1
有机质含量（用比色法试验）	颜色不应深于标准色

注：1. 有机质含量，当颜色深于标准色时，应配成砂浆做强度对比试验；
　　2. 有抗冻、抗渗要求的混凝土，云母含量不应大于 1%；
　　3. 砂中如含有颗粒状硫化物或硫酸盐，应经专门检验，确认能满足混凝土耐久性要求时方能采用。

天然砂的最佳级配，国家规范的规定见表 3-23。对细度模数为 1.6～3.7 的砂，按 0.63 mm 筛孔的累计筛余量（以重量百分率计）分成 3 个级配区（表 3-23）。砂的颗粒级配应处于表中的任何一个级配区内。

表 3-23　砂颗粒级配区

筛孔尺寸/mm	级配区		
	I 区	II 区	III区
	累计筛余/%		
10.00	0	0	0
* 5.00	* 10～0	* 10～0	* 10～0
2.50	35～5	25～0	15～0
1.25	65～35	50～10	25～0
* 0.63	* 85～71	* 70～41	* 40～16
0.315	95～80	92～70	85～55
0.16	100～90	100～90	100～90

砂的实际颗粒级配与表中所列的累计筛余百分率相比，除 5 mm 和 0.63 mm 筛号（表 3-23 中*号所标数值）外，允许稍有超出分界线，但其总量不应大于 5%。

砂的级配用筛分试验鉴定。筛分试验是用一套标准筛将 500 g 干砂进行筛分，标准筛的孔径由 5 mm、2.5 mm、1.25 mm、0.63 mm、0.315 mm、0.16 mm 组成，筛分时，须记录各尺寸筛上的筛余量，并计算各粒级的分计筛余百分率和累计筛余百分率。表 3-24 为一组实例砂筛分记录。

表 3-24　砂的筛分记录

筛孔直径/mm	筛余量/g	分计筛余百分率/%	累计筛余百分率/%
5	39.3	7.9	7.9
2.5	81.0	16.2	24.1
1.25	46.2	9.2	33.3
0.63	120.3	24.1	57.4
0.315	62.9	12.6	75.0
0.16	150.9	26.2	96.2
筛底	19.4	3.8	100

砂的粒径愈小，比表面积愈大，包裹砂粒表面所需的水泥浆就越多。由于细砂强度较低，细砂混凝土的强度也较低。因此，拌制混凝土宜采用中砂和粗砂。砂粒径的粗细程度用细度模数 M_x 表示，计算公式如下：

$$M_x = \frac{(A_2 + A_3 + A_4 + A_5 + A_6) - 5A_1}{100 - A_1} \qquad (3\text{-}8)$$

式中：A_1，A_2，A_3，A_4，A_5，A_6——分别为 5 mm、2.5 mm、1.25 mm、0.63 mm、0.315 mm、0.16 mm 各筛的累计筛余百分率，%。

根据计算结果，对照前述砂的分类可区分砂的粗细。

2. 石子分类和颗粒级配

粗骨料石子分卵石和碎石。卵石表面光滑，拌制的混凝土和易性好。碎石混凝土和易性差，但与水泥砂浆黏结较好。

石子也应有良好级配。碎石和卵石的级配有两种，即连续级配和间断级配。颗粒级配范围见表 3-25，公称粒径的上限为该粒级的最大粒径。

表 3-25　卵石或碎石级配范围的规定

级配情况	粒径/mm	筛孔尺寸（圆孔筛）/mm											
		2.5	5	10	15	20	25	30	40	50	60	80	100
		累计筛余（按重量计）/%											
连续级配	5～10	95～100	80～100	0～15	0								
	5～15	95～100	90～100	30～60	0～10	0							
	5～20	95～100	90～100	40～70		0～10	0						
	5～30	95～100	90～100	70～90		15～45		0～5	0				
	5～40		95～100	75～90		30～65			0～5	0			
间断级配	10～20		95～100	85～100		0～15	0						
	15～30		95～100		80～100			0～10	0				
	20～40			95～100		85～100			0～10	0			
	30～60							75～100	45～75		0～10	0	
	40～80				95～100	95～100				70～100	30～60	0～10	0

粗骨料的强度愈高，混凝土的强度亦愈高，因此，石子的抗压强度一般不应低于混凝土强度的 150%。

拌制混凝土时，粒径愈大，则愈节约水泥用量，并可减少混凝土的收缩。但最大粒径不应超过结构截面最小尺寸的 $\frac{1}{4}$，同时也不得超过钢筋间最小净距的 $\frac{3}{4}$。否则将影响结构强度的均匀性或因钢筋卡住石子后造成孔洞。

（三）水和外掺剂

混凝土的拌制用水不能含有影响水泥正常硬化的有害杂质，一般能饮用的自来水及洁净的天然水都可使用。工业废水、污水及 pH＜4 的酸性水和硫酸盐含量超过水重 1%的水，均不得用于混凝土中；海水不得用于钢筋混凝土和预应力混凝土结构中。

混凝土中掺入适量的外掺剂，能改善混凝土的工艺性能，加速工程进度或节约水泥用量。常加入的外掺剂有早强剂、减水剂、速凝剂、缓凝剂、抗冻剂、加气剂、消泡剂等。

1. 早强剂

早强剂可以提高混凝土的早期强度，对加速模板周转、节约冬季施工费用都有显著效果。早强剂的常用配方、适用范围及使用效果见表 3-26。

表 3-26　早强剂配方参考表

项次	早强剂名称	常用掺量 （占水泥重量的%）	适用范围	使用效果
1	三乙醇胺	0.05	常温硬化	3～5 d 可达到设计强度的 70%
2	三异丙醇胺 硫酸亚铁	0.03 0.5	常温硬化	5～7 d 可达到设计强度的 70%
3	氯化钙	2	低温或常温硬化	7 d 强度与不掺者对比可提高 20%～40%
4	硫酸钠 亚硝酸钠	3 4	低温硬化	在-5℃条件下，28 d 可达到设计强度的 70%
5	三乙醇胺 硫酸钠 亚硝酸钠	0.03 3 6	低温硬化	在-10℃条件下，1～2 个月可达到设计强度的 70%
6	硫酸钠 石膏	2 1	蒸汽养护	蒸汽养护 6 h，与不掺者对比，强度可提高 30%～100%

注：1.以上配方均可用于混凝土及钢筋混凝土工程中；
　　2.使用氯化钙或其他氯化物作早强剂时，尚应遵守施工验收规范的有关规定。

2. 减水剂

减水剂是一种表面活性材料，能把水泥凝聚体中所包含的游离水释放出来，从而有效地改善和易性，增加流动性，降低水灰比，节约水泥，有利于混凝土强度的增长。常用的减水剂种类、掺量和技术经济效果见表 3-27。

3. 加气剂

常用的加气剂有松香热聚物、松香皂等。加入混凝土拌合物后，能产生大量直径为 1 μm 互不相连的微小封闭气泡，以改善混凝土的和易性，增加坍落度，提高抗渗性和抗冻性。

表 3-27　常用减水剂的种类及掺量参考表

种类	主要原料	掺量（占水泥用量的比例）/%	减水率/%	提高强度/%	增加坍落度/cm	节约水泥/%	适用范围
木质素磺酸钠	制浆废液	0.2～0.3	10～15	10～20	10～20	10～15	普通混凝土
MF 减水剂	甲基萘磺酸钠	0.3～0.7	10～30	10～30	2～3 倍	10～25	早强、高强耐碱混凝土
NNO 减水剂	亚甲基二萘磺酸钠	0.5～0.8	10～25	20～25	2～3 倍	10～20	增强、缓凝引气
UNF 减水剂	油萘	0.5～1.5	15～20	15～30	10～15	10～15	
FDN 减水剂	工业萘	0.5～0.75	16～25	20～50	—	20	早强、高强大流动性混凝土
磺化焦油减水剂	煤焦油	0.5～0.75	10	35～37	—	5～10	
糖蜜减水剂	废蜜	0.2～0.3	7～11	10～20	4～6	5～10	

4. 缓凝剂

缓凝剂能延缓水泥凝结，常用于夏季施工和要求推迟混凝土凝结时间的施工工艺。如在浇筑给水构筑物或给水管道时，掺入己糖二酸钙（制糖业副产品），掺量为水泥重的 0.2%～0.3%。当气温在 25℃ 左右环境下，每多掺 0.1%，能延缓凝结 1h。常用的缓凝剂有糖类、木质素磺酸盐类、无机盐类等。其成品有己糖二酸钙、木质素磺酸钙、柠檬酸、硼酸等。

二、普通混凝土的主要性能

按设计配合比拌制而成的混凝土拌合物应具有适宜的和易性，以满足搅拌、运输、浇筑、振捣成型等工序的操作要求；经养护凝结硬化而成的成品混凝土应达到设计所要求的强度、抗渗、抗冻、耐久性等指标。

（一）混凝土拌合物的和易性

和易性是指混凝土拌合物能保持其各种成分均匀，不离析及适合于施工操作的性能。它是混凝土的流动性、黏聚性、保水性等各项性能的综合反映。

通常以混凝土拌合物的坍落度来表示混凝土的和易性。它是按照规定的方法利用坍落筒而测得（图 3-53）。坍落度愈大，表明流动度愈大。

施工时坍落度值的确定，应根据结构部位及钢筋疏密程度按表 3-28 确定。

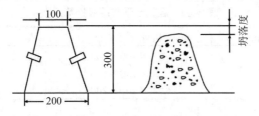

图 3-53 混凝土坍落度试验

表 3-28 混凝土拌合物的坍落度值

结构种类	坍落度/cm
基础或地面等的垫层、无配筋厚大结构或配筋稀疏结构	1～3
板、梁和大型截面的柱子	3～5
配筋密列的结构（薄壁、斗仓、筒仓、细柱等）	5～7
配筋特密的结构	7～9

影响和易性的因素很多，主要是水泥的性质、骨料的粒形和表面性质、水泥浆与骨料的相对含量、外掺剂的性质和掺量，以及混凝土的施工工艺等。

普通水泥比重较大，绝对体积较小，在用水量、水灰比相同的情况下，流动性要比火山灰水泥好；普通水泥与水的亲和力强，同矿渣水泥相比，保水性较好。石子粒径愈大，总比表面积愈小，水泥对骨料的包裹情况就愈好，和易性也就愈好。当水泥浆量一定时，砂率大，骨料总比表面积大，水泥浆用于包裹砂粒表面，提供颗粒润滑的浆量减少，混凝土和易性差；砂率过小，混凝土的拌合物干涩或崩散，和易性差，振捣困难。掺入外掺剂的混凝土拌合物，可以显著改善和易性且节约水泥用量。

（二）混凝土硬化后的性能

1. 混凝土的强度

混凝土的强度有抗压强度、抗拉强度、抗剪强度、疲劳强度等。

抗压强度是施工中控制和评定混凝土质量的主要指标。标准抗压强度是指按标准方法制作和养护的边长为 150 mm 立方体试件，在 28 d 龄期，用标准方法测得的具有 95%保证率的抗压极限强度值。根据抗压强度，可将混凝土划分为 C7.5、C10、C15、C20、C25、C30、C35、C40、C45、C50、C55、C60 十二个等级。在环境工程中，对于用作贮水或水处理构筑物的混凝土，不得低于 C20。

当使用其他尺寸试件测定抗压强度时，应乘以换算系数，以得到相当于标准试件的试验结果。换算系数值见表3-29。

表3-29 混凝土强度等级换算系数

骨料最大粒径/mm	试件尺寸/mm	换算系数
≤31.5	100×100×100	0.95
≤40	150×150×150	1.00
≤63	200×200×200	1.05

混凝土的抗拉强度相当低，但对混凝土的抗裂性却起着重要作用，与同龄期抗压强度的拉压比的变化范围为6%～14%。拉压比主要随着抗压强度的增高而减少，即混凝土的抗压强度越高，拉压比就越小。

混凝土的抗剪强度一般比抗拉强度大，经验表明，直接抗剪强度为抗压强度的15%～25%，为抗拉强度的2.5倍左右。

混凝土的强度主要决定于砂浆的胶结力和水泥石与骨料表面的黏结强度。由于骨料本身最先破坏的可能性小，故混凝土的破坏与水泥强度和水灰比有密切关系。此外，也受施工工艺条件、养护及龄期的影响。可见，影响混凝土强度的主要因素有以下几方面。

（1）水泥强度和水灰比

水泥强度的高低，直接影响到混凝土强度的高低。在配合比相同的条件下，水泥的强度愈高，混凝土的强度亦愈高；当用同一品种、同一标号的水泥拌制混凝土时，混凝土的强度则取决于水与水泥用量的比值，称为水灰比。一般水泥硬化时所需的拌和水，只占水泥重量的25%左右，但为了在施工中有必要的流动度，常用较多的水进行拌和（占水泥重量的40%～80%）。水灰比加大，残留在混凝土中的多余水分经蒸发而形成气孔，气孔愈多，混凝土的强度就愈低。相反，水灰比愈小，水泥石的强度愈高，与骨料的黏结力愈强，混凝土的强度就愈高。但拌和水过少，则混凝土拌合物干稠，给施工操作带来一定的困难。

此外，水泥石与骨料的黏结力还与骨料的表面特征有关，碎石的表面粗糙，多棱角，黏结力大；卵石则与之相反。

根据工程实践，混凝土强度与水灰比、水泥强度等因素的关系式如下：

$$R_{cu} = AR_c^b \left(\frac{C}{W} - B \right) \tag{3-9}$$

式中：R_{cu}——混凝土的强度；

R_c^b——水泥的强度；

C——每立方米混凝土中的水泥用量，kg；

W——每立方米混凝土中的用水量，kg；

　　A，B——材料系数，见表 3-30。

（2）温度

混凝土在硬化过程中，强度增长率与温度成正比。

（3）龄期

混凝土在正常养护条件下，其强度与养护龄期成正比。但初期增长较快，后期增长较慢。为了计算不同龄期的混凝土强度，可用下式求得平均温度：

$$T_\mathrm{p} = \frac{0.5t_0 + t_1 + t_2 + \cdots + t_n}{n} \qquad (3\text{-}10)$$

式中：T_p——混凝土的平均温度；

　　　　t_0——混凝土浇筑完毕时的温度；

　　　　t_1，t_2，$\cdots$，t_n——混凝土浇筑完毕后，经 1，2，$\cdots$，n 昼夜后的温度；

　　　　n——在正常温度下养护混凝土的昼夜数。

表 3-30　A，B 系数表

地区	碎石				卵石			
	普通水泥		矿渣水泥		普通水泥		矿渣水泥	
	A	B	A	B	A	B	A	B
华东区	0.661	0.882	0.602	0.845	0.534	0.690	0.504	0.698
东北区	0.440	0.364	0.535	0.683	0.578	0.848	0.549	0.897
中南区	0.571	0.725	0.574	0.740	—	—	—	—
西南区	—	—	—	—	0.518	0.852	0.535	0.947
西北区	—	—	—	—	0.482	0.598	0.567	0.748
华北区	—	—	—	—	0.456	0.537	0.537	0.724

2. 混凝土的耐久性

混凝土在使用过程中能抵抗各种非荷载外界因素作用的性能，称为混凝土的耐久性，它的好坏决定混凝土工程的寿命。影响混凝土耐久性的因素主要有：冻融循环作用、环境水作用、风化和碳化作用等，其中主要的是抗冻性、抗渗性及碳化作用。

（1）混凝土的抗渗性

混凝土是非匀质性的材料，其内分布有许多大小不等及彼此连通的孔隙。孔隙和裂缝是造成混凝土渗漏的主要原因。

混凝土的抗渗性用抗渗等级 P 表示。依据高低分为 P4、P6、P8 三级。抗渗等级与构筑物内的最大水头和最小壁厚有关，通过抗渗试验确定。抗渗试验时将 6 个圆柱体试件，经标准养护 28 d 后，置于抗渗仪上，从底部注入高压水，每次升压 0.1 MPa，恒压 8 min，直至其中 4 个试件未发现渗水时的最大压力，即为该组试件的抗渗等级（图 3-54），混凝土抗渗等级取值见表 3-31。

表 3-31　混凝土抗渗等级取值表

最大作用水头与最小壁厚之比值	抗渗等级（P）
<10	4
10～30	6
>30	8

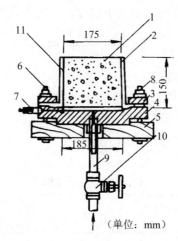

（单位：mm）

1—试件；2—套模；3—上法兰；4—固定法兰；5—底板；6—固定螺栓；7—排气阀；8—橡皮垫圈；
9—分压水管；10—进水阀门；11—密封蜡

图 3-54　混凝土的抗渗试验

（2）混凝土的抗冻性

混凝土受冻后，其游离水分会膨胀，使混凝土的组织结构遭到破坏。在冻融循环作用下，使冻害进一步加剧。抗冻性用抗冻等级 F 表示，分为 F50、F100、F150、F200、F250 五个等级。抗冻等级的确定与结构类别、气温及工作条件有关，其依据见表 3-32。

表 3-32　混凝土抗冻等级取值情况

气　温	地表水取头头部		其他
	冻融循环次数		地表水取水头部的水位涨落区以上部位及露明的水池等
	≤50	>50	
最冷月平均气温低于−15℃	F200	F250	F100
最冷月平均气温在−5～15℃	F150	F200	F50

试验时，将 6 块或 12 块边长为 15 cm 的立方体试块标准养护 28 d 后，经受冻融作用，当试块强度损失值和重量损失值分别不大于 25% 和 5% 时的冻融循环次数，即为该组试块的抗冻等级。

（3）混凝土的碳化

混凝土失去碱性的现象叫碳化。碳化的结果将使混凝土强度降低，并且失去对钢筋的保护能力。

三、普通混凝土配合比设计

确定单位体积混凝土中水泥、砂、石和水的重量比例称为混凝土配合比设计。其设计原则是：

> 保证结构设计所要求的强度等级和耐久性；
> 满足施工和易性要求；
> 在合理使用原材料的前提下力求节约水泥用量。

（一）配合比的设计

1. 确定混凝土的施工配制强度 $R_{cu,0}$

混凝土的施工配制强度按下式计算：

$$R_{cu,0} = R_{cu,K} + 1.645\sigma \tag{3-11}$$

式中：$R_{cu,0}$ —— 混凝土的施工配制强度，N/mm²；

$R_{cu,K}$ —— 设计的混凝土抗压强度标准值，N/mm²；

σ —— 施工单位的混凝土强度标准差，N/mm²。

σ取值由施工单位近期混凝强度的统计资料，按下式求得：

$$\sigma = \sqrt{\frac{\sum_{i=1}^{n} R_i^2 - n\overline{R_n}^2}{n-1}} \tag{3-12}$$

式中：R_i——第 i 组的试件强度，N/mm²；

$\overline{R_n}$——n 组试件强度的平均值，N/mm²；

n——统计周期内相同混凝土强度等级的试件组数，$n \geq 25$。

当混凝土强度等级为 C20 或 C25 时，如计算的$\sigma < 2.5$ N/mm²，取$\sigma=2.5$ N/mm²；当混凝土强度等级为 C30 及以上时，如计算的$\sigma > 3.0$ N/mm²，取$\sigma=3.0$ N/mm²。施工单位如缺少近期统计资料时，σ可按表 3-33 取值。

表 3-33　σ取值情况

混凝土强度等级	<C15	C20~C35	>C40
σ/（N/mm²）	4	5	6

2. 确定所要求的水灰比 $\frac{W}{C}$

根据试配强度，按下式计算所要求的水灰比：

采用碎石时：

$$R_{cu,0} = 0.46 R_c^0 (\frac{C}{W} - 0.52)$$ （3-13）

采用卵石时：

$$R_{cu,0} = 0.480 R_c^0 (\frac{C}{W} - 0.61)$$ （3-14）

式中：$\frac{C}{W}$ ——混凝土所要求的水灰比的倒数；

　　　R_c^0 ——水泥的实际强度（N/mm²）。

在无法取得水泥实际强度时，可按下式计算：

$$R_c^0 = K_c R_{cw}^0$$ （3-15）

式中：R_{cw}^0 ——水泥强度等级；

　　　K_c ——水泥强度等级富余系数，取 1.13。

计算所得的混凝土水灰比应与规范进行对比，如计算值大于表 3-34 所规定的最大水灰比值时，应按表 3-34 取值。

表 3-34　普通混凝土最大水灰比和最小水泥用量

混凝土所处环境	最大水灰比	最小水泥用量/（kg/m³）	
		钢筋混凝土、预应力钢筋混凝土	素混凝土
不受雨雪影响	不规定	250	200
受雨雪影响、水中或水位升降范围内	0.70	250	225
寒冷地区水位升降范围内，受水压作用	0.65	275	250
严寒地区、水位升降范围内	0.60	300	275

3. 选定混凝土的单位用水量 W_0

根据施工时要求的混凝土坍落度、粗骨料的品种和规格，按表 3-35 选定单位体积混凝土的用水量 W_0。

表 3-35　1 m³ 混凝土的参考用水量　　　　　　　　　单位：kg/m³

混凝土所需坍落度/cm	碎石			卵石		
	最大粒径			最大粒径		
	40 mm	20 mm	10 mm	40 mm	20 mm	15 mm
1～3	160	170	190	170	185	205
3～5	170	180	200	180	195	215
5～7	180	190	210	190	205	225
7～9	185	195	215	200	215	235

注：1. 表中用水量是采用中砂时的平均取值，如采用细砂可增加 5～10 kg，采用粗砂可减少 5～10 kg；

　　2. 本表仅适用水灰比大于 0.4 或小于 0.8 的混凝土；

　　3. 当掺入外掺剂时，可相应减少用水量。

4. 计算水泥用量 C_0

根据已确定的用水量和水灰比，按下式计算水泥用量 C_0：

$$C_0 = \frac{C}{W} \times W_0 \qquad (3\text{-}16)$$

当计算所得的水泥用量小于表 3-34 规定的最小水泥用量时，应按表 3-34 取值。当配制有耐久性要求的混凝土时，其最大水灰比及最小水泥用量应符合有关规定。

5. 选取合理的砂率值 S_p（%）

砂率是指砂子的重量与砂石总重量的百分率。可根据骨料品种、规格及水灰比按表 3-36，并结合施工单位实际使用经验选定。

表 3-36 混凝土砂率选用表   单位：%

水灰比 ($\frac{W}{C}$)	卵石最大粒径			碎石最大粒径		
	40 mm	20 mm	10 mm	40 mm	20 mm	15 mm
0.40	24~30	25~31	26~32	27~32	29~34	30~35
0.50	28~33	29~34	30~35	30~35	32~37	33~38
0.60	31~36	32~37	33~38	33~38	35~40	36~41
0.70	34~39	35~40	36~41	36~41	38~43	39~44

注：1. 表中数值系中砂的选用砂率，对细砂或粗砂可相应减少或增加砂率；
　　2. 本表适用于坍落度为 1~6 cm 的混凝土，坍落度大于 6 cm 或小于 1 cm 时，应相应地增减砂率；
　　3. 配制大流动性泵送混凝土时，砂率宜提高至 40%~43%（中砂）。

6. 计算粗、细骨料的用量

计算粗、细骨料的用量，可用体积法或重量法。

（1）体积法

体积法是假设混凝土各组成材料绝对体积与混凝土拌合物中所含空气的体积的总和等于混凝土的体积，计算式如下：

$$\frac{C_0}{\rho_c} + \frac{G_0}{\rho_g} + \frac{S_0}{\rho_s} + \frac{W_0}{\rho_w} + 10\alpha = 1\,000 \qquad (3\text{-}17)$$

$$\frac{S_0}{S_0 + G_0} \times 100\% = S_p \qquad (3\text{-}18)$$

式中：C_0——混凝土的水泥用量，kg/m^3；

　　　G_0——混凝土的粗骨料用量，kg/m^3；

　　　S_0——混凝土的细骨料用量，kg/m^3；

　　　W_0——混凝土的用水量，kg/m^3；

　　　ρ_c——水泥密度，g/cm^3，取 2.9~3.1；

　　　ρ_g——粗骨料的视密度，g/cm^3；

ρ_s——细骨料的视密度，g/cm^3；

ρ_w——水的密度，g/cm^3，取 1.0；

α——混凝土含气量百分数，%，不使用含气型外掺剂时可取 1；

S_p——砂率，%。

计算式中的ρ_s和ρ_g应按现行的砂、碎石或卵石质量标准及检验方法的规定测得。

将计算出的各种材料用量，简化成以水泥为 1 的混凝土配合比：

$$\frac{C_0}{C_0} : \frac{S_0}{C_0} : \frac{G_0}{C_0} : \frac{W_0}{C_0} = 1 : S_0 : G_0 : W_0 \quad （重量比）$$

（2）重量法

重量法是假定混凝土拌合物的重量为已知，从而可求出单位体积混凝土的骨料总重量，继之分别求出粗、细骨料的重量，得出混凝土的配合比。公式为：

$$\rho_h = C_0 + G_0 + S_0 + W_0 \qquad （3-19）$$

$$S_p = \frac{S_0}{S_0 + G_0} \times 100\% \qquad （3-20）$$

式中：ρ_h——混凝土拌合料的假定密度，kg/m^3，ρ_h在 2 400～2 450 kg/m^3 的范围内，可根据骨料密度、粒径及混凝土强度等级选取。一般混凝土的强度等级与假定密度的关系（表 3-37）。

表 3-37　混凝土的强度等级与假定密度的关系

混凝土强度等级	C7.5～C10	C15～C30	C35～C60
混凝土假定密度 ρ_h/（kg/m^3）	2 360	2 400	2 450

（二）设计配合比的调试

由于设计配合比计算时采用了一些经验数值，因此必须经过试拌，从中观察其和易性是否符合规定要求。该调试工作应在实验室中进行，调试方法如下所述。

（1）调试流动性。当坍落度小于规定要求时应加水稀释，但为了使强度不发生变化，应按水灰比关系同时加入水泥；当坍落度大于规定要求时，应按砂率关系适当加入砂、石，直到坍落度完全符合要求为止。

（2）调试黏聚性及保水性。在提起坍落筒时，如试件四壁有亏损、滗水及过硬现象，应单独加砂以提高砂率。如试件砂浆过多，应单独加石子以降低砂率。

（3）确定实验室配合比。调整各种材料用量并把调整后的各种材料用量折合成以水泥为 1 的配合比。

（三）施工配合比的换算

由于施工现场所使用的砂、石中都含有一定的水分，与实验室中不同，所以现场配料前应随时测定砂、石的含水量，将实验室配合比换算成实际含水量情况下的施工配合比。

假定现场砂的含水率为 $a\%$，石子的含水率为 $b\%$，实验室配合比中水泥、砂、石子、水的用量分别为 C、S、G、W，则各种材料的用量为：

水泥：$C' = C$

砂：$S' = S(1+a\%)$

石子：$G' = G(1+b\%)$

水：$W' = W - S \cdot a\% - G \cdot b\%$

四、混凝土的拌制

混凝土的拌制是指按施工配合比确定各种材料的用量，并进行均匀拌合。这样可使水泥颗粒分散度高，有助于水化作用进行；可使混凝土具有良好的和易性、一定的黏性和塑性；便于后续工序的操作和保证施工质量。

（一）搅拌方式

混凝土一般采用机械搅拌，按搅拌原理的不同分为自落式搅拌和强制式搅拌两种。

自落式搅拌一般使用自落式搅拌机，该搅拌机的搅拌筒不断旋转，水泥和骨料则在旋转的搅拌筒内不断被筒内壁叶片卷起，又靠重力自由落下，从而完成搅拌作用（图3-55）。这种搅拌方式多用于搅拌塑性混凝土，搅拌时间一般为 90～120 s/盘，动力消耗大，效率低，对混凝土骨料有较大磨损，影响混凝土质量，现正日益被强制式搅拌机所取代。

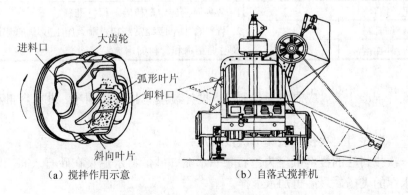

（a）搅拌作用示意　　　　（b）自落式搅拌机

图 3-55　自落式搅拌机

　　强制式搅拌一般使用强制式搅拌机，该搅拌机的搅拌筒水平放置，本身不转动，搅拌时靠筒内两组叶片绕竖轴旋转，将材料强行搅拌（图 3-56）。该搅拌方式作用强烈均匀，质量好，搅拌速度快，生产效率高。适宜于搅拌干硬性混凝土、轻骨料混凝土和低流动性混凝土。

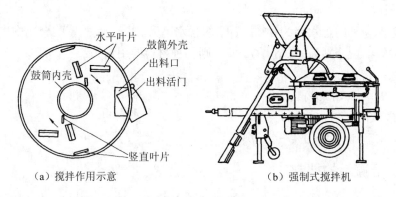

（a）搅拌作用示意　　　　　　　　（b）强制式搅拌机

图 3-56　强制式搅拌机

（二）搅拌方法

　　搅拌混凝土前，应先在搅拌机筒内加水空转数分钟，使搅拌筒充分湿润，然后将积水倒净。开始搅拌第一盘时，考虑筒壁上的黏结使砂浆损失，石子用量应按配合比规定减半。搅拌好的混凝土拌合物要基本卸净，不得在卸出之前再投入拌合料，也不得边出料边进料。严格控制水灰比和坍落度，不得随意加减用水量。每盘装料数量不得超过搅拌筒标准容量的 10%。各种原材料按重量称量的允许偏差见表 3-38。

表 3-38　混凝土原材料每盘称量的允许偏差

材料名称	允许偏差/%	备注
水泥、掺合料	±2	1. 各种衡器应定期校验，保持准确
粗、细骨料	±3	2. 骨料含水率应经常测定，雨天施工应增加测定次数，并
水、外加剂	±2	及时调整水和骨料的用量

　　搅拌混凝土前，应制定搅拌制度。搅拌制度包括投料顺序、进料容量和搅拌时间。

　　投料顺序有一次投料法和二次投料法。

　　一次投料法的投料顺序为：石子—水泥—砂，将水泥夹在砂石之间，以减少搅拌时水泥的飞扬，最后再加水搅拌。

　　二次投料法是先将水泥和水在搅拌筒内充分搅拌成均匀的水泥浆后，再加砂和石子进行搅拌。

工程经验证明，二次投料法与一次投料法相比，在其他条件相同的情况下其混凝土强度可提高 15%；在混凝土强度等级相同的情况下，可节约 15%～20%的水泥用量。

搅拌机允许装入的各种材料的体积之和称为进料容量。经搅拌后的混凝土的体积称为出料容量。由于干料加水后水泥砂浆填充粗骨料孔隙，使出料容量比进料容量小，一般出料容量为进料容量的 0.6～0.7 倍。

混凝土拌合物的搅拌时间，是指原料全部投入搅拌筒起至开始卸料止所经历的时间。它与混凝土的搅拌质量密切相关。搅拌时间过短，拌合物不均匀，会影响混凝土的和易性与强度；搅拌时间过长，会使混凝土拌合物产生离析现象，从而影响混凝土的质量，同时也会降低搅拌机的生产效率。搅拌时间应根据搅拌机的类型和拌合物的和易性确定，其最短搅拌时间，一般应符合表 3-39 的规定。

表 3-39　混凝土搅拌的最短时间　　　　　　　　　　单位：s

混凝土坍落度/mm	搅拌机类型	搅拌机出料量		
		<250 L	250～500 L	>500 L
≤30	自落式	90	120	90
	强制式	60	90	120
>30	自落式	90	90	120
	强制式	60	60	90

注：掺有外掺剂时搅拌时间应适当延长。

（三）混凝土搅拌站

混凝土搅拌站有工厂型和现场型两种。

工厂型搅拌站是大型永久性或半永久性的混凝土生产企业，专门生产成品混凝土，通过混凝土运输车将成品混凝土送到施工现场。目前我国大、中城市都已设置了永久性混凝土搅拌站；对建设规模大、工期长的工程，或在邻近有多项同时进行施工的工程，可设置半永久性的混凝土搅拌站。工厂型搅拌站集中拌制混凝土，可以提高混凝土质量、节约原材料、降低成本，改善施工现场环境；便于实现生产自动化和组织文明施工。

现场混凝土搅拌站要结合现场条件，根据工程量大小，因地制宜设置，拌制的混凝土主要用于本工地施工需要。为了便于工地转移，通常采用流动性组合方式，使机械设备组成装配连接结构，尽量做到装、拆、搬运方便。现场搅拌站应尽量做到自动上料、自动称量、机动出料和集中操纵控制，使搅拌站的上料作业机械化和自动化。

第四节 现浇混凝土工程施工

现浇混凝土工程的施工是指将搅拌好的混凝土拌合物，经过运输、浇筑入模、密实成型和养护等施工过程，最终形成符合设计要求的结构物的过程。

一、混凝土的运输

混凝土拌合物从搅拌机中卸出后，应及时运至浇筑地点，其运输的方法和设备，主要取决于构筑物和建筑物的结构特点、单位时间混凝土的浇筑量、水平和垂直运输距离、道路条件以及混凝土的供应情况、气候条件等因素。为保证混凝土的质量，对运输工作提出如下要求：

➤ 运输道路应尽可能平坦，以保证混凝土不产生分层离析现象；

➤ 混凝土运到浇筑地点开始浇筑时，应具有设计配合比所规定的坍落度；

➤ 运输时间应保证混凝土在初凝前入模并振捣完毕，一般混凝土从搅拌机中卸出到浇筑完毕的时间间隔不宜超过表 3-40 的规定；

➤ 运输混凝土的容器应不吸水，不漏浆。

表 3-40 混凝土从搅拌机中卸出后到浇筑完毕的延续时间 单位：min

混凝土的强度等级	气温	
	≤25℃	>25℃
≤C30	120	90
>C30	90	60

混凝土的运输可分为地面运输（也称下水平运输）、垂直运输和楼面上运输（也称上水平运输）三种情况。常用的运输设备有手推车、机动翻斗车、井架、塔式起重机、混凝土搅拌输送车及混凝泵等。

混凝土搅拌输送车是在汽车底盘上加装一台搅拌筒而制成（图 3-57）。将搅拌站生产的混凝土拌合物装入搅拌筒内，直接运至施工现场。在运输途中，搅拌筒以 2～4 r/min 的转速不停地慢速转动，使混凝土经长距离运输后，不致产生离析。当运输距离过长时，可由搅拌站供应干料，在运输途中加水搅拌，搅拌筒转动速度一般为 6～18 r/min，以减少长途运输使混凝土坍落度产生损失。

混凝土泵是将混凝土拌合物装入泵的料斗内，通过管道将混凝土拌合物直接输送到浇筑地点，一次完成了水平及垂直运输。

混凝土泵有气压、活塞及挤压等类型。目前应用较多的是活塞式，活塞式又分为机械式（曲轴式）及液压式等，液压式较为先进。

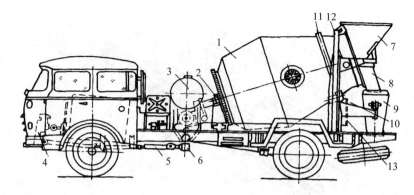

1—搅拌筒；2—轴承座；3—水箱；4—分动箱；5—传动轴；6—下部圆锥齿轮箱；7—进料斗；
8—卸料斗；9—引料槽；10—托轮；11—滚道；12—机架；13—操纵机构

图 3-57　混凝土搅拌输送车构造示意

图 3-58 是一种机械式混凝土泵的工作原理。在曲轴及连杆的作用下，当活塞 3 左移时，进料活门 4 打开，出料活门 5 关闭，混凝土被吸入缸体 7 内。当活塞右移时，进料活门关闭，出料活门打开，混凝土被压入管道 8 内。

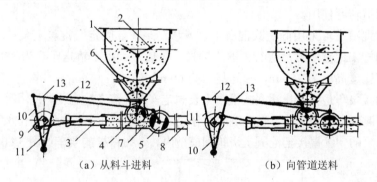

（a）从料斗进料　　　　　　　（b）向管道送料

1—受料斗；2—搅拌叶片；3—活塞；4—进料活门；5—出料活门；6—叶片；7—缸体；8—管道；
9—曲轴；10、11—摇杆；12、13—连杆

图 3-58　机械式混凝土泵工作原理

液压活塞式混凝土泵的工作原理如图 3-59 所示。泵工作时，搅拌好的混凝土拌合物装入料斗 6，吸入端片阀 7 移开，排出端片阀 8 关闭，活塞 4 在液压作用下，带动活塞 2 左移，混凝土在自重及真空吸力作用下，进入混凝土缸 1 内。然后，液压系统中压力油的进出方向相反，活塞右移，同时吸入端片阀关闭，压出端片阀移开，混凝土被压入管道 9 中，输送到灌筑地点。

单缸混凝土泵的出料是脉冲式的，所以一般混凝土泵都有两套缸体左右并列，交替出料，通过 Y 形输送管 9，送入同一管道，使出料较为稳定。

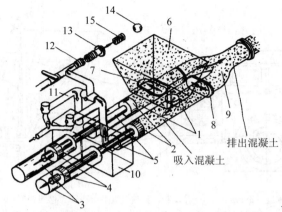

1—混凝土缸；2—混凝土活塞；3—液压缸；4—液压活塞；5—活塞杆；6—料斗；
7—吸入端水平片阀；8—排出端竖直片阀；9—Y形输送管；10—水箱；11—水洗装置换向阀；
12—水洗用高压软管；13—水洗用法兰；14—海绵球；15—清洗活塞

图 3-59　液压活塞式混凝土泵工作原理

　　输送管道一般采用钢管，管径有 100 mm、125 mm、150 mm 三种规格，标准管长度 3 m，配套管有 1 m 和 2 m 两种，另配有 90°、45°、30°、15°等不同角度的弯管，供管道转弯使用。

　　泵送混凝土可采用固定式混凝土泵或移动泵车。固定式混凝土泵使用时，需用汽车运到施工地点，然后进行混凝土输送。一般最大水平输送距离为 250～600 m，最大垂直输送高度为 150 m，输送能力为 60 m³/h 左右。

　　移动式泵车是将液压活塞式混凝土泵固定安装在汽车底盘上，使用时开至施工地点，进行混凝土泵送作业。当浇筑地点分散，可采用带布料杆的泵车作水平和垂直距离输送，泵的软管直接把混凝土浇筑到模型内。带布料杆的泵车如图 3-60 所示。

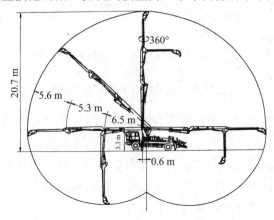

图 3-60　三折叠式布料杆混凝土泵车及浇筑范围

施工时，要合理布置混凝土泵车的位置，尽量靠近浇筑地点，并须满足两台混凝土搅拌输送车能同时就位，使混凝土泵能不间断地连续压送，避免或减少中途停歇引起的管路堵塞。

泵送混凝土应有良好的稠度和保水性，称为可泵性。可泵性的优劣取决于骨料品种、水灰比、坍落度、单方混凝土的水泥用量等因素。其配合比应符合以下规定：粗骨料的最大粒径与输送管道内径的比值，碎石宜小于或等于 1：3；卵石宜小于或等于 1：2.5；通过 0.315 mm 筛孔的砂不应少于 15%；砂率控制在 40%～50%；最小水泥用量为 300 kg/m³；混凝土的坍落度宜为 8～18 cm。

掺入适量的外加剂（减水剂、加气剂、缓凝剂等），可在各种不同泵送条件下，明显改善混凝土的可泵性。

混凝土泵使用前，应先开机用水润湿管道，开始使用时，应投入水泥浆或水泥砂浆（配合比为 1：1 或 1：2），使管壁充分滑润，再正式用泵输送混凝土。泵送完毕，应清洗泵体和管路，清除管壁水泥砂浆。

二、混凝土的浇筑

混凝土浇筑前，应做好如下准备工作：

① 做好材料供应、机具安装、道路平整、劳动组织等工作；

② 校核模板尺寸、轴线位置是否正确，强度和刚度是否足够，以及接缝是否严密；

③ 校核钢筋的安放位置是否正确，混凝土的保护层是否符合规范要求；

④ 清除模板或基槽内的积水、垃圾和钢筋上的油污；

⑤ 在浇筑前 1 d，对模板内部应浇水淋湿，以免浇筑后模板吸收混凝土中的水分相互黏结，造成脱皮、麻面，影响混凝土质量。浇水量视模板的材料不同，以及干燥程度、气候条件而异。木模板浇水之后，还可以使木材适当膨胀，减少板缝间隙，防止漏浆；

⑥ 混凝土浇筑前，应在模板上涂抹脱模剂。

浇筑是混凝土工程施工中的关键工序，对于混凝土的密实度和结构的整体性都有直接的影响，一般包括浇筑和振捣两个工序。

（一）浇筑

浇筑混凝土时，应注意防止分层离析，经常观察模板、支架、钢筋和预埋件、预留孔洞的情况，如发生有变形、移位等情况，应及时停止浇筑，并在已浇筑的混凝土凝结前修整完好。

浇筑混凝土应连续进行，以保证构筑物的强度与整体性。施工时，相邻部分混凝土浇筑的时间间隔以不出现初凝为准。浇筑间歇的最长时间应按使用水泥品种及混凝土凝结条件确定，并不得超过表 3-41 的规定。

表 3-41　浇筑混凝土的间歇时间

单位：min

混凝土的强度等级	气温	
	≤25℃	>25℃
≤C30	210	180
>C30	180	150

如对整体构筑物不能连续浇筑时，应预先选定在适当部位设置施工缝。施工缝的位置应设置在结构受剪力较小且便于施工的部位。例如，浇筑贮水构筑物及泵房设备基坑，施工缝可留在池（坑）壁，距池（坑）底混凝土面 30～50 cm 的范围内。在施工缝处继续浇筑混凝土时，应在已浇筑的混凝土抗压强度达到 1.2 N/mm^2 后进行，对已硬化的混凝土表面要清除松动砂石和软弱层面，并加以凿毛，用水冲洗并充分湿润后铺 3～5 cm 厚水泥砂浆衔接层（配合比与混凝土内的砂浆成分相同），然后再继续浇筑新混凝土。

浇筑大面积混凝土底板或池壁时，为了消除水泥水化收缩所产生的收缩应力或收缩裂缝，须设置伸缩缝。长条形构筑物，如现浇混凝土管沟、长池壁、管道基础等，为了防止地基不均匀沉降的影响，须设置沉降缝。贮水构筑物的伸缩缝和沉降缝均应作止水处理。为了防止地下水渗入，地下非贮水构筑物的伸缩缝和沉降缝也应作止水处理。常用的止水片有橡胶、塑料等（图 3-61）。

施工缝一般设在伸缩缝或沉降缝处。

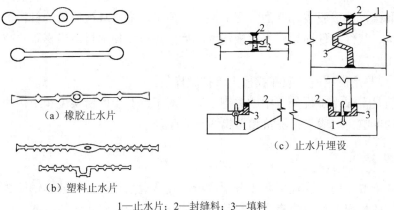

（a）橡胶止水片

（b）塑料止水片

（c）止水片埋设

1—止水片；2—封缝料；3—填料

图 3-61　止水片装置

（二）振捣

振捣的目的是提高混凝土密实度。振捣前浇筑的混凝土是松散的，在振捣器的振动作用下，混凝土内颗粒受到连续振荡作用，成"重质流体状态"，颗粒间摩阻力和黏聚力显著减少，流动性显著改善。粗骨料向下沉落，粗骨料孔隙被水泥砂浆填充。混凝土中空气被排挤，形成小气泡上浮。一部分水分被排挤，形成水泥浆上浮。混凝土充满模板，密实度和均一性都显著增高。干稠混凝土在高频率振捣作用下可获得良好流动性，与塑性混凝土相比，在水灰比不变条件下可节省水泥，或在水泥用量不变条件下可提高混凝土强度。

混凝土的振捣有人工振捣和机械振捣两种方式。

人工振捣一般只在缺少振动机械和工程量很小的情况，或在流动性较大的塑性混凝土中采用。

振动机械按其工作方式，可以分为内部振捣器、表面振捣器及外部振捣器。

1. 内部振捣器

也称插入式振捣棒，其形式有硬管和软管两种。插入式振捣棒内安装偏心块，电动机通过软轴传动使之旋转，发生振动[图 3-62（a）]。主要适用于大体积混凝土、基础、柱、梁、厚度大的板等。振捣时，要"快插慢拔"。快插，是防止先将表面的混凝土振实，与下面的混凝土发生分层、离析现象。慢拔，是使混凝土能填满振动棒抽出时形成的空洞。

2. 表面振捣器

也称平板式振捣器。其工作部分为钢制或木制平板，板上装有带偏心块的电动振捣器。振动力通过平板传递给混凝土，适用于表面积大而平整的结构物，如构筑物底板、地面、屋面等[图 3-62（b）]。

3. 外部振捣器

也称附着式振捣器。通常用螺栓或夹钳等固定在模板外部，偏心块旋转所产生的振动通过模板传给混凝土。由于振动作用深度较小，仅适用于钢筋较密、厚度较薄，以及不宜用插入式振捣器的结构[图 3-62（c）]。

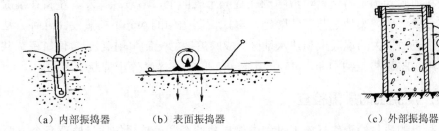

（a）内部振捣器　　（b）表面振捣器　　　　　（c）外部振捣器

图 3-62　振捣器工作原理

三、混凝土的养护

混凝土拌合物经浇筑密实成型后，其凝结和硬化是通过水泥的水化作用实现的。而水化作用须在适当的温度与湿度条件下才能完成。因此，为保证混凝土在规定龄期内达到设计要求的强度，并防止产生收缩裂缝，必须做好养护工作。

在现场浇筑的混凝土，当自然气温高于+5℃时，通常采用自然养护。自然养护有覆盖洒水养护和塑料薄膜养护两种方法。

覆盖洒水养护是利用平均气温高于+5℃的自然条件，用适当材料（如草帘、芦席、锯末、砂等）对混凝土表面加以覆盖并洒水，使混凝土在一定时间内保持足够的湿润状态。对于一般塑性混凝土，养护工作应在浇筑完毕 12 h 内开始进行，对于干硬性混凝土或当气温很高、湿度很低时，应在浇筑后进行养护。混凝土洒水养护时间可参照表 3-42 确定。养护初期，水泥的水化反应较快，需水也较多，应注意开始几天的养护工作，在气温高湿度低时，应增加洒水次数。一般当气温在 15℃以上时，在开始三昼夜中，白天至少每 3 h 洒水 1 次，夜间洒水 2 次。在以后的养护期中，每昼夜应洒水 3 次左右，保持覆盖物湿润。在夏日因充水不足或混凝土受阳光直射，水分蒸发过多，水化作用不足，混凝土发丁呈白色发生假凝或出现干缩细小裂缝时，应仔细加以遮盖，充分洒水，加强养护工作，并延长洒水时间进行补救。对大面积结构如地坪、楼板、池顶等可用湿砂覆盖和蓄水养护。贮水池可在拆除内模、混凝土达到一定强度后注水养护。

表 3-42　混凝土养护时间参考表

分类		洒水养护时间/d
拌制混凝土的水泥品种	硅酸盐水泥、普通硅酸盐水泥矿渣硅酸盐水泥	≥7
	抗渗混凝土混凝土中掺有缓凝形外掺剂	≥14

注：采用其他品种水泥时，应根据水泥性能确定，如平均气温低于+5℃不得浇水。

塑料薄膜养护是将塑料溶液喷洒在混凝土表面上，溶液经挥发，塑料在混凝土表面结合成一层薄膜使之与空气隔绝，封闭混凝土中的水分不被蒸发。这种方法一般适用于表面积大的混凝土和缺水地区。成膜溶液的配制可用氯乙烯-偏氯乙烯共聚乳液，用 10%磷酸三钠中和，pH 值为 7~8，用喷雾器喷涂于混凝土表面。

四、混凝土的质量检查

混凝土的质量检查包括施工过程中的质量检查和养护后的质量检查两个方面。施工过程中的质量检查包括搅拌和浇筑时对原材料的质量、配合比、坍落度等的检查，每一工作班至少检查两次。对混凝土的搅拌时间应随时检查。

混凝土养护后的质量检查，主要包括混凝土的强度、表面外观质量和中线、标高、截面尺寸的偏差，对水处理构筑物，还应进行抗渗漏试验。

（一）抗压强度试验

为了检查混凝土的抗压强度，应在浇筑现场制作边长为 15 cm 的立方体试块，经标准条件养护 28 d 后进行抗压强度试验，以评定混凝土的强度等级。所用试块应符合下列规定：

① 每拌制 100 m³ 的同配合比混凝土，应留置不少于一组（每组 3 块）的试块；

② 每工作班拌制的同配合比混凝土，应留置 1 组试块；当一次连续浇筑的工程量小于 100 m³ 时，也应留置 1 组试块；如配合比变化，则每种配合比均应留置 1 组试块；

③ 为了检查结构拆模、吊装、预应力构件张拉和施工期间临时负荷的需要，应留置与结构或构件同条件养护的试块。

当采用非标准尺寸的试块时，应将抗压强度换算成标准试块强度。

混凝土抗压强度试验的方法本教材不做详细阐述，需要时可参阅有关书籍。

（二）构筑物渗漏检验

1. 满水试验

满水试验的目的是检查构筑物的渗漏情况。试验前应先向池内注水，水位上升速度每日不超过 2 m 高度，以确保结构受力的均衡。

满水试验的测定方法是测量满水后 24 h 的水位下降。按照规范规定 1 m² 的浸湿面积每 24 h 的渗水量不得大于 2 L。在敞口构筑物试验中，还应扣除因蒸发而失去的水量。测定蒸发量的方法是在水池内设置直径为 50 cm、高为 30 cm 的钢板制蒸发水箱，水深为 20 cm。在测量水池水位的同时，测量蒸发水箱的水位下降值。通过下述公式计算渗水量，并与规范规定的允许渗水量进行比较，从而判定其是否满足抗渗要求。

渗水量计算公式如下：

$$q = \frac{A_1}{A_2}[(E_1 - E_2) - (e_1 - e_2)] \tag{3-21}$$

式中：q —— 渗水量，L/（m²·d）；

A_1 —— 水池水面面积，m²；

A_2 —— 水池浸湿总面积，m²；

E_1 —— 水池水位测针初读数，mm；

E_2 —— 测读 E_1 后 24 h，水池水位测针读数，mm；

e_1 —— 测读 E_1 时蒸发水箱水位测针初读数，mm；

e_2 —— 测读 E_2 时蒸发水箱水位测针读数，mm。

2. 闭气试验

污水处理厂中的厌氧消化池，除进行满水试验外，还应进行闭气试验。

闭气试验是观察 24 h 前后的池内压力降，试验压力一般为工作压力的 1.5 倍。按规定，消化池 24 h 压力降不得大于 0.2 倍试验压力。由于池内气压受池内温度及池外大气压力的影响，一般可按下式计算池内压降：

$$\Delta P \leqslant (P_{d_1} + P_{a_1}) - (P_{d_2} + P_{a_2}) \ \frac{273 + t_1}{273 + t_2} \tag{3-22}$$

式中：ΔP ——池内气压降，Pa；

P_{d_1} ——池内气压初读数，Pa；

P_{d_2} ——池内气压末读数，Pa；

P_{a_1} ——测量 P_{d1} 时的大气压力值，Pa；

P_{a_2} ——测量 P_{d2} 时的大气压力值，Pa；

t_1 ——测量 P_{d1} 时的池内温度，℃；

t_2 ——测量 P_{d2} 时的池内温度，℃。

五、混凝土构筑物的整体浇筑

贮水、水处理和泵房等地下或半地下钢筋混凝土构筑物的特点是构件断面较薄，有的面积较大且有一定深度，钢筋一般较密；要求具有高抗渗性和良好的整体性，需要采取连续浇筑。对于面积较小、深度较浅的构筑物，可将池底和池壁一次浇筑完毕；面积较大而又深的水池和泵房，应将底板和池壁分开浇筑。

1. 混凝土底板的浇筑

地下或半地下构筑物，底板分平底和锥底两种。

平底板浇筑时，混凝土的垂直和水平运输可以采用多种方案。如布料杆混凝土泵车可以直接进行浇筑；塔式起重机、桅杆起重机等可以把混凝土料斗吊运至底板浇筑处；也可以搭设卸料台，用串桶或溜槽下料。如果可以开设斜坡道，运输车辆就可直接进入基坑。如图 3-63 所示为采用塔式起重机浇筑底板的示意。

锥形底板宜从中央均匀向四周浇筑（图 3-64）。浇筑时混凝土不应下坠，因此应根据底板水平倾角大小，设计混凝土的坍落度。

为了控制水池底板的浇筑厚度，应设置高程桩或高程线进行控制。

混凝土在硬化过程中会发生干缩，产生收缩裂缝。同时浇筑的混凝土面积越大，收缩裂缝产生的可能性也越大。因此，要限制同时浇筑的混凝土面积，并且各块面积要间隔浇筑，如图 3-65 所示为底板混凝土的分块浇筑示意。

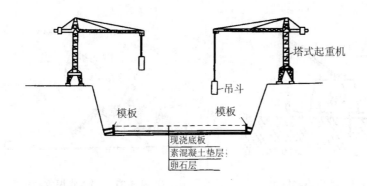

图 3-63 塔式起重机调运混凝土

图 3-64 底板从中央向四周浇筑

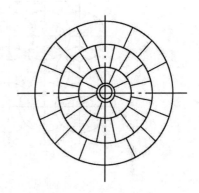

图 3-65 底板分块浇筑

分块浇筑的底板，在块与块之间应设伸缩缝，缝宽为 15～20 mm，用木板预留。在混凝土收缩基本完成后，剔除木板在伸缩缝内填入膨胀水泥或沥青玛蹄脂。但木板一般很难取出，为避免剔除预留木板，可用止水片代替木板。

混凝土底板用平板振捣器或插入式振捣棒振捣。

平板振捣器的振捣方式如图 3-66 所示，有效振捣深度一般为 200 mm，使用时应做到平拉慢移，相邻振捣面之间应有 30～50 mm 重叠。

厚度大于平板振捣器有效捣固深度的板或混凝土墙，采用插入式振捣棒，振捣方法如图 3-67 所示，相邻插点应使受振范围有一定重叠（图 3-68）。

振捣时间与混凝土稠度有关。混凝土内气泡不再上升，骨料不再显著下沉，表面出一层均匀水泥砂浆时，振捣就可停止。

底板混凝土振捣后，用拍杠或抹子将表面压实找平。

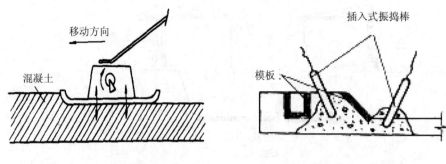

图 3-66　平板振捣器振捣　　　　　图 3-67　插入式振捣棒振捣

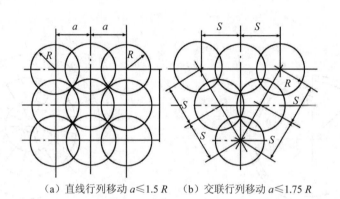

（a）直线行列移动 $a \leqslant 1.5R$　　（b）交联行列移动 $a \leqslant 1.75R$

a—插点间距；R—振捣器作用半径；S—插点移动距离

图 3-68　插入式振捣棒的插点布置

2. 混凝土墙的浇筑与振捣

混凝土水池的池壁、隔墙、泵房的墙壁等直墙的施工，为了避免施工缝，一般都采用连续浇筑混凝土。连续浇筑时，在池壁的垂直方向应分层浇筑。每个分层称为施工层，相邻两施工层浇筑的时间间隔不应超过混凝土的初凝期。

一般情况下，池壁模板是先支设一侧，另一侧模板随着混凝土的浇高而向上支设（图 3-69）。先支里模还是外模，要根据现场情况而定。同时，钢筋的绑扎、脚手架的搭设也随着浇高而向上进行。施工层的高度根据混凝土的搅拌、运输、振捣的能力确定，通常取 2 m。这是因为混凝土的自由降落高度允许为 2 m 左右，脚手架的每步高也为 2 m 左右。

施工时，在同一施工层或相邻施工层，宜进行钢筋绑扎、模板支设、脚手架支搭、混凝土浇筑的流水作业。当池壁预埋件和预留孔洞很多时，应有检查预埋件的时间。

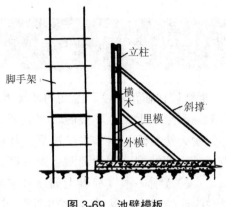

图 3-69　池壁模板

　　为了使各工序进行流水作业，应将池壁分成若干施工段。每个施工段的长度，应保证各项工序都有足够的工作面。图 3-70 为矩形水池池壁分成 4 个施工段连续浇筑。当浇筑工作量较大，池壁很长时，可以划分若干区域，在每个区域实行流水作业。这样可以保证两层混凝土浇筑的时间间隔小于混凝土初凝期。

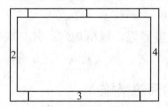

图 3-70　池壁施工段的划分

　　混凝土每次浇筑厚度为 200～400 mm。使用插入式振捣棒时，一般应垂直插入到下层尚未初凝的混凝土中 50～100 mm，以促使上下层相互结合。插入深度如图 3-71 所示。

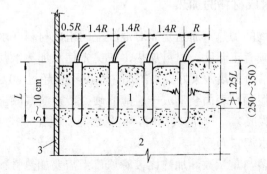

1—新浇筑的混凝土；2—下层尚未初凝的混凝土；3—模板；R—有效作用半径；L—振捣棒长

图 3-71　插入式振捣棒的插入深度

第五节　混凝土的冬季施工

如前所述，混凝土的凝结硬化在正温度和湿润的环境下，其强度的增长随龄期延长而提高。当新浇筑的混凝土处于负温环境时，水就开始冻结，水泥的水化作用停止，致使混凝土的强度无法增长。由于水结冰后，体积膨胀，混凝土内部产生很大的冰胀应力，破坏了内部结构，致使混凝土的强度、密实性及耐久性显著降低，达不到设计要求。实验表明，塑性混凝土如在凝结之前就遭受冻结，当恢复正温养护后其抗压强度约损失 50%，如在硬化初期遭受冻结，恢复正温养护后其抗压强度仍会损失 15%～20%；干硬性混凝土在相同条件下也有一定的强度损失。因此，在冬季施工中，为了保证混凝土的质量，必须使其在受冻结前，获得足够抵抗冰胀应力的强度，这一强度称为抗冻临界强度。根据规定，抗冻临界强度为：采用硅酸盐水泥或普通硅酸盐水泥配制的混凝土，为标准强度的 30%；采用矿渣硅酸盐水泥配制的混凝土，为标准强度的 40%；但 C10 及 C10 以下的混凝土，不得低于 5 MPa。

为了掌握冬季施工的温度界限，规范规定：凡昼夜室外平均气温连续 5 d 稳定低于 5℃和最低气温低于－3℃时，就应采取一定的冬季施工技术措施。

一、混凝土拌合物的预热措施

混凝土在浇筑成型前要经过拌制、运输、浇筑、振捣等多道工序，因此在冬季施工中，为了防止混凝土在硬化初期遭受冻害，就要使混凝土拌合物具有一定的正温度，以延长混凝土在负温下的冷却时间，并使之较快地达到抗冻临界强度，为此需要对其进行加热。

（一）混凝土组成材料的加热

对混凝土拌合物的加热，通常是先对混凝土的组成材料（水、砂、石）加热，使拌制成的混凝土具有正温度。材料加热，应优先使水加热，其方法简便，且水的比热是砂、石的 4 倍，加热效果好。水的加热温度不宜超过 80℃，因为水温过高当与水泥拌制时，水泥颗粒表面会形成一层薄的硬壳，影响混凝土的和易性且后期强度低（称为水泥的假凝）。当水温较高时，可将水与骨料先行搅拌，使砂石变热，水温降低后，再加入水泥共同搅拌。

石料由于用量多，重量大，加热比较麻烦，当需要加热骨料时，应先加热砂，确有必要再加热石料。水泥不得直接加热。拌合用水及骨料加热的温度，应符合表 3-43 的规定。

表 3-43　拌合水及骨料最高温度　　　　单位：℃

水泥种类	拌合水	骨料
强度等级小于 52.5 级的普通硅酸盐水泥、矿渣硅酸盐水泥	80	60
强度等级大于及等于 52.5 级的普通硅酸盐水泥、矿渣硅酸盐水泥	60	40

（二）混凝土的拌制

搅拌前，应先用热水或蒸汽冲洗搅拌机，使其预热，然后投入已加热的材料。为使搅拌过程中混凝土拌合物温度均匀，搅拌时间应比常温时间延长 50%。

冬季施工应严格控制混凝土配合比，水泥应选用硅酸盐水泥或普通硅酸盐水泥，以增加水泥水化热和缩短养护时间。水泥用量每 m³ 混凝土中不宜少于 300 kg，水灰比不应大于 0.6。为了控制坍落度，可适当加入引气型减水剂。

拌制混凝土应严格掌握温度，使混凝土拌合物的出料温度不低于 10℃，入模温度应大于 5℃。为此需要进行有关的热工计算，计算方法请查阅有关书籍，本教材不做介绍。

（三）混凝土拌合物的运输和浇筑

冬季施工外界处于负温环境中，由于空气和容器的传导，混凝土拌合物在运输和浇筑过程中热量会有较大损失。因此，应选择最佳运输路线，尽量缩短运距；正确选择运输容器的形式、大小和保温材料；尽量减少装卸次数，合理组织装卸工作；使混凝土开始养护前的温度不低于 5℃。在浇筑混凝土基础时，为防止地基土冻胀及混凝土冷却过快，浇筑前须先将地基土加热到 0℃以上，并将已冻胀变形部分去除。为保证混凝土在冻结前达到抗冻临界强度，混凝土的温度应比地基土温度高出 10℃以上。

二、加热混凝土的养护

冬季施工混凝土的养护方法很多，可分为蓄热养护和加热养护两类。

（一）蓄热养护

蓄热养护是指经材料预热浇筑后混凝土仍具有一定温度的条件下，采用保温措施，以防止热量外泄的方法。养护时将浇筑的热混凝土四周用保温材料严密覆盖，利用预热和水泥的水化热量，使混凝土缓慢冷却，当混凝土温度降至 0℃时可达到抗冻临界强度或预期的强度要求。

蓄热法具有节能、简便、经济等优点。采用此法宜选用强度较高、水化热较大的硅酸盐水泥和普通硅酸盐水泥，同时选用导热系数小、价廉耐用的保温材料，一般可用稻草帘、稻草袋、麦秆、高粱秸、油毡、刨花板、锯末等。覆盖地面以下的基础时，也可采用松土。当一种保温材料不能满足要求时，常采用几种材料或用石灰锯末保温。在石灰锯末上洒水，石灰就能逐渐发热，减缓构件热量散失。

（二）加热养护

加热养护是当外界气温过低或混凝土散热过快时，对混凝土补充加热的养护方法。常用的加热养护方法有以下几种。

1. 暖棚养护法

暖棚法养护是在施工的结构或构件周围搭建暖棚，当浇筑和养护混凝土时，棚内设置热源，以维持棚内的正温环境，使混凝土在正温下凝结硬化。这种方法的优点是混凝的施工操作与常温无异，方便可靠；缺点是需人工搭建暖棚和增设热源，费用较高。适用于结构面积和高度不大且混凝土浇筑集中的工程。

暖棚搭建应严密，不能过于简陋。为节约能源和降低成本，在方便施工的前提下，应尽量减少暖棚的体积。当采用火炉作热源时，应注意防火。

2. 蒸汽加热法

蒸汽加热是利用低压湿饱和蒸汽（压力不高于 0.07 MPa，温度为 95℃，相对湿度为 100%）的湿热作用来养护混凝土。该法的优点是蒸汽含热量高，湿度大。当室外平均气温很低，构件表面积大，养护时间要求很短时采用。缺点是温度和湿度不易保持均匀稳定，现场管道多，容易发生冷凝和冰冻，热能利用率低。

3. 电热法

电热法是利用导体发出的热量，加热养护混凝土。该法耗电量大，附加费用高。一般有电极法、电热毯加热法及工频涡流加热法。

电极法是在混凝土结构内部或表面设置电极，通以低压电流，由于混凝土的电阻作用，使电能变为热能，产生热量对混凝土进行加热，该法效果良好。

电热毯加热法是在钢模板的区格内卡入电热毯，其外覆盖保温材料。电热毯使用电压 60 V，功率每块 75 W，通电后表面温度可达 110℃。

工频涡流加热法是在钢模板的外侧布设钢管，并与板面紧贴焊牢，管内穿入导线，当导线通电后，在管壁上产生热效应，通过钢模板将热量传导给混凝土，使之升温。在室外最低气温为 −20℃ 的条件下，混凝土达到标准强度40%时的耗电量约为 $130\,kW\cdot h/m^3$。该法适用于用钢模板浇筑的混凝土墙体、梁、柱和接头。

第六节　钢筋混凝土构筑物渗漏及其处理

一、构筑物渗漏的主要原因

在环境工程中，钢筋混凝土水池、泵房等常会产生一些裂缝，引起渗漏事故。产生裂缝的原因很多，主要有以下几方面。

1. 设计方面的原因

因设计时对荷载估计不足，钢筋含量过小，不能满足抗裂性要求；或因构件刚度不够，产生过大变形而开裂。

2. 施工方面的原因

（1）由温差应力引起的裂缝

钢筋混凝土水工构筑物多属大体积混凝土，其内部的水化热大量地积聚，且热量散发极慢，因而导致混凝土内部温度高表面温度低而引起内外温差。内部较高的温度使混凝土体积膨胀大，而表面较低的温度使混凝土体积膨胀小，从而约束了内部体积膨胀，在混凝土表面产生拉应力，当此种拉应力超过混凝土的抗拉强度时，必然产生表面裂缝。

（2）由干缩应力引起的裂缝

混凝土表面干缩快，内部干缩慢，使表面干缩受到内部干缩慢的约束，同样会在混凝土表面产生拉应力，当此拉应力超过混凝土抗拉强度时，亦会引起裂缝。

此外，由于拆模后表面与内部湿差增大，也会产生湿差应力，在温差与湿差形成的表面拉应力的双重作用下，势必也会产生表面裂缝。

（3）伸缩缝间距控制不当引起裂缝

水平应力是裂缝产生的主要应力，且在构件截面中点出现最大值，则壁板上产生的竖直裂缝往往处于截面的中点。而实际工程中发现，裂缝一旦出现，除截面中点外，还会出现数条尚有规律的裂缝，其原因主要是当拉伸变形达到极限变形时，在中部出现一条竖缝将壁板一分为二，而每块壁板又有水平应力分布，若应力值大于混凝土抗拉强度，则裂缝均在两壁板中部出现，一直开裂至应力值小于混凝土抗拉强度时为止。

由此可知，防止大型钢筋混凝土水池壁板开裂的重要措施之一是控制伸缩缝的最大间距。施工时要严格按规范要求设置伸缩缝。

二、构筑物渗漏的修补

1. 对裂缝的修补

（1）水泥浆堵漏法

采用空压机或活塞泵压浆，使水泥浆自压浆管进入裂缝，水泥浆水灰比为 0.6～2.0。开始注浆时，水灰比较大，而后逐渐减小。压浆应一次完成，当水泥浆压力急剧增加，表明混凝土孔隙已填满，此时应停止压浆，遇有地下水时，可采用快硬水泥浆或四矾水泥浆。水泥浆稠度大，结石率高，注浆效果好。

该法缺点是水泥粒度较大，难以压入细缝中；水泥浆黏度较大，压入时会产生较大的压力损失，灌入量与灌入深度受限制；非膨胀性水泥砂浆或水泥浆硬化时收缩会导致裂缝重现。因此，该法适用于裂缝宽度大于 0.3 mm 的情况下。

（2）环氧浆液补缝法

此法是在混凝土裂缝处紧贴压嘴，利用压缩空气将环氧浆液由输浆管及压嘴压入裂缝中。

环氧浆液是在环氧树脂中加入一定量的增塑剂、增韧剂、稀释剂及硬化剂制成，各种材料的最佳配合比应通过试验确定。参考配方为环氧树脂：邻苯二甲酸二丁酯：二甲苯：环氧氯丙烷：聚硫橡胶：乙二胺=100：10：40：20：5：10。

施工时，先将裂缝表面去污，用环氧腻子将压嘴粘贴于裂缝处。环氧腻子的配方为 6010$^{\#}$环氧树脂：二丁酯：二甲苯：乙二胺：滑石粉=100：10：25：8：250。环氧浆液与腻子均应在 40℃ 以下搅拌，并在 1 h 以内用毕，以防硬化。压嘴布置的间距可采用水平缝为 0.2～0.3 m，垂直缝或斜缝为 0.3～0.4 m。在裂缝端部与交叉点处均应设置压嘴。

粘贴压嘴时，将环氧腻子抹在压嘴底盘上（厚为 1～2 mm），静置 15～20 min 后，粘贴于裂缝处，且在底盘四周用腻子封住。贴压嘴后，在裂缝表面与两侧各 0.1～0.2 m 内用腻子封闭，腻子的配方可采用 6010$^{\#}$环氧树脂：二丁酯：二甲苯：乙二胺：硅酸盐水泥：滑石粉=100：10：40：10：350：150。

灌浆前必须试气。用肥皂水涂于封闭区，通入 0.4～0.5 MPa 的压缩空气，检查裂缝与压嘴的封闭质量。灌浆方法是自上至下或从一端至另一端进行，其灌浆压力可视裂缝宽度、深度与环氧浆黏度等因素确定。灌浆后通入 0.1 MPa 的压缩空气 10～15 min，灌浆即告结束。

（3）甲凝与丙凝补缝法

甲凝与丙凝均为固结性高分子化学灌浆材料。

甲凝的配方为，甲基丙烯酸甲酯：丙烯腈：甲基丙烯酸：过氧化二苯甲酰：二甲基苯胺：对甲苯亚磺：缺氧化钾=100 mL：15 mL：3 g：1.5 mL：1.5 g：0.5 g：0.03 g。

丙凝为双液，甲液配方为丙烯酰胺∶NN^1-亚甲基双丙烯酰胺∶β-二甲氨基丙腈 =9.5 kg∶0.5 kg∶0.8 kg，加水共得溶液 50 L；乙液由过硫酸铵 1.2 kg，加水共得溶液 50 L。

甲凝与丙凝在注入之前，应在裂缝处设置灌注口孔板，间距采用 0.1～0.2 m，孔板可用环氧树脂黏贴在混凝土表面，而后封闭裂缝表面，试气。

2. 对渗漏的修补

钢筋混凝土水工构筑物的补漏宜在水池贮水条件下进行，为了让水能充分渗透至混凝土内部，使渗漏充分暴露，贮水一般不能少于 5 d。

对于渗漏的处理，可先将松软部分凿净，用水冲洗干净，由于带水作业，故可采用水玻璃掺加四矾拌合水泥进行堵漏。其闭水浆的参考配方是水玻璃（硅酸钠）∶蓝矾（硫酸铜）∶红矾（重铬酸钾）∶明矾（硫酸铝钾）∶青矾（硫酸亚铁）∶水=400∶1∶1∶1∶1∶60（重量比），然后用环氧树脂填实，外留 10～20 mm，用 1∶2 防水水泥砂浆抹面。

对渗漏较严重的处理，推荐采用凿槽嵌铅修补法。该法是在池内贮水条件下，在池外壁渗漏处沿着裂缝凿槽，剔去混凝土表面毛刺，修理平整，槽内用清水洗净，必要时用丙酮将槽口擦洗一遍，然后用錾子及榔头锤打填入槽内的铅块，使铅块紧密嵌实于槽内。由于铅具有塑性强，易软化的特性，嵌入的铅固结性很强，堵漏效果明显。

复习与思考题

1. 钢筋的种类有哪些？各如何进行分类？
2. 钢筋冷处理的目的是什么？有哪些冷处理方法？各如何进行处理？
3. 钢筋的焊接方法有哪些？各如何焊接？
4. 如何进行钢筋下料长度的计算？
5. 钢筋配料单包括哪些内容？
6. 钢筋为什么要代换？其代换的原则是什么？
7. 钢筋的加工方法有哪些？
8. 怎样进行钢筋的绑扎？
9. 什么是模板？其组成和支设要求各是什么？
10. 模板有哪些种类？
11. 基础模板、柱模板、梁模板、墙体模板、水池模板各怎样支设？
12. 水泥的种类和性质各有哪些？
13. 如何确定砂、石的颗粒级配？
14. 混凝土的外掺剂有哪些？各有什么特点？
15. 什么是混凝土拌合物的和易性？用什么指标表示？该指标如何确定？

16. 什么是混凝土的抗压强度？如何划分其强度等级？其影响因素有哪些？

17. 什么是混凝土的耐久性？它包括哪些性能？

18. 怎样进行混凝土的配合比设计？

19. 现浇钢筋混凝土的施工工艺包括哪些？应注意哪些要点？

20. 混凝土的振捣机械有哪些？各有哪些操作要点？

21. 混凝土冬季施工的措施有哪些？

22. 混凝土构筑物渗漏的原因有哪些？如何进行渗漏处理？

第四章 砖石砌体工程

砖石砌体工程是指砖、石和各类砌块的砌筑，其施工包括材料的准备和运输、砂浆调制、脚手架搭设、砖石砌筑等工序。

第一节 砖石工程的准备工作

一、砌筑材料的准备

在环境工程施工中，砌体所用的材料主要是砖、石、水泥、石灰、砂等。

（一）砖

砖的品种、强度等级应符合质量要求，其规格应一致、无翘曲、断裂现象。用于砌筑清水墙和柱的砖，还须边角整齐、色泽均匀一致。在常温下，普通黏土砖、空心砖应在砌筑前浇水湿润，这样能避免过多地吸收砂浆中的水分而影响黏结力，并能除去砖表面的粉尘。但浇水不宜过多，以免产生砂浆堕淌使砌体滑动走样和污染墙面等现象。因此，普通黏土砖、空心砖的含水率宜为 10%～15%；灰砂砖、粉煤灰砖的含水率宜为 5%～8%。

（二）砂浆

砌筑砂浆根据组成材料的不同分为水泥砂浆（水泥、砂、水）、石灰砂浆（石灰膏、砂、水）、混合砂浆（水泥、石灰膏、砂、水）、黏土砂浆（黏土、砂、水）及石灰黏土砂浆（石灰膏、黏土、砂、水）等。

水泥砂浆和混合砂浆宜用于砌筑潮湿环境或强度要求较高的砌体；石灰砂浆宜用于砌筑干燥环境中的砌体和干土中的基础；黏土砂浆或石灰黏土砂浆在一般情况下可以代替石灰砂浆使用。

砌筑砂浆使用的水泥品种及强度，应根据砌筑部位和所处的环境选择。水泥应干燥，出厂日期不超过 3 个月。砂宜采用中砂并过筛，不得含有草根等杂物。水泥砂浆和大于等于 M5 的混合砂浆，砂的含泥量不应超过 5%；小于 M5 的混合砂浆，砂的含泥量不应超过 10%。采用混合砂浆时，应将生石灰熟化成石灰膏，并用滤网过滤，熟化时间不少于 7 d。

砂浆应采用重量比准确配料。水泥的称量精确度应控制在±2%以内；砂、石灰膏、黏土膏、粉煤灰和生石灰粉的称量精确度应控制在±5%以内。

砂浆宜采用机械搅拌，拌和时间自投料完算起，不得少于 1.5 min；应拌和均匀，稠度符合表 4-1 的规定；并应随拌随用，常温下 4 h 内必须使用完毕，如施工期间最高气温超过 30℃，则必须在 3 h 内使用完毕。

表 4-1　砌筑砂浆稠度

项目	砌体种类	砂浆稠度/mm
1	实心砖、柱	70～100
2	实心砖平拱	50～70
3	空心砖、柱	60～80
4	空斗砖墙、砖筒拱	50～70
5	石砌体	30～50

二、砌筑材料的运输

砖石工程需用的各种材料、工具，均要运送到操作地点。目前垂直运输机械有塔式起重机、井字架、龙门架、独杆提升机、屋顶起重机和建筑施工电梯等；水平运输常用双轮手推车。

（一）井字架

井字架是一种固定式垂直运输机械。如图 4-1 所示为角钢井字架，吊盘的起重量为 0.5～1.5 t，附设把杆长度为 7～10 m，为了保证井架的稳定性，必须设置缆风绳或附墙拉结。井架高度在 15 m 以下时顶部应设一道缆风绳；高度在 15 m 以上时，每增高 10 m，中部即应增设一道缆风绳，每道宜用 4 根 $\phi 9$ mm 的钢丝绳（或用 $\phi 8$ 钢筋代替），钢丝绳与地面应成 45°夹角。井字架杆件安装要准确，连接要牢固，垂直度偏差不得超过总高度的 $\dfrac{1}{600}$。

井字架取材方便，既可用工具式井架，又可用木料或钢管临时搭设。其结构稳定性好，装拆方便，费用低，在施工中应用广泛。

（二）龙门架

龙门架是常用的垂直运输机械，由两根立杆及天轮梁（横梁）构成（图 4-2）。在天轮梁上装设滑轮，立杆内侧装设导轨、吊盘、安全装置和起重索、缆风绳等，架设高度为 10～30 m，起重量为 0.4～1.2 t。龙门架高度在 15 m 以下时设一道缆风绳，15 m 以上每增高 10 m 应增设一道缆风绳，每道不少于 6 根。导轨垂直度及间距的偏差不得大于 ±10 mm。

使用井字架和龙门架时，架高超过 30 m 时要设避雷装置，架的四周设安全网或用遮挡材料（竹笆、篷布等）进行封闭；吊盘上升不能"冒顶"并不能长时间悬于架中，应及时落至地面。卷扬机应设置安全作业棚，并选择合适的位置。要经常检查杆件连接情况、架底地基是否有不均匀沉降情况等，发现问题应及时解决。

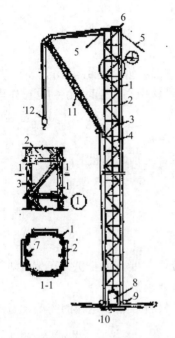

1—立柱；2—平撑；3—斜撑；4—钢丝绳；5—缆风绳；
6—天轮；7—导轨；8—吊盘；9—地轮；10—垫木；
11—摇臂拔杆；12—滑轮组

图 4-1 角钢井架

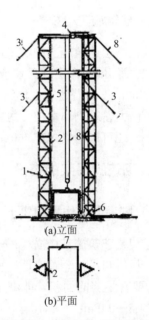

1—立杆；2—导轨；3—缆风绳；4—天轮；
5—吊盘停车安全装置；6—地轮；
7—吊盘；8—钢丝绳

图 4-2 龙门架

卷扬机是一种牵引机械，龙门架、井字架一般都用卷扬机牵引钢丝绳来提升吊盘或拔杆吊钩，它有手动卷扬机和电动卷扬机两种。

手动卷扬机为单筒式，钢丝绳的牵引速度为 0.5～3 m/min，牵引力为 6～100 kN。如配以人字架、拔杆、滑车等可作小型构件的垂直运输。

电动卷扬机按其速度可分为快速和慢速两种。快速卷扬机又分单筒和双筒，其钢丝绳牵引速度为 25～50 m/min，单头牵引力为 4.0～50 kN，如配以井架、龙门架、滑车等可作垂直和水平运输用。慢速卷扬机多为单筒式，钢丝绳牵引速度为 7～13 m/min，单头牵引力为 30～200 kN，如配以拔杆、人字架、滑车组等可作大型构件安装用。

卷扬机必须用地锚固定，以防止工作时产生滑动或倾覆。钢丝绳绕入卷筒的方向应与卷筒轴线垂直，这样能使钢丝绳圈排列整齐，不致斜绕和互相错叠挤压。卷扬机至构件安装位置的水平距离应大于构件的提升高度，即当构件被吊到安装位置时，操作者视线仰角应小于45°。

使用电动卷扬机时，应经常检查电气线路、电动机等是否完好，电磁抱闸是否有效，全机接地有无漏电现象等；卷扬机使用的钢丝绳应与卷筒牢固地卡好，在吊起重物后放松钢丝绳时卷筒上最少应保留4圈。

（三）建筑施工电梯

目前在高层建筑施工中常采用人货两用的建筑施工电梯，其吊笼装在井架外侧，沿齿条式轨道升降，附着在外墙或其他建筑物结构上，可载重1.0～1.2 t，亦可乘12～15人。它的高度随着建筑主体结构施工而接高，可达100 m以上。它特别适用于高层建筑、高大建筑物和多层厂房施工中的垂直运输。

此外，还可采用塔式起重机、独杆提升机、屋顶起重机等起吊重物。

三、砌筑脚手架的搭设

（一）脚手架的作用和要求

脚手架是建筑施工中必需的一种临时设施，主要作用是供人在架上进行砌筑操作、堆放材料和进行短距离运送材料。其基本要求是：

  ➢ 要有足够的面积，能满足工人操作、材料堆放和运输的需要，宽度一般为1.5～2.0 m；
  ➢ 要坚固、稳定，能保证施工期间在各种荷载和气候条件下不变形、不倾斜、不摇晃；
  ➢ 要搭拆简单，搬移方便，能多次周转使用；
  ➢ 要因地制宜，就地取材，尽量节约用料。

（二）脚手架的分类

  ➢ 按材料分为木脚手架、竹脚手架、金属脚手架；
  ➢ 按其构造形式分为多立杆式（单排和双排）、桥式、框式、悬吊式、挂式、挑式、爬升式脚手架等；
  ➢ 按搭设位置分为外脚手架和里脚手架等。

（三）外脚手架

外脚手架是在建筑物的外侧（沿建筑物周边）搭设的一种脚手架，可用于外墙砌筑和装修施工。其主要形式有多立杆式、桥式和框式等。

1. 多立杆式脚手架

多立杆式脚手架由钢管、角钢、木、竹等材料搭设，其中钢管扣件式外脚手架安装拆卸方便，周转次数多，目前应用广泛。

多立杆式外脚手架有单排和双排两种。单排脚手架外侧设一排立杆，其横向水平杆一端与纵向水平杆连接，另一端搁在墙里。单排脚手架节约材料，但稳定性较差，且外墙上留有脚手眼，其搭设高度及使用范围也受一定的限制。双排脚手架在脚手架的里外两侧均设有立杆，稳定性较好，但比单排脚手架费工费料。

钢管扣件式脚手架由钢管、扣件、脚手板和底座等组成（图 4-3，图 4-4）。钢管为外径 ϕ 48 mm、壁厚 3.5 mm 的焊接钢管，长度宜为 4～6.5 m；横向水平杆的钢管长度宜为 2.2 m。扣件用于钢管之间的连接，其基本形式有三种（图 4-5）。直角扣件用于两根垂直交叉的钢管连接；旋转扣件用于两根呈任意角度交叉的钢管连接；对接扣件用于两根钢管的接长。立杆底端立于底座上，以把荷载传递到地面上，底座如图 4-6 所示。脚手板可采用钢木、冲压钢、竹等材料制作，每块重量不宜大于30 kg（图 4-7）。

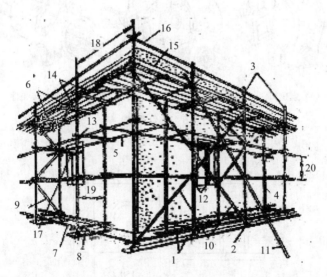

1—垫板；2—底座；3—外立杆；4—内立杆；5—纵向水平杆；6—横向水平杆；7—纵向扫地杆；8—横向扫地杆；9—横向斜撑；10—剪刀撑；11—抛撑；12—旋转扣件；13—直角扣件；14—水平斜撑；15—挡脚板；16—防护栏杆；17—连墙固定件；18—柱距；19—排距；20—步距

图 4-3 钢管扣件式脚手架

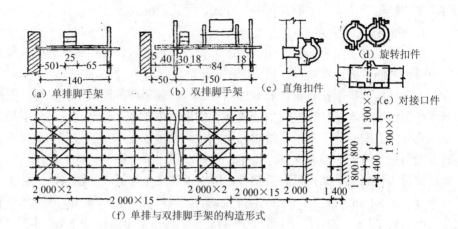

(a) 单排脚手架　　　(b) 双排脚手架　　(c) 直角扣件

(d) 旋转扣件

(e) 对接口件

（f）单排与双排脚手架的构造形式

单位：mm

图 4-4　钢管外脚手架

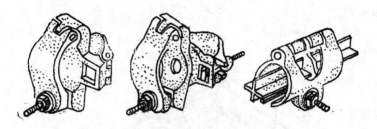

（a）直角扣件　　　（b）旋转扣件　　　（c）对接扣件

图 4-5　扣件形式

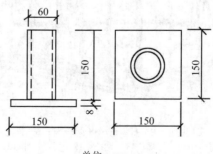

单位：mm

图 4-6　底座

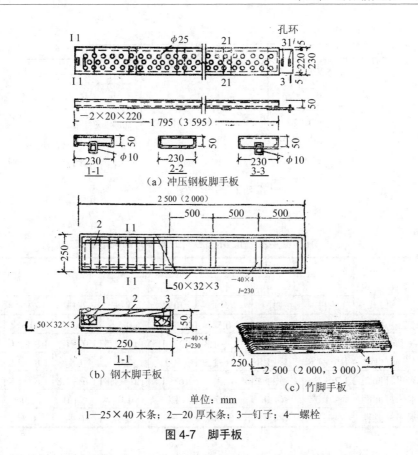

(a) 冲压钢板脚手板

(b) 钢木脚手板

(c) 竹脚手板

单位：mm

1—25×40 木条；2—20 厚木条；3—钉子；4—螺栓

图 4-7 脚手板

立杆的纵向间距（柱距）不得大于 2.0 m；单排立杆离墙横向为 1.2～1.4 m；双排立杆横向间距为 1.5 m，其里排立杆离墙为 0.4～0.5 m。相邻立杆接头要错开并用对接扣件连接，与纵、横向扫地杆用直角扣件固定。立杆垂直度的偏差不得大于架高的 $\frac{1}{200}$。

纵向水平杆的间距为 1.2～1.4 m，两杆接头要错开并用对接扣件连接，与立杆用直角扣件连接。横向水平杆的间距应不大于 1.5 m，单排架的一端伸入墙内为 240 mm，另一端搁于纵向水平杆上，至少应伸出 100 mm；双排架端头应离墙 50～100 mm。纵、横向水平杆用直角扣件连接。

脚手板一般均采用三支点承重，当脚手板长度小于 2.0 m 时，可采用两支点承重，但应将两端固定，以防倾翻。脚手板采用对接平铺时，其外伸长度 a 应大于 100 mm，小于 150 mm；采用搭接铺设时，其搭接长度 $2a$ 应大于 200 mm（图 4-8）。此外，为防止脚手架倾覆，必须设置能承受压力和拉力的固定件。为保证脚手架的整体稳定性，必须设置横向斜撑、剪力撑、水平斜撑等支撑体系。

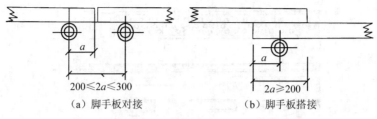

（a）脚手板对接 （b）脚手板搭接

单位：mm

图4-8　脚手板对接、搭接尺寸

表4-2　竹、木多立杆式脚手架的构造要求　　　　　　单位：m

项目	砌筑用			装饰用			满堂架	
	木		竹	木		竹	木	竹
	单排	双排	双排	单排	双排	双排		
里皮立柱离墙	—	0.5	0.5	—	0.5	0.5	0.5	0.5
立柱横向间距	1.2~1.5	1.0~1.5	1.0~1.3	1.2~1.5	1.0~1.5	1.0~1.3	1.8~2.0	1.8~2.0
立柱纵向间距	1.5~1.8	1.5~1.8	1.3~1.5	2.0	2.0	1.8	1.8~2.0	1.8~2.0
纵向水平杆间距	1.2~1.4	1.2~1.4	1.2	1.6~1.8	1.6~1.8	1.6~1.8	1.6~1.8	1.6~1.8
横向水平杆间距	<1.0	<1.0	<0.75	1.0	1.0	<1.0	1.0	<1.0
横向水平杆悬臂	—	0.45	0.45	—	0.4	0.4	0.4	0.4

　　竹、木多立杆式脚手架的一般构造要求见表 4-2。竹脚手架的杆件应用生长 3 年以上的毛竹，立杆、支撑、顶柱、纵向水平杆的竹竿梢径不应小于 75 mm，横向水平杆的竹竿梢径不应小于 90 mm。木脚手架的杆件通常用剥皮杉杆，用于立杆和支撑的木杆件梢径不应小于 70 mm，用于纵向、横向水平杆的木杆件梢径不应小于 80 mm。竹、木脚手架的搭设与钢管扣件式脚手架相似，但一般用 8 号铅丝绑扎。

　　多立杆式脚手架旁一般要搭设斜道，成"之"字形盘旋而上，供人员上下行走，斜度不得大于 1:3，宽度不得小于 1.0 m，两端转弯处要设平台，平台宽度不得小于 1.5 m，长度为斜道宽度的 2.0 倍，兼作材料运输的斜道要适当加宽。

　　脚手架的拆除按由上而下、逐层向下的顺序进行。

2. 桥式脚手架

　　桥式脚手架由桥架和支撑架组成（图 4-9）。桥架又称桁架式工作平台，是由两榀桁架用水平横杆和剪刀撑连接组装，并在上面铺设脚手板而成。常用的桥架长度为 3.6 m，4.5 m，6.0 m 等。

　　桥式脚手架与多立杆式脚手架相比，减少了立杆数量，并可利用井架运送材料，桁架可以自由升降。这种脚手架可用于建筑物的砌筑和装修，也可代替满堂脚手架，作混凝土楼板和梁的支模用。

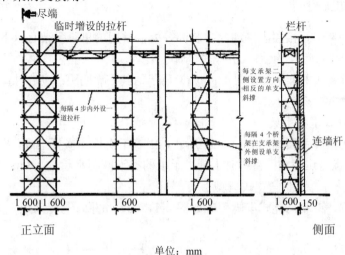

单位：mm

图 4-9 钢管扣件式桥式脚手架

3. 框式脚手架

框式脚手架由钢管制成的框架和剪刀撑、水平撑、栏杆、三脚架、底座等组成。框架分门式和梯形两种，框架搭设高度宜在 20 m 以内（图 4-10）。搭设时，框架垂直于墙面，沿墙框架纵向间距为 1.8 m，框架之间隔跨分别设内外剪刀撑及水平撑。框架内立柱与墙的距离采用三脚架（三脚架安装在靠墙的一边框架立柱上，上铺脚手板）时宜为 500~600 mm；不用三脚架时宜为 50~150 mm。框式脚手架除了用作一般脚手架外，还可作为搭设砌墙或装修用的操作平台、移动式平台架、垂直运输用的井架，以及现浇混凝土大梁的横板顶撑。

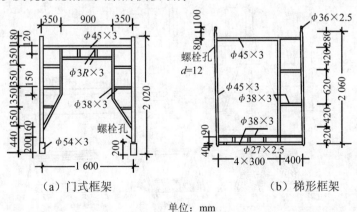

（a）门式框架 （b）梯形框架

单位：mm

图 4-10 框式脚手架

（四）里脚手架

里脚手架用于楼层上砌墙、内装饰等处。常用的里脚手架有以下几种。

1. 角钢（钢管、钢筋）折叠式里脚手架

角钢折叠式里脚手架如图 4-11（a）所示，其搭设间距：砌墙时宜为 1.0～2.0 m；粉刷时宜为 2.2～2.5 m。

2. 支柱式里脚手架

支柱式里脚手架如图 4-11（b）所示，由若干支柱和横杆组成。砌墙时上铺脚手板的搭设间距为 2.0 m；粉刷时上铺脚手板的搭设间距不超过 2.5 m。

3. 木、竹、钢制马凳式里脚手架

木、竹、钢制马凳式里脚手架如图 4-11（c）所示，马凳间距不大于 1.5 m，上铺脚手板。

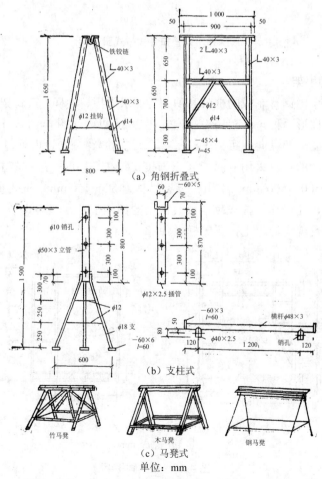

（a）角钢折叠式

（b）支柱式

（c）马凳式

单位：mm

图 4-11　里脚手架

（五）吊脚手架

吊脚手架是悬挂在房屋结构上的一种脚手架，分为两种形式：一种是用吊索将桁架式工作台悬吊在屋面或柱的挑梁或挑架上，主要用于工业厂房或框架结构的围护墙砌筑；另一种是在柱子上挂设支架，再在支架上铺脚手板或搁置桁架式工作台，用于围护墙砌筑。吊脚手架的主要组成部分如图 4-12 所示，分为吊架（包括桁架式工作台和吊篮）、支撑设施（包括支撑挑梁和挑架）、吊索（包括钢丝绳、铁链、钢筋）及升降装置。它用于高层建筑的外装饰作业和维修保养工作。

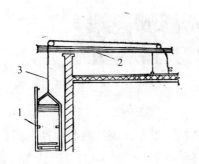

1—吊架；2—支撑设施；3—吊索

图 4-12　吊脚手架

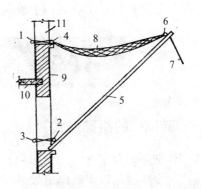

1，2，3—水平杆；4—内水平杆；5—斜杆；
6—外水平杆；7—拉绳；8—安全网；
9—外墙；10—楼板；11—窗口

图 4-13　安全网搭设

（六）脚手架的安全措施

当外墙砌筑高度超过 4 m 或立体交叉作业时，必须设置安全网，以防材料下落伤人和高空操作人员坠落。安全网用 $\phi 9$ mm 的麻绳、棕绳或尼龙绳编织而成，一般规格为宽 3 m、长 6 m、网眼 50 mm 左右，每块支好的安全网应能承受不小于 1.6 kN 的冲击荷载。

图 4-13 是安全网搭设的一种方式。用钢管搭设水平杆 1 放在上层窗口的墙内，与安全网的内水平杆 4 绑牢；水平杆 2 放在下层窗口的墙外，与安全网的斜杆绑牢；水平杆 3 放在墙内与水平杆 2 绑牢。支设安全网的斜杆 5 间距不应大于 4.0 m。

架设安全网时，其伸出墙面宽度不应小于 2.0 m，外口要高于里口 500 mm，两网搭接应牢固，每隔一定距离应用拉绳将斜杆与地面锚桩拉牢。

为了确保脚手架的安全，脚手架应具备足够的强度、刚度和稳定性。对多立杆式外脚手架，施工均布活荷载标准规定为：维修脚手架为 1.0 kN/m²；装饰脚手架为 2.0 kN/m²；结构脚手架为 3.0 kN/m²。

钢脚手架不得搭设在距离 35 kV 以上的高压线路 4.5 m 以内的地区和距离 1～10 kV 高压线路 2.0 m 以内的地区，同时应设有隔离防护措施。

过高的脚手架必须有防雷、防电装置。

雨雪、冰冻天施工时，脚手架上要有防滑措施（一般钉防滑木板或垫草袋子），施工前将积雪和冰碴清扫干净。

脚手架的外侧、斜道和上料平台，必须绑 1.0 m 高的护身栏杆和 180 mm 高的挡脚板或挂防护拦网。

在脚手架上工作时，必须戴安全帽、系安全带、穿软底鞋，不能穿塑料底鞋或皮鞋。材料要放平稳，工具应随手放入工具袋里，上下传递物件不得抛扔。

第二节　砖砌体砌筑

一、砖砌体的组砌形式

砖砌体的组砌要求是：上下错缝、内外搭接，以保证砌体的整体性；同时组砌要有规律，少砍砖，以提高砌筑效率，节约材料。

（一）实心砖墙的组砌形式

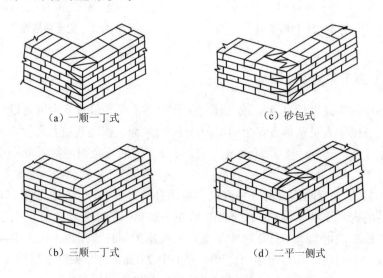

（a）一顺一丁式　　　　　　　　（c）砂包式

（b）三顺一丁式　　　　　　　　（d）二平一侧式

图 4-14　实心砖组砌形式

1．一顺一丁式

如图 4-14（a）所示，由一皮全顺砖与一皮全丁砖相互间隔砌成，上下皮间砖的

竖缝都相互错开 $\frac{1}{4}$ 砖长。这种形式砌筑效率较高，适合于砌一砖和一砖以上厚的墙。

2. 三顺一丁式

如图 4-14（b）所示，由三皮全顺砖与一皮全丁砖间隔砌成，上下皮顺砖与丁砖间的竖缝错开 $\frac{1}{4}$ 砖长，上下皮顺砖间的竖缝错开 $\frac{1}{2}$ 砖长。这种砌法顺砖多，砌筑效率较高，适合于砌一砖和一砖以上厚的墙。

3. 砂包式

砂包式又称梅花丁式或十字式，如图 4-14（c）所示，是每皮中丁砖与顺砖相隔，上皮丁砖坐于下皮顺砖中间，上下皮砖的竖缝相互错开 $\frac{1}{4}$ 砖长。这种砌法内外竖缝每皮都能错开，整体性较好，灰缝整齐，比较美观，但砌筑效率较低，宜用于砌筑清水墙。

4. 二平一侧式

如图 4-14（d）所示，由两皮砖平砌与一皮侧砌的顺砖相隔砌成。当墙厚为 180 mm 时，平砌均为顺砖，上下皮竖缝相互错开 $\frac{1}{2}$ 砖长，平砌层与侧砌层之间的竖缝错开 $\frac{1}{4}$ 砖长。这种砌法比较费工，仅适用于 180 mm 或 300 mm 厚的墙。

此外，还有全顺式、全丁式等砌法，分别适用于砌半砖厚和砌圆弧形的墙。

（二）空心砖墙的组砌形式

规格为 190 mm×190 mm×90 mm 的承重空心砖一般是整砖顺砌，上下皮竖缝相互错开 $\frac{1}{2}$ 砖长（100 mm）。如有半砖规格的砖，也可采用每皮整砖与半砖相隔的梅花丁砌筑形式（图 4-15）。

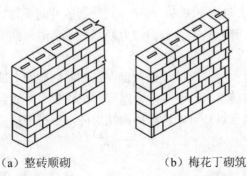

（a）整砖顺砌　　　　　　（b）梅花丁砌筑

图 4-15　190 mm×190 mm×90 mm 空心砖组砌形式

二、砖砌体的砌筑工艺

砖砌体的砌筑包括抄平、弹线、摆样砖（铺底）、立皮数杆、立头角挂线、铺灰砌砖、勾缝、清理墙面等工序。

1. 抄平

砌砖墙前应先在基础防潮层或楼面上，按设计标高用水准仪对各外墙转角处和纵横墙交接处进行抄平，设置出标高的标志，然后用 M7.5 水泥砂浆或 C10 细石混凝土找平，以保证砌体底层平整而且标高符合要求。

2. 弹线

根据龙门板或引桩上给定的轴线及图纸上标注的墙体尺寸，在基础顶面上用墨线弹出墙的轴线、墙的宽度线及门洞口位置线。

3. 摆样砖（铺底）

摆样砖是指在弹好线的基面上，按组砌形式先用砖试摆，核对所弹出的门洞位置线、窗口、附墙垛等处的墨线是否符合砖的模数，以便调整灰缝，使砖块的排列和砌体灰缝均匀，组砌得当。

4. 立皮数杆

砖墙用的皮数杆一般以一个楼层高度进行制作。皮数杆上划有每皮砖和砖缝厚度及门窗洞口，过梁、楼板、梁底、预埋件等标高位置。它是砌筑时控制砌体竖向尺寸的标志。皮数杆一般立于墙的转角处（四大角）、内外墙交接处、楼梯间以及洞口多的地方，每隔 10～15 m 立一根。

5. 立头角挂线

头角又称墙角，是砌墙挂线确定墙面横平竖直的主要依据。一般先根据皮数杆砌起头角（立头角），然后在头角上挂起准线，再照线砌中间的墙身。

6. 铺灰砌砖

砖砌体的砌筑有"三一"砌砖法、挤浆法、刮浆法和满口灰法等方法，其中"三一"砌法和挤浆法应用最广。

（1）"三一"砌法即是一块砖、一铲灰、一揉压并随手将挤出的砂浆刮去的砌筑方法。它的优点是灰缝容易饱满、黏结力好，墙面整洁。砌筑实心砖砌体宜用"三一"砌法。

（2）挤浆法是用灰勺、大铲或铺灰器在已砌好的砖面上铺一段砂浆，然后双手拿砖或单手拿砖，将砖挤入砂浆中一定厚度后把砖放平，达到下齐边、上顶线、横平竖直的要求。它的优点是可以连续挤砌几块砖，平推平挤使灰缝饱满，效率高，易保证砌筑质量。

7. 勾缝、清理墙面

勾缝是砌清水砖墙的最后一道工序。砖墙面勾缝形式有平缝、凹缝、凸缝、斜缝等，常用的是凹缝和平缝，勾缝方法有原浆勾缝和加浆勾缝两种。加浆勾缝用的砂浆为1：1～1：1.5的水泥砂浆，砂用细砂，用于清水外墙上。勾缝前应清除墙面上黏结的砂浆、灰尘污物等，并洒水湿润。勾缝必须横平竖直、深浅一致，勾缝完毕后还应扫去墙面及缝边沾着的泥浆。十字缝搭接应平整，不得有瞎缝、丢缝、裂缝和黏结不牢等现象。

三、砖砌体的质量要求和保证措施

砖砌体总的质量要求是：横平竖直，砂浆饱满，上下错缝，内外搭接。砖砌体的尺寸和位置的允许偏差见表4-3。

表4-3　砖砌体的允许偏差

项次	项目			允许偏差/mm			检验方法
				基础	墙	柱	
1	轴线位移			10	10	10	用经纬仪测量
2	基础顶面和楼面标高			±15	±15	±15	用水准仪测量
3	墙面垂直度	每层		—	5	5	用2 m托线板检查
		全高	小于或等于10 m	—	10	10	用经纬仪测量或吊线和尺检查
			大于10 m	—	20	20	
4	表面平整度	清水墙、柱		—	5	5	用2 m直尺和楔形塞尺检查
		混水墙、柱		—	8	8	
5	水平灰缝平直度	清水墙		—	7	—	用10 m线和尺检查
		混水墙		—	10	—	
6	水平灰缝厚度（10皮砖累计数）			—	±8	—	与皮数杆比较，用尺检查
7	清水墙游丁走缝			—	20	—	吊线和尺检查，以每层第一皮砖为准
8	外墙上下窗口偏移			—	20	—	用经纬仪测量和吊线检查，以底层窗口为准
9	门窗洞口宽度（后塞口）			—	±5	—	用尺检查

1. 灰缝应横平竖直，砂浆饱满

砖砌体的水平灰缝应满足平直度的要求，灰缝厚度一般为8 mm，砌筑时必须按皮数杆挂线砌筑。竖向灰缝必须垂直对齐，对不齐而错位（称为游丁走缝）将影响墙体外观质量。

砌体灰缝砂浆饱满与否对砌体强度影响很大。砂浆饱满的程度以砂浆饱满度表示，砌体水平灰缝的砂浆饱满度要达到80%以上。造成灰缝砂浆不饱满的主要原因

是 M 2.5 及以下的水泥砂浆和易性差，挤浆困难，不能把铺刮后的空穴挤平；铺灰过长，砌筑速度跟不上，会使砂浆因水分被吸收，造成砂浆过稠而不易挤揉；用干砖砌筑使砂浆早期脱水等。因此，应改善砂浆的和易性，确保灰缝砂浆饱满和提高黏结强度；应采用"三一"砌法；严禁用干砖砌筑。对于抗震设防地区，在寒冬无法浇砖的情况下不宜进行砌筑施工。

2. 墙体应垂直，墙面平整

墙体垂直与否，直接影响墙体的稳定性；墙面平整与否，直接影响墙体的外观质量。在施工过程中应经常用 2 m 托线板检查墙面垂直度，用 2 m 直尺和楔形塞尺检查墙体表面平整度，发现问题要及时纠正。

3. 应错缝搭接

砌体应按规定的组砌方式错缝搭接砌筑，不准出现通缝，以保证砌体的整体性和稳定性。

4. 接槎可靠

砖墙的接槎与房屋的整体性有关，应尽量减少或避免。砖墙的转角处和纵横墙交接处应同时砌筑，不能同时砌筑处，应砌成斜槎（踏步槎），斜槎长度不应小于墙高的 $\frac{2}{3}$（图 4-16）。如留斜槎确有困难时，除转角处外也可做成直槎，但必须做成阳槎，并加设拉结钢筋。拉结筋数量为每 120 mm 墙厚放置一根直径 6 mm 的钢筋；其间距沿墙高不应超过 500 mm；埋入长度从墙的留槎处算起，每边均不应小于500 mm；末端尚应弯成 90°弯钩（图 4-17）。抗震设防地区建筑物的临时间断处不得留直槎。

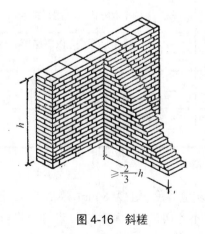

图 4-16 斜槎

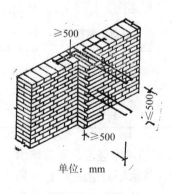

单位：mm

图 4-17 直槎

隔墙与墙或柱如不同时砌筑而又不留成斜槎时，可于墙或柱中引出阳槎，或于墙或柱的灰缝中预埋拉结筋（其构造同上述，但每道不得少于 2 根）。抗震设防地区建筑物的隔墙除应留阳槎外,沿墙高每 500 mm 应配置 2 根 $\phi6$ 钢筋与承重墙或柱拉结,伸入每边墙内的长度不应小于 500 mm。

砖砌体接槎时,必须将接槎处的表面清理干净,浇水湿润,并应填实砂浆,保持灰缝平直。

5. 预留脚手眼和施工洞口

砖墙砌到一定高度,就要搭设脚手架。当使用单排脚手架时,横向水平杆的一端就要支放在砖墙上。砌砖时就要预先准确地留出脚手眼,一般在 1.0 m 高处开始留,水平间距 1.0 m 左右留一个。然后在脚手眼上砌三皮砖,保护砌好的砖。如果采用铁杆,在砖墙上留一个丁字孔洞即可,不必留太大。

四、特殊构筑物的砌筑

(一)雨水口的施工要点

雨水口的施工通常采用砌筑作业。砌筑前按道路设计边线和支管位置,定出雨水口的中心线桩,使雨水口的一条长边必须与道路边线重合。按雨水口中心线桩开槽,注意留出足够的肥槽,开挖至设计深度。槽底要仔细夯实,遇有地下水时应排除地下水并浇筑 C10 混凝土基础。如井底为松软土时,应夯筑 3 : 7 灰土基础,然后砌筑井墙。

砌井墙时,应按如下工艺进行:

(1)按井墙位置挂线,先砌筑井墙一层,然后核对方正。一般井墙内口为 680 mm×380 mm 时,对角线长 779 mm;内口尺寸为 680 mm×410 mm 时,对角线长 794 mm;内口尺寸为 680 mm×415 mm 时,对角线长 797 mm。

(2)砌筑井墙。井墙厚 240 mm,采用 MU10 砖和 M10 水泥砂浆按一顺一丁的形式组砌。砌筑时随砌随刮平缝,每砌高 300 mm 应将墙外肥槽及时回填夯实。砌至雨水口连接管或支管处应满卧砂浆,砌砖已包满管道时应将管口周围用砂浆抹严抹平,不能有缝隙,管顶砌半圆砖券,管口应与井墙面齐平。当支管与井墙必须斜交时,允许管口入墙 20 mm,另一侧凸出 20 mm,超过此限值时,必须调整雨水口位置。井口应与路面施工配合同时升高,井底用 C10 豆石混凝土抹出向雨水口连接管集水的泛水坡。

(3)井墙砌筑完毕后安装井圈时,内侧应与边石或路边成一直线,满铺砂浆,找平坐稳。井圈顶与路面齐平或稍低,但不得凸出。井圈安装好后,应用木板或铁板盖住,以防止在道路面层施工时压坏。

雨水口砌筑完毕后,内壁抹面必须平整,不得起壳裂缝,支管必须直顺,不得有错口,管口应与井壁平齐,井周围回填土必须密实,其允许偏差见表4-4。

表 4-4　雨水口允许偏差

项次	项目	允许偏差/mm	检验频率		检验方法
			范围	点数	
1	井圈与井壁吻合	10	座	1	用尺量
2	井口高	0 −10	座	1	与井周围路面比
3	雨水口与路边线平行位置	20	座	1	用尺量
4	井内尺寸	+20 0	座	1	用尺量

（二）检查井的施工要点

我国目前应用最多的是砖砌检查井，检查井的井壁厚度为 240 mm，采用全丁式或一顺一丁式的方式砌筑。砌筑时应注意以下几点。

（1）检查井的流槽，应与井壁同时砌筑。当采用砖、石砌筑时，表面应用水泥砂浆分层压实抹光，流槽应与上下游管道底部接顺。

（2）井室内的踏步和脚窝应随砌随安（留），其尺寸要符合设计规定，砌筑砂浆未达到规定强度前不得踩踏。

（3）各种预留支管应随砌随安，管口应与井内壁平齐，其管径、方向和标高均应符合设计要求，管与井壁衔接处应严密不得漏水。如用截断的短管时，其断管破茬不得朝向井内。

（4）砖砌圆形检查井时，应随时检测直径尺寸，当需要收口时，如为四面收进，则每次收进应不超过 30 mm；如为三面收进，则每次收进不超过 50 mm。

（5）检查井接入较大直径圆管时，管顶应砌砖券加固。当管径大于或等于 1 000 mm 时，拱券高应为 250 mm；管径小于 1 000 mm 时，拱券高应为 125 mm。

（6）检查井的井室、井筒内壁应用原浆勾缝。如有抹面要求时，内壁抹面应分层压实，外壁应用砂浆搓缝挤压密实。并且，盖座与井室相接触的一层砖必须是丁砖。

（7）检查井应边砌边四周同时回填土，每层填土高度不宜超过 300 mm，必要时可填灰土或砂。砌筑时，井壁不得有通缝，砂浆要饱满，灰缝平整，抹面压光，不得有空鼓、裂缝等现象。井内流槽应平顺，踏步安装应牢固准确，井内不得有建筑垃圾等杂物。井盖要完整无损，安装平稳，位置正确，其允许偏差见表 4-5。

五、砖砌体施工的安全技术

砌筑操作前必须检查操作环境是否符合安全要求，道路是否畅通，机具是否完好牢固，安全设施和防护用品是否齐全，经检查符合要求后方可施工。

砌基础时，材料应离开槽（坑）边 1.0 m 以上堆放，并检查槽（坑）壁土质的变化情况。

表 4-5　检查井允许偏差

项次	项目		允许偏差/ mm	检验频率		检验方法
				范围	点数	
1	井身尺寸	长、宽	±20	座	2	用尺量，长、宽各计一点
		直径	±20	座	2	用尺量
2	井盖与路面 高程差	非路面	±20	座	1	用水准仪测量
		路面	±5	座	1	用水准仪测量
3	井底高程	$D \leqslant 1\,000\ mm$	±10	座	1	用水准仪测量
		$D > 1\,000\ mm$	±15	座	1	用水准仪测量

　　砌墙时，高度超过 1.2 m 时，就应搭设脚手架。架上材料不得超过规定荷载标准值，堆砖高度不得超过三皮侧砖，同一块脚手板上的操作人员不得超过两人，并按规定搭设安全网。不准站在墙顶上做划线、刮缝及清扫墙面或检查大角垂直等工作；不准用不稳固的工具或物体在脚手板上垫高操作；不准在超过胸部以上的墙体上进行砌筑，以免将墙体撞倒；不准在墙顶或架上修石材，以免震动墙体影响质量或石片掉下伤人；不准徒手移动墙上的石块，以免压破或擦伤手指。砍砖时应面向墙体砍打，不要掉砖伤人；垂直传递砖块时，必须认真仔细，避免伤人。已砌好的山墙，应用临时联系杆（如檩条等）放置在各跨山墙上，使其联系稳定，或者采用其他有效的加固措施。雨季应落实防雨措施，以防雨水冲走砂浆，致使砌体倒塌。禁止在刚砌好的墙体上面走动，以免发生危险和质量事故。

复习与思考题

1. 砌筑砂浆有哪些种类？
2. 砌筑材料的垂直、水平运输机械有哪些？各有什么优缺点？
3. 脚手架的作用、要求、类型和适用条件各是什么？
4. 砖砌体的组砌形式有哪些？
5. 砖砌体的施工工艺有哪些？各如何施工？
6. 雨水口、检查井的砌筑要点有哪些？
7. 砖砌体施工总的质量要求是什么？
8. 砖砌体施工的安全技术措施有哪些？

第五章　管道工程施工与安装

环境工程施工中，经常遇到的管道工程主要是室内和室外的给、排水管道。室外管道以开槽施工为主，室内管道以安装为主。因此，本章主要介绍室外给、排水管道的开槽施工工艺和室内给、排水管道的安装工艺。

第一节　室外给水管道开槽施工

一、室外给水管材

（一）铸铁管

铸铁管主要用作埋地给水管，与钢管相比具有制造容易、价格低廉、耐腐蚀性强等优点；其工作压力一般不超过 0.6 MPa。但我国生产的埋地铸铁管主要为承插式，分砂型离心铸铁管、连续铸铁管和球墨铸铁管三种。

砂型离心铸铁管的插口端设有小台，用作挤密油麻、胶圈等填料；连续铸铁管的插口端未设小台，但在承口内壁有突缘，仍可挤密填料。砂型离心铸铁管和连续铸铁管即灰口铸铁管，由于其主要成分石墨为片状结构，使其存在质脆，抗震、抗弯能力差，重量大等缺点。

为了提高管材的韧性及抗腐蚀性，可采用球墨铸铁管。球墨铸铁管的主要成分石墨为球状结构，比灰口铸铁管的强度高、抗腐蚀性强，故其管壁薄，重量轻。但目前我国球墨铸铁管的产量低、规格少、价格较高。

（二）钢筋混凝土压力管

钢筋混凝土压力管多为承插式，按照生产工艺分为预应力钢筋混凝土管和自应力钢筋混凝土管两种，适宜做长距离输水管道，其缺点是质脆、体笨，运输与安装不便；管道转向、分支与变径等均需采用金属配件。

预应力钢筋混凝土管是在管身预先施加纵向与环向应力制成的双向预应力钢筋混凝土管，具有良好的抗裂性能，其耐电化腐蚀的性能远比金属管好。

自应力钢筋混凝土管是借膨胀水泥在养护过程中发生膨胀，张拉钢筋，而混凝土则因钢筋所给予的张拉反作用力而产生压应力。故能承受管内水压，在使用上具有与预应力钢筋混凝土管相同的优点。

此外，还有带钢筒和聚合物衬里的钢筋混凝土压力管。聚合物衬里是预先制作成薄壁无缝筒带，筒带与混凝土接触的一面有许多键，均匀地分布在一圈上，聚合物筒带的两头焊上边环，形成管子的承口和插口。

（三）钢管

钢管具有自重轻、强度高、抗应变性能比铸铁管及钢筋混凝土压力管好、接口操作方便、承受管内水压力较高、管内水流水力条件好等优点。但钢管的耐腐蚀性能差，应作防腐处理。

钢管有热轧无缝钢管和纵向焊缝或螺旋形焊缝的焊接钢管。大直径钢管通常是在加工厂用钢板卷圆焊接，称为卷焊钢管。

（四）塑料管

我国从 20 世纪 60 年代初，就开始用塑料管代替金属管做给水管道。塑料管具有良好的耐腐蚀性及一定的机械强度，加工成形与安装方便，输水能力强，材质轻、运输方便，价格便宜。但其强度较低、刚性差，热胀冷缩性大，在日光下老化速度加快。

目前国内用作给水管道的塑料管有硬聚氯乙烯管（UPVC 管）、聚乙烯管（PE 管）、聚丙烯管（PP 管）等。通常采用的管径为 15～100 mm，近年来已经使用到 300 mm 或更大的输水管道上。塑料管作为给水管道的工作压力通常为 0.4～0.6 MPa，有时可达到 1.0 MPa。

二、室外给水管道开槽施工

室外给水管道的开槽施工包括开槽、做基础、排管、下管、稳管、接口、质量检查与验收、土方回填 8 个工序。开槽与土方回填在第一章已阐述，不再重述。

（一）做基础

给水管道的基础用来防止管道不均匀沉陷造成管道破裂或接口损坏而漏水。一般情况下有以下三种基础（图 5-1）。

1. 天然基础

当管底地基土承载力较高，地下水位较低时，可采用天然地基作为管道基础。施工时，将天然地基整平，管道铺设在未经扰动的原状土上即可。

2. 砂基础

当管底为岩石、碎石或多石地基时，对金属管道应铺垫不小于 100 mm 厚的中砂或粗砂，对非金属管道应铺垫不小于 150 mm 厚的中砂或粗砂，构成砂基础，再在上面铺设管道。

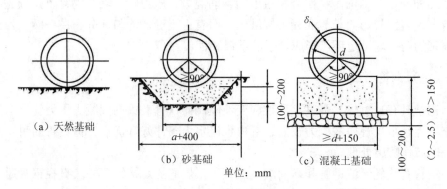

（a）天然基础　　（b）砂基础　　（c）混凝土基础

单位：mm

图 5-1　给水管道基础

3. 混凝土基础

当管底地基土质松软，承载力低或铺设大管径的钢筋混凝土管道时，应采用混凝土基础。根据地基承载力的实际情况，可采用强度等级不低于 C10 的混凝土带形基础，也可采用混凝土枕基。混凝土带形基础是沿管道全长做成的基础；而混凝土枕基是只在管道接口处用混凝土块垫起，其他地方用中砂或粗砂填实。

（二）排管

下管前，在沟槽一侧将管道排成一串，核对管节、管件无误后方可下管。排管时，对承插接口的管道，一般情况下宜使承口迎着水流方向排列；这样可减小水流对接口填料的冲刷，避免接口漏水；在斜坡地区排管，以承口朝上坡为宜；排管时环向间隙与对口间隙应满足表 5-1 的要求。

表 5-1　承插式管道接口环向间隙和对口间隙　　　　　　单位：mm

管径 DN	环向间隙	对口间隙
75	10^{+3}_{-2}	4
100～200	10^{+3}_{-2}	5
300～500	11^{+4}_{-2}	6
600～700	11^{+4}_{-2}	7
800～900	12^{+4}_{-2}	8
1 000～1 200	13^{+4}_{-2}	9

一般情况下，金属管道可采用 90°，45°，22.5°，11.25° 弯头进行管道平面转弯，如果弯曲角度小于 11°，则可管道自弯水平借转。

承插式铸铁管的允许转角见表 5-2，钢筋混凝土管允许偏角见表 5-3。

表 5-2　铸铁、球墨铸铁管沿曲线安装时接口的允许转角

接口种类	管径/mm	允许转角（°）
刚性接口	75～450	2
	500～1 200	1
滑入式 T 形、梯唇型橡胶圈接口及柔性机械式接口	75～600	3
	700～800	2
	≥900	1

表 5-3　钢筋混凝土管沿曲线安装时的允许转角

管材种类	管径/mm	允许转角（°）
预应力混凝土管	400～700	1.5
	800～1 400	1.0
	1 600～3 000	0.5
自应力混凝土管	100～800	1.5

排管时，当遇到地形起伏变化较大或翻越其他地下设施等情况时，可采用管道反弯借高找正作业。施工中，管道反弯借高主要是在已知借高高度 H 值的条件下，求出弯头中心斜边长 L 值，并以 L 值作为控制尺寸进行管道反弯借高作业。L 值的计算公式如下：

当采用 45° 弯头时，$L=1.414 \times H$

当采用 22.5° 弯头时，$L=2.611 \times H$

当采用 11.25° 弯头时，$L=5.128 \times H$

（三）下管与稳管

下管作业应有专人指挥，所用工具应牢固可靠，在混凝土基础上下管时，混凝土强度必须达到设计强度的 50% 以上才可进行。下管方法应以施工安全，操作方便，经济合理为原则；并根据管材、管径、管长、槽深等条件确定。常用的下管方法有以下几种。

1. 人工下管

常用压绳下管法。此法适用于管径为 400～800 mm 的管道。下管时，可在管子两端各套一根大绳，把管子下面的半段绳用脚踩住，上半段用手拉住，两组大绳用力一致，将管子慢慢下入沟槽。

2. 机械下管

常采用起重机。下管前作业班长应与司机一起踏勘现场，根据沟深、土质、管材堆放位置等定出起重机位置、往返线路，并清除障碍。一般情况下多采用轮胎式起重机；土质松软地段宜采用履带式起重机。

机械下管应有专人指挥，指挥人员应熟悉机械吊装、安全操作规程与指挥信号。起吊前，应配备专人实行临时交通管制，吊车不能在架空输电线路下作业，在架空线一侧作业时，起重臂、钢丝绳和管子与输电线路的垂直及水平最小净距应符合规范要求。

给水管道的稳管方法与排水管道相同，详见本章第二节。

（四）接口

1. 承插式铸铁管接口

承插式铸铁管接口按嵌缝材料和密封材料的不同，分为刚性接口、柔性接口和半柔半刚性接口。

刚性接口由嵌缝材料和密封材料组成。嵌缝材料主要有油麻、石棉绳；密封材料主要有石棉水泥、膨胀水泥砂浆等。接口形式一般为油麻—石棉水泥、石棉绳—石棉水泥、油麻—膨胀水泥砂浆等。

（1）嵌缝材料的填塞

油麻是广泛采用的一种挡水材料，以麻辫形状塞进承口与插口间的环向间隙，用錾子填打密实。麻辫的直径约为缝隙宽的 1.5 倍，其长度比插口周长长 100～150 mm，以作为搭接长度。填麻的作用是防止散状接口填料漏入管内并将环向间隙整圆，以及当外侧填料失效时对管内低压水起挡水作用。

石棉绳是油麻的代用材料，具有良好的水密性与耐高温性。但对于长期和石棉接触而造成的水质污染尚待进一步研究。

（2）密封材料的填打

① 石棉水泥的填打

石棉水泥是纤维加强水泥，有较高抗压强度，石棉纤维对水泥颗粒有很强吸附能力，水泥中掺入石棉纤维可提高接口材料的抗拉强度。水泥在硬化过程中收缩，石棉纤维可阻止其收缩，提高接口材料与管壁的黏着力和接口的水密性。

石棉水泥由Ⅳ级石棉和强度等级不低于 42.5MPa 的硅酸盐水泥配制而成，其配合比为石棉：水泥=3：7，加水量为石棉水泥总重的 10%左右，视气温与大气湿度酌情增减水量。配制前应将石棉晒干弹松，不应出现结块现象；拌合时，先将石棉与水泥干拌，拌至与石棉水泥颜色一致时，再将定量的水慢慢倒入，随倒随拌，直至拌合料捏能成团，抛能散开为止。配制的石棉水泥应在 1 h 之内用毕。

打口时应分层填打，每层实厚不大于 25 mm，灰口深在 80 mm 以上者采用四填十二打，即第一次填灰口深度的 1/2，打三遍；第二次填灰深约为剩余灰口的 2/3，打三遍；第三次填平打三遍；第四次找平再打三遍。灰口深在 80 mm 以下者可采用三填九打。打好的灰口要比承口端部凹进 2~3 mm，当听到金属回击声，水泥发青析出水分，若用力连击三次，灰口不再发生内凹或掉灰现象，接口作业即告完成。

为了提供水泥的水化条件，接口完毕后，应立即在接口处浇水养护。养护时间为 1~2 昼夜。养护方法是，春秋两季每日浇水两次；夏季在接口处盖湿草袋，每天浇水 4 次；冬季在接口抹上湿泥，覆土保温。

石棉水泥接口具有抗压强度高，成本低等优点。但其承受弯曲应力或冲击应力的性能很差，接口劳动强度大，养护时间长。

② 膨胀水泥砂浆的填塞

膨胀水泥在水化过程中体积膨胀，增加了与管壁的黏着力，提高了接口抗渗性能。

膨胀水泥由作为强度组分的硅酸盐水泥和作为膨胀剂的矾土水泥及二水石膏组成，其施工配合比为硅酸盐水泥：矾土水泥：二水石膏=1：0.2：0.2。其膨胀率不宜超过 150%，接口填料的线膨胀系数不宜超过 2%，以免胀裂管口。

膨胀水泥砂浆宜采用洁净中砂配制，配合比为膨胀水泥：砂：水=1：1：0.3。当气温较高或风力较大时，用水量可酌情增加，但最大水灰比不宜超过 0.35。

接口操作时，分层填塞膨胀水泥砂浆，并用錾子将各层捣实，最外一层找平，比承口边缘凹进 1~2 mm 即可。然后进行湿养护，养护时间为 12~24 h。

实践表明，膨胀水泥砂浆除用作一般条件下管道接口材料之外，还可用于抢修工程的管道接口作业。此时，配合比为膨胀水泥：砂：水=1.25：1.00：0.30，另外再加水泥重量 4%的氯化钙，接口完毕，养护 4~6 h 后即可通水。但应特别注意控制氯化钙的投加量，若其投加量大于 4%，强度增加到一定值后，会因继续膨胀而损坏管接头。加入氯化钙的膨胀水泥砂浆应在 30~40 min 内用毕。

（3）铅接口

铅接口具有较好的抗震、抗弯性能，接口的破损率比石棉水泥接口低。由于铅具有柔性，接口时仅需锤铅，操作完毕便可立即通水，所以尽管铅含毒性，一般情况下不作管道接口填料，但在新旧管子连接开三通或堵漏抢修工程中，仍采用铅接口。

铅的纯度应在 90%以上，经加热熔化后灌入接口内，其熔化温度在 320℃左右，当熔铅呈紫红色时，即为灌铅适宜温度，灌铅的管口必须干燥，雨天禁止灌铅，否则易引起溅铅或爆炸。灌铅前应在管口安设石棉绳，绳与管壁间的接触处敷泥堵严，并留出灌铅口。

每个铅接口应一次灌完，灌铅凝固后，先用铅錾切去铅口的飞刺，再用薄刃錾子贴紧管身，沿插口管壁敲打一遍，一錾压半錾，而后逐渐改用较厚刃錾子重复上法各打一遍至打实为止，最后用厚刃錾子找平。

半柔半刚性接口的嵌缝材料为胶圈，密封材料为石棉水泥或膨胀水泥砂浆等刚性材料，即用橡胶圈代替刚性接口中的油麻构成半柔半刚性接口。橡胶圈具有足够的水密性和弹性，当接口产生一定量的轴向位移或角位移时也不致渗水。

橡胶圈外观应粗细均匀，椭圆度在允许范围内，质地柔软，无气泡，无裂缝，无重皮，接头平整牢固，内径一般为插口外径的 0.86 倍，压缩率以 35%～40%为宜。

打胶圈前，应先清除管口杂物，并将胶圈套在插口上。打口时，将胶圈紧贴承口，胶圈模棱应在一个平面上，不能成麻花形，先用錾子沿管外皮着力将胶圈均匀地打入承口内，开始打时，须按二点、四点、八点……慢慢扩大的对称部位用力锤击。胶圈要打至插口小台，吃深要均匀，不可在快打完时出现多余的一段形成像"鼻子"形状的"闷鼻"现象，也不能出现深浅不一致及裂口等现象。若有一处难以打进，表明该处环向间隙太窄，可用錾子将此处撑大后再打。

胶圈填打完毕后，外层填塞石棉水泥或膨胀水泥砂浆，方法同刚性接口。

刚性接口和半柔半刚性接口的抗应变能力差，受外力作用容易产生填料碎裂与管内水外渗等事故，尤其在软弱地基地带和强震区，接口破损率高。为此，可采用柔性接口。常用的柔性接口有以下几种。

① 楔形橡胶圈接口

如图 5-2 所示，承口内壁为斜形槽，插口端部加工成坡形，安装时在承口斜槽内嵌入起密封作用的楔形橡胶圈。由于斜形槽的限制作用，胶圈在管内水压的作用下与管壁压紧，具有自密性，使接口对承插口的椭圆度、尺寸公差、插口轴向位移及角位移等均具有一定的适应性。实践表明，此种接口抗震性能良好、施工速度快、劳动强度低。

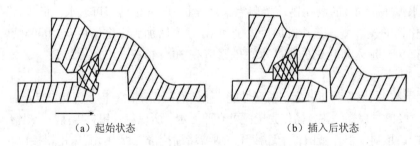

（a）起始状态　　　　　　　　　　（b）插入后状态

图 5-2　承插口楔形橡胶圈接口

② 其他形式橡胶圈接口

铸铁管可采用角唇形、圆形、螺栓压盖形和中缺形胶圈接口（图 5-3）。

螺栓压盖形的主要优点是抗震性能良好，安拆与维修方便；缺点是配件较多，造价较高。中缺形是插入式接口，接口仅需一个胶圈，操作简单，但承口制作尺寸要求较高。角唇形的承口可以固定安装胶圈，但胶圈耗胶量较大，造价较高；圆形则具有耗胶量小,造价低的优点,但仅适用于离心铸铁管。

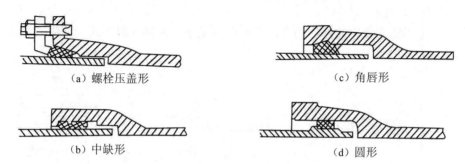

(a) 螺栓压盖形   (c) 角唇形

(b) 中缺形   (d) 圆形

图 5-3　其他橡胶圈接口形式

2. 钢筋混凝土压力管接口

钢筋混凝土压力管多采用承插式橡胶圈接口,其胶圈断面为圆形,能承受 1.0 MPa 的内压及一定量的沉陷、错口和弯折;抗震性能良好,在地震烈度 10 度左右时接口无破损现象;胶圈埋置地下耐老化性能好,使用期可长达数十年。

接口时用产生推力或拉力的装置使胶圈均匀而紧密地就位,常用撬杠顶力法、拉链顶力法或千斤顶顶入法等。北京市政工程研究院生产的DKJ多功能快速接管机,可自动对口和纠偏,施工方便快捷。

为达到密封不漏水的目的,要合理选择胶圈直径。管子在出厂时均盖有所配胶圈直径的字样,但因批量生产,往往有漏检部位,在施工现场应复检。插口工作台因制作管模由插口钢圈控制,其误差大都在允许公差范围以内,可不复检;但承口工作面误差较大,必须复检。常用胶圈尺寸与公差见表 5-4。

表 5-4　胶圈尺寸与公差
　　　　　　　　　　　　　　　　　　　　　　　　　　　　　　单位:mm

管内径	胶圈直径	胶圈内环径	环径系数
400	22 ± 0.5	439 ± 5	0.87
600	24 ± 0.5	622 ± 5	0.87
800	24 ± 0.5	807 ± 5	0.87
1 000	26 ± 0.5	$1\,000\pm5$	0.87

钢筋混凝土压力管采用胶圈接口时一般不需做封口处理,但遇到对胶圈有腐蚀性的地下水或靠近树木处应进行封口处理。

3. 钢管接口

埋地钢管主要采用焊接接口,管径小于 100 mm 时可采用螺纹接口。焊接接口通常采用气焊、手工电弧焊和接触焊等方法,在施工现场多采用手工电弧焊。

（1）手工电弧焊

① 焊缝形式与对口

为了提高管口的焊接强度，应根据管壁厚度选择焊缝形式，常用的焊缝形式如图 5-4 所示。

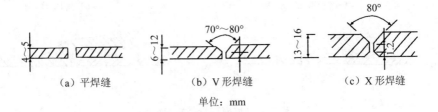

（a）平焊缝　　　　（b）V 形焊缝　　　　（c）X 形焊缝

单位：mm

图 5-4　焊缝形式

管壁厚度 $\delta <$6 mm 时，采用平焊缝；$\delta =$6～12 mm 时，采用 V 形焊缝；$\delta >$ 12 mm 并且管径尺寸允许焊工进入管内施焊时，应采用 X 形焊缝。焊接时两管端对口的允许错口量见表 5-5。

表 5-5　钢管焊接管端对口允许错口量　　　　　　　　　　单位：mm

管壁厚度	2.5	3.0	3.5	4.0	5.0	6.0	7.0	8.5	10
允许错口量	0.25	0.30	0.35	0.40	0.50	0.60	0.70	0.80	0.90

② 焊接方法

如图 5-5 所示，依据电焊条与管子间的相对位置分为平焊、立焊、横焊与仰焊等，焊缝分别称为平焊缝、立焊缝、横焊缝及仰焊缝。平焊易于施焊，质量易得到保证。焊管时尽量采用平焊，为此可以转动管子，变换管口位置。

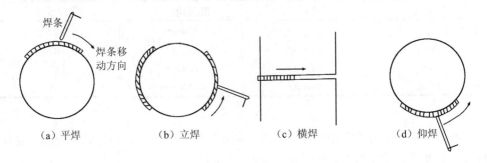

（a）平焊　　　　（b）立焊　　　　（c）横焊　　　　（d）仰焊

图 5-5　焊接方法

焊接口的强度一般不低于管材本身强度。为此，要求焊缝通焊，并可采用多层焊接。若管子直径较小，则应采用加强焊。

　　钢管在槽内焊接操作困难，质量不易保证，应尽量减少槽内施焊。一般在地面上焊成一长串后下到沟槽内，即长串下管法。

　　槽外焊接有转动焊与非转动焊两种方法。为了焊接时保证两管相对位置不变，应先在焊缝上点焊三四处。转动焊在焊接时绕管纵轴转动，避免仰焊。管口三层焊缝分段焊接时，其焊接次序如图 5-6 所示。第一层焊缝，先由 A 点焊至 B 点，再由 D 点焊至 C 点；然后将管子旋转 90°，由 D 点焊至 A 点，再由 C 点焊至 B 点。第二焊层是沿着一个方向将管周全部长度一次焊完，并可始终采用平焊缝，为此，应将管子转动 4 次。第二层焊缝长，采用较粗的焊条。第三层与第二层的焊法一样，但管子转动方向相反，以减少收缩应力。

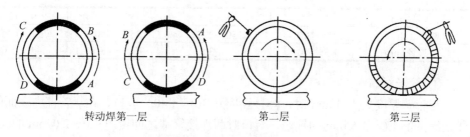

转动焊第一层　　　　　　　　　　第二层　　　　　　　　　第三层

图 5-6　管道三层焊缝转动焊

　　大口径钢管管节长，自重大，转动不便，可采用不转动焊接（固定口焊接），施焊方向自下而上，最好两侧同时施焊。为了减少收缩应力，第一层焊缝分三段焊接，以后各层可采用两段焊接。各次焊接的起点应当错开（图 5-7）。

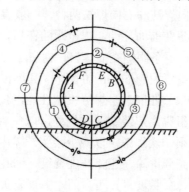

图 5-7　管道不转动的焊接次序

　　长距离钢管接口焊接还可采用接触焊，焊接质量好，并可自动焊接。

　　焊缝的质量检查包括外观检查和内部检查，每个管口均应检查。外观缺陷主要有焊缝形状不正、咬边、焊瘤、弧坑、裂缝等；内部缺陷有未焊缝、夹渣、气孔等。焊缝内部缺陷通常采用煤油检查法进行检查，即在焊缝一侧（一般为外侧）涂刷大白浆，在焊缝另一侧涂煤油，经过一定时间后，若在大白浆面上渗出煤油斑点，表明焊缝质量有缺陷。此外，还应作水压与气压试验。

（2）气焊

气焊接口适用于壁厚小于 4 mm 的临时性给水管道，因条件限制不能采用电焊作业的场合，也可用气焊进行较大壁厚的钢管接口。

气焊是借助氧气和乙炔气体混合燃烧产生的高温火焰来熔化焊接金属，在施焊部位熔化时填充焊条焊接。施焊时按管壁厚选择焊嘴和焊条（表 5-6）。

表 5-6　管道焊接时焊嘴与焊条的选择

管壁厚/mm	1～2	3～4	5～8	9～12
焊嘴/（L/h）	75～100	150～225	350～500	750～1 250
焊条直径/mm	1.5～2.0	2.5～3.0	3.5～4.0	4.0～5.0

① 管子对口

当管壁厚度大于 3 mm 时，焊接端应开30°～40°坡口，在靠管壁内表面的垂线边缘上留 1.0～1.5 mm 的钝边，对口时两焊接管端之间留出 1.0～2.0 mm 的间隙；管壁厚度为 2～3 mm 的管子，焊接端可不开坡口，对口间隙仍为 1.0～2.0 mm；管壁厚度小于 2 mm 的管子，可采用卷边焊接，对口时不留间隙。

管子对口找正后，先点焊固位，按口径大小点焊 3～4 处，每次点焊长度为 8～12 mm，点焊高度为管壁厚的 2/3。

② 焊接方法

气焊的操作方法有左向焊法与右向焊法两种，一般宜采用右向焊法。

采用左向焊法时，焊条在前面移动，焊枪跟随在后，自右向左移动；采用右向焊法时，焊枪在前头移动，焊条跟随在后，自左向右运动。

右向焊法适用于焊接壁厚大于 5 mm 的管件，其焊接速度比左向焊法快 18%，氧与乙炔的消耗量减少 15%，还能改善焊缝机械性能，减少金属的过热及翘曲。

施焊时，焊条末端不得脱离焊缝金属熔化处，以免氧、氮深入焊缝金属，降低焊口机械性能。各道焊缝须一次焊毕，以减少接头，需中断焊接时，焊接火焰应缓缓离开，以使焊缝中气体充分排除，避免产生裂纹、缩孔或气孔等现象。

气焊焊缝的外观检查、质量要求，可参照电弧焊有关规定进行。

气焊作业中应做到：点火前须先微开氧气阀，后开乙炔阀，之后再点火；也可先开乙炔阀，后开氧气阀再点火。这样做能防止产生回火现象。熄灭时，焊炬须先关乙炔阀，再关氧气阀。

可燃气体在炬体内燃烧，向胶管及乙炔发生器扩散的现象称回火。这是一种可能引起爆炸的因素。发生回火时，可采用以下急救措施：

➤ 焊炬混合室内发出"嗡、嗡"之声时，可先关上乙炔阀，再关上氧气阀，稍停片刻再开启氧气阀，将混合室内烟灰吹掉，正常后使用；

➤ 胶管燃烧时，速去掉乙炔胶管，切断回路，关闭乙炔总阀与氧气瓶阀；

➤ 在乙炔发生器上安装防爆膜，在胶管及发生器间装置回火防止器作为预防回火措施。

（3）塑料管接口

硬聚氯乙烯塑料管接口见表 5-7；聚丙烯塑料管接口见表 5-8。

表 5-7　硬聚氯乙烯塑料管接口方式与做法

接口方式	安装程序	注意事项
焊接	焊枪喷出 200～240℃的热空气，焊条与管材同时受热达塑料软化温度时，使焊条与管件相互黏接而焊牢	焊接温度不要超过塑料软化点，以免造成燃烧而无法连接
法兰连接	一般采用可拆卸的塑料法兰接口，法兰与管口间焊接连接	法兰面应与接口垂直，垫圈为橡胶皮垫
承插黏接	先进行承口扩口作业。即将工业甘油加热到 140℃，管子插入油中的深度为承口长度再加 15 mm，1 min 左右后将管子取出，并在定型钢模上撑口，然后在冷水中冷却后拔出冲子，扩口作业即完成。黏接前，用丙酮将承插口接触面擦洗干净，涂一层"601"黏接剂，再将插口插入承口内连接	"601"黏接剂的配比为过氯乙烯树脂：二氯乙烷=0.2：0.8 黏接剂应均匀适量涂刷，切勿在承插口与接口缝隙处填充异物
胶圈连接	将胶圈套入承口槽内使其紧贴凹槽内壁，在胶圈与插口斜面涂一层润滑油，再将插口推入承口内	胶圈不得有裂纹、扭曲及其他损伤，插入时如阻力很大应立即退出，检查原因后再插入，防止硬插而损坏胶圈

表 5-8　聚丙烯塑料管接口方式与做法

接口方式	安装程序	适用条件
焊接	将待连接管的两端做成坡口，用焊枪喷出 240℃左右的热空气使管道两端和聚丙烯焊条同时熔化，再将焊枪沿加热部位后退即成	适用于压力较低的条件下
加热插黏接	将工业甘油加热到 170℃左右，把待安管端插入甘油内加热，变软后从油中取出，将已安管端涂抹黏接剂，插入待安管中冷却后即成	适用于压力较低的条件下
热熔压紧法	将两待安管管端对好，使 50℃左右恒温电热板加置于两管端间，当管端熔化后将电热板抽出，再用力压紧熔化的管端面，冷却后即成	适用于中、低压力的条件下
钢管插入搭接法	把待安管管端插入 170℃左右的工业甘油中加热后取出，将钢管的一端插入到熔化的管端内，冷却后在接头部位用铅丝绑扎，同样方法再连接另一端，使两条待安管通过钢短管插入连接而成	适用于压力较低的条件下

聚乙烯塑料管可采用以下方法接口：

（1）丝扣连接法

将两管管端用带丝轻溜一道丝扣，然后和管件两端的丝扣拧紧，接口即成。

（2）焊接法、承插黏接法、热熔压紧法及钢管插入搭接法

此四种方法前已述及，不再重述。

（五）管道质量检查与验收

1．管道试压

给水管道试压是施工质量检查的重要措施，其目的是检查接口质量，暴露管材及管件强度、砂眼、裂纹等缺陷，以衡量施工质量是否达到设计要求，是否符合验收规范要求。

（1）试验压力值的确定

水压试验压力值的确定，见表5-9。

表 5-9　给水管道水压试验压力值的确定　　　　　　　单位：MPa

管材种类	工作压力 P	试验压力
钢　管	P	$P+0.5$ 且不小于 0.9
普通铸铁管及球墨铸铁管	$P<0.5$	$2P$
	$P \geqslant 0.5$	$P+0.5$
预应力钢筋混凝土管与自应力钢筋混凝土管	$P<0.6$	$1.5P$
	$P \geqslant 0.6$	$P+0.3$
化学建材管	$P \geqslant 0.1$	$1.5P$ 且不小于 0.8
现浇或预制钢筋混凝土管渠	$P \geqslant 0.1$	$1.5P$
水下管道	P	$2P$

（2）试压前的准备工作

① 分段

试压管道不宜过长，否则很难排尽管内空气，影响试压的准确性；管道在部分回填土条件下试压，管线太长，查漏困难；在地形起伏大的地段铺管，须按各管段实际工作压力分段试压；管线分段试压有利于对管线分段投入使用，可尽早发挥效益。

试压分段长度一般为 500～1 000 m；管线转弯多时可采用 300～500 m；湿陷性黄土地区应取 200 m；管道通过河流、铁路等障碍物地段须单独进行试压。

② 排气

试压前必须排气，否则试压管道发生少量漏水时，从压力表上就难以显示，并且压力表指针不稳。排气孔通常设置在起伏的顶点处，对长距离水平管道，须进行多点开孔排气。

③ 泡管

管道灌水应从低处开始，以排除管内空气。灌水之后，为使管道内壁与接口填料充分吸水，需要一定的泡管时间。一般铸铁管、钢管、化学建材管泡管 1～2 昼夜；钢筋混凝土压力管泡管 2～3 昼夜。但遇到管道施工期间地下水位较高，外养护条件较好时，泡管时间可酌情减少。

④ 加压设备

为了观察管内压力升降情况，须在试压管段两端分别装设压力表。为此，须在管端的法兰堵板上开设小孔，以便连接。

加压设备可视试压管段管径大小选用。一般当试压管段管径小于 300 mm 时，采用手摇泵加压；当试压管径大于或等于 300 mm 时，采用电泵加压。

⑤ 支设后背

试压时，管子堵板与转弯处会产生很大压力，试压前必须设置后背。后背支设的要点是：

➤ 采用原有管沟土做后座墙时，其墙厚不得小于 5 m，后座墙支撑面积可视土质与试验压力值而定，一般土质可按承压 0.15 MPa 考虑；

➤ 后座墙应与管道轴线垂直；

➤ 后背采用千斤顶支设时，管径为 400 mm 管道，可采用 1 个 30 t 螺旋千斤顶；管径为 600 mm 管道，采用 1 个 50 t 炮弹式千斤顶；管径为 1 000 mm 管道，采用 1 个 100 t 油压千斤顶或 3 个 30 t 螺旋千斤顶；

➤ 刚性接口的铸铁管，为了防止上千斤顶时对接口产生影响，靠近后背的1～3 个接口应暂不接口，待后背支设好再接口；

➤ 水压试验应在管件支墩牢固设置且达到要求强度之后进行，尚未设支墩的管件应作临时后背。

（3）水压试验方法

① 预试验阶段

该法的试验原理是：漏水量与压力下降速度及数值成正比。其试验设备布置如图 5-8 所示。

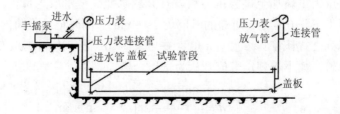

图 5-8　落压试验

预试验操作程序如下：

用手摇泵或电泵向管内灌水加压，将管道内水压缓缓升至试验压力并稳压 30 min，期间如有压力下降可注水补压，但不得高于试验压力；检查管道接口、配件等处有无漏水、损坏现象；有漏水、损坏现象时应及时停止试压，查明原因并采取相应措施后重新试压。

② 主试验阶段

停止注水补压，稳压 15 min；当 15 min 后压力下降不超过规定的允许压力下降值时，将试验压力降至工作压力并保持恒压 30 min，进行外观检查若无漏水现象，则水压试验合格。各种管道允许压力下降值为：钢管为 0；化学建材管为 0.02 MPa；其他管渠均为 0.03 MPa。

也可采用允许渗水量进行最终合格判定，该法的实验原理是：在同一管段内，压力降落相同，则其漏水总量也相同。其试验设备布置如图 5-9 所示，试验操作程序如下：

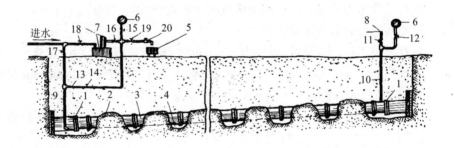

1—封闭端；2—回填土；3—试验管段；4—工作坑；5—量筒；6—压力表；7—手摇泵；8—放气口；9—水管；10，13—压力表连接管；11，12，14，15，16，17，18，19—闸门；20—龙头

图 5-9　渗水量试验

➤ 将管道加压到试验压力后停止加压，记录管道内压力下降 0.1MPa 所需的时间 T_1（min）；

➤ 再将压力重新加至试验压力后，打开放水龙头将水放入量筒，并记录第二次压力下降 0.1 MPa 所需的时间为 T_2（min），同时记录量筒内水量 W（L）；

➤ 按下列公式计算其渗水率 q 值，并与表 5-10、表 5-11 中规定的允许渗水量相比较，如小于规定数值则认为试压合格。

$$q = \frac{W}{(T_1 - T_2)L} \quad [\text{L}/(\text{min} \cdot \text{km})] \tag{5-1}$$

式中：L——试验管段的长度，km。

表 5-10　压力管道水压试验允许渗水量　　　单位：L/（min·km）

管径/mm	钢管	铸铁管球墨铸铁管	预（自）应力钢筋混凝土管	管径/mm	钢管	铸铁管球墨铸铁管	预（自）应力钢筋混凝土管
100	0.28	0.70	1.40	600	1.20	2.40	3.44
125	0.35	0.90	1.56	700	1.30	2.55	3.70
150	0.42	1.05	1.72	800	1.35	2.70	3.96
200	0.56	1.40	1.98	900	1.45	2.90	4.20
250	0.70	1.55	2.22	1 000	1.50	3.00	4.42
300	0.85	1.70	2.42	1 100	1.55	3.10	4.60
350	0.90	1.80	2.62	1 200	1.65	3.30	4.70
400	1.00	1.95	2.80	1 300	1.70	—	4.90
450	1.05	2.10	2.96	1 400	1.75	—	5.00
500	1.10	2.20	3.14				

表 5-11　硬聚氯乙烯管漏水量试验的允许漏水率　　　单位：L/（min·km）

管外径/mm	黏接连接	胶圈连接
63～75	0.20～0.40	0.30～0.50
90～110	0.26～0.28	0.60～0.70
125～140	0.35～0.38	0.90～0.95
160～180	0.42～0.50	1.05～1.20
200	0.56	1.40
225～250	0.70	1.55
280	0.80	1.60
315	0.85	1.70

2．检验管道安装偏差

管道质量检查除进行管道试压外，还需对管道施工安装偏差进行检验，具体如下。

（1）钢管安装允许偏差与检验方法

① 坐标、标高的允许偏差与检验方法（表 5-12）。

表 5-12　钢管坐标、标高的允许偏差与检验方法

项目		允许偏差/mm	检验方法
坐标	架空及地沟	20	检查测量记录或用经纬仪、水准仪、直尺、拉线和尺量检查
	埋地	50	
标高	架空及地沟	±10	
	埋地	±15	

② 其他尺度安装允许偏差与检验方法（表 5-13）。

表 5-13　钢管其他尺度安装允许偏差与检验方法

项目			允许偏差/mm	检验方法
水平管道纵、横方向弯曲	架空和埋地每 10 m	DN＜100 mm	5	用水平尺、直尺、拉线和尺量检查
		DN＞100 mm	10	
	横向弯曲全长 25 m 以上		25	
立管垂直度	每 5 m		1.5	用吊线和尺量检查
	高度超过 5 m		不大于 8	
成排管段和成排阀门	在同一支线上间距		3	用拉线和尺量检查

（2）铸铁管安装允许偏差与检验方法

① 坐标、标高的允许偏差与检验方法（表 5-14）。

表 5-14　铸铁管坐标、标高的允许偏差与检验方法

项目		允许偏差/mm	检验方法
坐标		50	检查测量记录或用经纬仪、水准仪、直尺、拉线和尺量检查
标高	DN＜400 mm	±30	
	DN＞400 mm	±30	

② 其他尺度安装允许偏差与检验方法见表 5-15。

表 5-15　铸铁管其他尺度安装允许偏差与检验方法

项目		允许偏差/mm	检验方法
每 10 m 水平管纵、横方向的弯曲		15	用水平尺、直尺、拉线和尺量检查
垂直度	每 m	2	用吊线和尺量检查
	5 m 以上	不大于 10	

（3）钢筋混凝土压力管安装允许偏差与检验方法

钢筋混凝土压力管安装允许偏差与检验方法见表 5-16。

表 5-16　钢筋混凝土压力管安装允许偏差与检验方法

项目	允许偏差/mm	检验方法
坐标	50	检查测量记录或用经纬仪、水准仪、直尺、拉线和尺量检查
标高	20	

（4）塑料管安装允许偏差与检验方法

① 坐标、标高的允许偏差与检验方法见表 5-17。

② 其他尺度安装允许偏差与检验方法见表 5-18。

表 5-17 塑料管坐标、标高的允许偏差与检验方法

项目		允许偏差/mm	检验方法
坐标	架空	20	检查测量记录或用经纬仪、水准仪、直尺、拉线和尺量检查
	埋地	50	
标高	架空	±10	
	埋地	±15	

表 5-18 塑料管其他尺度安装允许偏差与检验方法

项目			允许偏差/mm	检验方法
水平管道纵、横方向弯曲	架空、埋地每 10 m		10	用水平尺、直尺、拉线和尺量检查
横向弯曲全长 25 m 以上			25	
立管垂直度	每 m		1.5	用吊线和尺量检查
	高度超过 10 m		不大于 8	
成排管段和成排阀门	在同一支线上		3	用拉线和尺量检查
	间距			
焊口平直度	管壁厚	10 mm 以内	管壁厚 1/4	用样板尺和尺量检查
		10 mm 以上		

（六）管道冲洗与消毒

1. 管道冲洗

（1）冲洗目的与要求

① 冲洗管内的污泥、脏水与杂物。当排出水与冲洗水色度和透明度相同时，即为合格。

② 冲洗管内高浓度的含氯水。当排出水符合饮用水水质标准时，即为合格。

（2）冲洗注意事项

① 冲洗管内污泥、脏水及杂物应在施工完毕后进行，一般应在夜间作业，冲洗水流速 $v \geqslant 1.0$ m/s；若排出口设于管道中间，应自两端冲洗。

② 冲洗高浓度的含氯水应在管道液氯消毒后进行；将管内含氯水放掉，注入冲洗水，水流速度可稍低些，分析和化验冲洗出水的水质。

（3）冲洗水来源

对于扩建工程和改建工程，通常利用城市管网中自来水作为冲洗水源；对于新建工程，一般用水源水冲洗。

2. 管道消毒

通常采用漂白粉消毒。管道去污冲洗后，将管道放空，再将一定量漂白粉溶解后，取上清液，用手摇泵或电泵将上清液注入管内，同时将管网中闸门打开少许，

使其流经全部需消毒管道。当这部分水自末端流出时，关闭出水闸门，使管内充满含漂白粉的水，而后关闭所有闸门，浸泡一昼夜后放水。每 100 m 管道消毒所需漂白粉数量见表 5-19。

表 5-19　100 m 管道消毒所需漂白粉数量

管径/mm	100	150	200	300	400	500
漂白粉/kg	0.13	0.28	0.50	1.13	2.01	3.14

漂白粉在使用前应进行检验，其含氯量以 25% 为标准，高于或低于 25% 时应按实际纯度折合使用量。含氯量过低的漂白粉，不宜使用。当检验出水口中已有漂白粉，且其含氯量不低于 20 mg/L 时，才可停止加漂白粉。

第二节　室外排水管道开槽施工

一、室外排水管材

（一）混凝土管与钢筋混凝土管

预制混凝土管和钢筋混凝土管制作方便，直径范围为 150～2 600 mm，为了抵抗外压，管径大于 400 mm 时，一般加配钢筋，制成钢筋混凝土管。

混凝土管与钢筋混凝土管的管口形状有平口、企口、承插口三种形式，其长度为 1～3 m，钢筋混凝土管亦可用作泵站的压力管或倒虹管。但其抗酸、碱浸蚀及抗渗性能较差、管节较短、接头多。在地震烈度大于 8 度的地区及饱和松砂、淤泥、冲填土、杂填土地区不宜采用。

（二）排水铸铁管

排水铸铁管质地坚固，抗压与抗震性强，管节较长，接头较少。但其价格较高，抵抗酸、碱的腐蚀能力较差。主要用于承受高内压、高流速或对抗渗漏要求高的场合，如穿越铁路、河流的倒虹管；陡坡地段管道、竖管式跌水井的竖管以及泵站的压力出水管等。

（三）陶土管

陶土管内表面光滑，摩阻小，不易淤积，管材致密，有一定抗渗性，耐腐蚀性好，易于制造。但其质脆易碎，管节短，接头多，材料抗折性能差。适用于排除浸蚀性污水，以及小区排水管道与市政排水管道的连接支管。

（四）新型管材

随着新型建筑材料的不断研制，用于制作排水管道的材料也日益增多，新型排水管材不断涌现，如英国生产的玻璃纤维筋混凝土管和热固性树脂管；日本生产的离心混凝土管，其性能均优于普通的混凝土管和钢筋混凝土管。在国内，口径在 500 mm 以下的排水管道正日益被 UPVC 加筋管代替，口径在 1 000 mm 以下的排水管道正日益被 PVC 管代替，口径在 900～2 600 mm 的排水管道正在推广使用塑料螺旋管（HDPE 管），口径在 300～1 400 mm 的排水管道正在推广使用玻璃纤维缠绕增强热固性树脂夹砂压力管（玻璃钢夹砂管）。但新型排水管材价格昂贵，使用受到了一定程度的限制。

二、室外排水管道开槽施工

室外排水管道的开槽施工包括开槽、做基础、排管、下管、稳管、接口、质量检查与验收、土方回填 8 个工序。开槽、下管、土方回填施工前已述及，不再重述，重点介绍其他五个工序。

（一）做基础

排水管道有三种基础：

1. 砂土基础

砂土基础又称素土基础，包括弧形素土基础和砂垫层基础（图 5-10）。

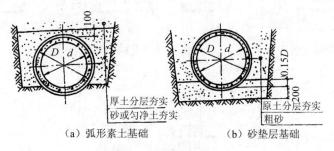

（a）弧形素土基础　　　　　（b）砂垫层基础

图 5-10　砂土基础

弧形素土基础是在沟槽原土上挖一弧形管槽，管道敷设在弧形管槽里。这种基础适用于无地下水，原土能挖成弧形（通常采用 90°弧）的干燥土壤；管道直径小于 600 mm 的混凝土管和钢筋混凝土管；管道覆土厚度在 0.7～2.0 m 的小区污水管道、非车行道下的市政次要管道和临时性管道。

砂垫层基础是在挖好的弧形管槽里，填 100～150 mm 厚的粗砂作为垫层。这种基础适用于无地下水的岩石或多石土壤；管道直径小于 600 mm 的混凝土管和钢筋混凝土管；管道覆土厚度在 0.7～2.0 m 的小区污水管道、非车行道下的市政次要管道和临时性管道。

2. 混凝土枕基

混凝土枕基是只在管道接口处才设置的管道局部基础（图 5-11）。通常在管道接口下用 C10 混凝土做成枕状垫块，垫块常采用 90°或 135°管座。这种基础适用于干燥土壤中的雨水管道及不太重要的污水支管，常与砂土基础联合使用。

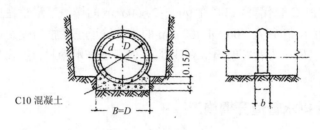

图 5-11　混凝土枕基

3. 混凝土带形基础

混凝土带形基础是沿管道全长铺设的基础，分为 90°、135°、180°三种管座形式（图 5-12）。

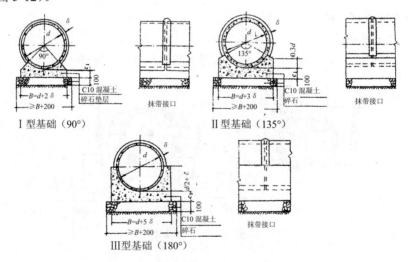

I 型基础（90°）　　　　II 型基础（135°）

III 型基础（180°）

图 5-12　混凝土带形基础

混凝土带形基础适用于各种潮湿土壤及地基软硬不均匀的排水管道，管径为 200～2 000 mm。无地下水时常在槽底原土上直接浇筑混凝土；有地下水时在槽底铺 100～150 mm 厚的卵石或碎石垫层，然后在上面再浇筑混凝土，根据地基承载力的实际情况，可采用强度等级不低于 C10 的混凝土。当管道覆土厚度在 0.7～2.5 m 时采用 90°管座，覆土厚度在 2.6～4.0 m 时采用 135°管座，覆土厚度在 4.1～6.0 m 时采用 180°管座。

在地震区或土质特别松软和不均匀沉陷严重的地段，最好采用钢筋混凝土带形基础。

（二）排管

下管前，应将管道沿沟槽一侧排成一长串，并扣除沿线检查井等构筑物所占的长度，以确定管道的实际用量。

（三）下管

排水管道的下管方法同给水管道，不再重述。

（四）稳管

稳管是排水管道施工中的重要工序，其目的是确保施工中将管道稳定在设计规定的空间位置上。通常包括对中和对高程两个环节。

对中作业是使管道中心线与沟槽中心线在同一平面上重合，如果中心线偏离较大，则应调整管子，直至符合要求为止，通常有中心线法和边线法两种。

1. 中心线法

该法是借助坡度板进行对中作业（图 5-13）。在沟槽挖到一定深度后，应沿着挖好的沟槽每隔 10 m 左右设置一块坡度板，而后根据开挖沟槽前测定管道中心线时所预留的隐蔽中线桩（通常设置在沟槽边的树下或电杆下等可靠处）定出沟槽中心线，并在每块坡度板上钉上中心钉，使各中心钉连线与沟槽中心线在同一铅垂面上。对中时，将有二等分刻度的水平尺置于管口内，使水平尺的水泡居中，此时，在两中心钉的连线上悬挂垂球，如果垂线正好通过水平尺的二等分点，表明管子中心线与沟槽中心线重合，对中完成。否则应调整管子使其对中。

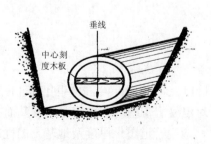

图 5-13　中心线法

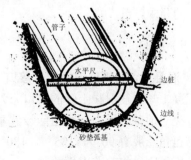

图 5-14　边线法

2. 边线法

如图 5-14 所示，边线法进行对中作业是将坡度板上的中心钉移至与管外皮相切的铅垂面上。操作时，只要向左或向右移动管子，使两个钉子之间的连线的垂线恰好与管外皮相切即可。边线法对中进度快，操作方便，但要求各节管的管壁厚度与规格均应一致。

对高程作业用于控制管道高程（图 5-15）。在坡度板上标出高程钉，相邻两块坡度板的高程钉至管内底的垂直距离相等，则两高程钉之间连线的坡度就等于管底坡度。该连线称作坡度线。坡度线上任意一点到管底的垂直距离为一常数，称作对高数（或下反数）。进行对高作业时，使用丁字形对高尺，尺上刻有坡度线与管底之间距离的标记，即对高数。将对高尺垂直置于管端内底，当尺上标记线与坡度线重合时，对高即完成，否则须予以调整。

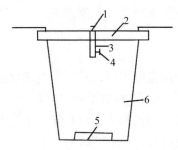

1—中心钉；2—坡度板；3—立板；4—高程钉；5—管道基础；6—沟槽

图 5-15　对高程作业

稳管高程应以管内底为准，调整管子高程时，所垫石块应稳固可靠。为便于勾缝，当管径 $D \geqslant 700$ mm 时，采用的对口间隙为 10 mm；$D < 600$ mm，可不留间隙；$D > 800$ mm，须进入管内检查对口，以免出现错口。采用混凝土管座时，应先安装混凝土垫块，稳管时垫块须设置平稳，高程满足设计要求，在管子两侧应立保险杠，以防管子由垫块上滚下伤人，稳管后应及时浇筑混凝土。稳管作业应达到平、直、稳、实的要求。

（五）接口

1. 混凝土管与钢筋混凝土管接口

混凝土与钢筋混凝土管的接口分为刚性接口、柔性接口、半柔半刚性接口三种。为了减少对地基的压力，管道应设置基础，对混凝土带型基础和混凝土枕基而言，其管座包角一般有 90°、135°、180° 三种，应视管道覆土厚度及地基土的性质选用。常用的刚性接口有以下两种：

（1）水泥砂浆抹带接口

适用于地基土质较好的雨水管道。图 5-16 为圆弧形抹带；图 5-17 为梯形抹带。水泥砂浆配合比为水泥：砂=1：2.5～3.0，水灰比为 0.4～0.5。带宽 120～150 mm，带厚均为 30 mm，抹带尺寸详见《全国通用给水排水标准图集》S_2。

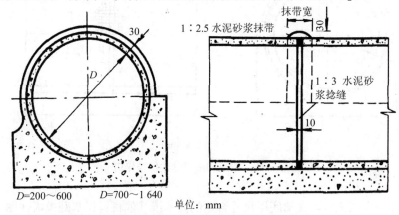

图 5-16　圆弧形水泥砂浆抹带接口

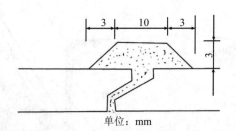

图 5-17　梯形水泥砂浆抹带接口

这种接口抗弯折性能很差，一般宜设置混凝土带型基础与管座。抹带前应将管口洗净拭干，抹带时从管座处往上抹。管径较大可进人操作时，除管外壁抹带外，还需对管内缝用水泥砂浆填塞。

（2）钢丝网水泥砂浆抹带接口

如果接口要求有较大强度，可在抹带层间埋置 20 号 10 mm×10 mm 方格钢丝网（图 5-18）。水泥砂浆分两层抹压，第一层抹完后，将管座内侧的钢丝网兜起，紧贴平放砂浆带内；再抹第二层，将钢丝网盖住。钢丝网水泥砂浆抹带接口的闭水性较好，常用作污水管道接口，管座包角采用 135°或 180°。

当小口径管道在土质较好条件下铺筑时，可将混凝土平基、稳管、管座与抹带合在一起施工，称为"四合一"施工法。此法优点是减少混凝土养护时间及避免混凝土浇筑的施工缝。

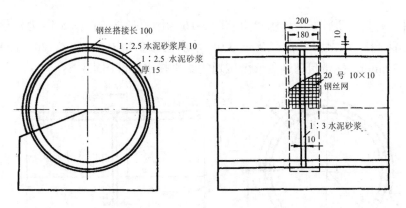

单位：mm

图 5-18 钢丝网水泥砂浆抹带接口

"四合一"施工时，在槽底用尺寸合适的方木或其他材料作基础模板（图 5-19）。先将混凝土拌合物一次装入模内；浇筑表面高出管内底设计高程 20～30 mm，然后将管子轻放在混凝土面上，对中找正后，于管两侧浇筑基座，并随之抹带、养护。

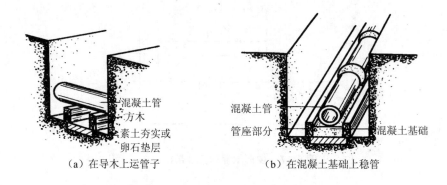

图 5-19 "四合一"施工法

"四合一"施工法是在塑性混凝土上稳管，其对中找正较困难，因此管径较小的排水管道采用此法施工较为适宜；如管径较大，可先在预制混凝土垫块上稳管，然后支模、浇筑管基、抹带和养护。但在预制垫块上稳管，增加了地基承受的荷载，在软弱地基地带易产生不均匀沉陷。

常用的柔性接口为石棉沥青卷材接口，施工时先将接口处管壁刷净烤干，涂冷底子油一层，再以沥青砂浆作黏接剂，将按配合比沥青∶石棉∶细砂=7.5∶1.0∶1.5制成的石棉沥青卷材黏结于管口处。

石棉沥青卷材接口，具有一定抗弯、抗折性，防腐性与严密性较好。适用于无地下水地基沿管道轴向沉陷不均匀地段的排水管道上（图 5-20）。

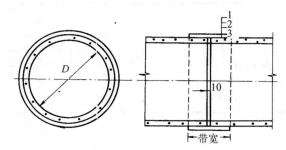

1—沥青砂浆（厚3mm）；2—石棉沥青卷材；3—沥青玛碲脂（厚3～6mm）

图5-20　石棉沥青卷材接口

常用的半柔半刚性接口为预制套环接口。预制套环与管子间的环向间隙采用石棉水泥填打严实，其配合比为水∶石棉∶水泥=1∶3∶7。也可用膨胀水泥砂浆填充，其操作方法与给水管道接口有关内容相同。适用于地基不均匀地段或地基经处理后管段有可能产生不均匀沉陷地段的排水管道上。

2. 排水铸铁管、陶土管接口

承插式排水铸铁管接口方式同承插式给水铸铁管，承插式陶土管的接口方式同承插式混凝土管，不再重述。

（六）管道质量检查与验收

1. 排水管道铺管允许偏差与检验方法

排水管道铺管允许偏差见表5-20。

表5-20　排水管道铺管允许偏差与检验方法

项　目				允许偏差/mm	
				无压管道	压力管道
垫　层			中线每侧宽度	不小于设计规定	
			高程	0 −15	
管道基础	混凝土	管座平基	中线每侧宽度	0 +10	
			高程	0 −15	
			厚度	不小于设计规定	
		管座	肩宽	+10 −5	
			肩高	±20	
			抗压强度	不低于设计规定	
			蜂窝麻面面积	两井间每侧≤1.0%	
	土弧、砂或砂砾		厚度	不小于设计规定	
			支撑角侧边高程	不小于设计规定	

项　目		允许偏差/mm	
		无压管道	压力管道
管道安装	轴线位置	15	30
	管道内底高程　　D≤1000	±10	±20
	D>1000	±15	±30
	刚性接口相邻管节内底错口　D≤1000	3	3
	D>1000	5	5

注: D为管道内径。

2. 闭水试验

（1）闭水试验检验频率

闭水试验检验频率见表 5-21。

表 5-21　排水管道闭水试验检验频率

项目		检验频率		检验方法
		范围	点数	
倒虹吸管		每个井段	1	灌水测定，计算渗水量
其他管道	D<700 mm	每个井段	1	
	D=700~1 500 mm	每3个井段抽检1段	1	
	D>1 500 mm	每3个井段抽检1段	1	

注: 1. 闭水试验应在管道灌满水浸泡 24 h 后进行。

2. 闭水试验的水位应在试验段上游管道内顶以上 2 m; 如上游管道内顶至检查口高度不足 2 m 时, 试验水位可至井口为止。

3. 对渗水量测定时间不少于 30 min。

（2）闭水试验方法

管道闭水试验的管段长度一般不大于 500 m，常取两检查井之间的管段作为试验管段。方法是在试验管段内充满水，并具有一定的作用水头，在规定的时间内观察漏水量的多少，并将该漏水量转化为每公里管道每昼夜的渗水量，如果该渗水量小于表 5-22 中规定的允许渗水量，则表明该管道严密性符合要求。其渗水量的转化公式为：

$$Q = 48q \times \frac{1\,000}{L} \tag{5-2}$$

式中：Q —— 管道每昼夜的渗水量，$m^3/(km \cdot d)$;

q —— 试验管段 30 min 的渗水量，m^3;

L —— 试验管段长度，m。

（3）闭水试验允许渗水量

闭水试验允许渗水量见表 5-22。

表 5-22　排水管道闭水试验允许渗水量　　　单位：m³/(km·d)

管道内径/mm	允许渗水量	管道内径/mm	允许渗水量	管道内径/mm	允许渗水量
200	17.60	900	37.50	1 600	50.00
300	21.62	1 000	39.52	1 700	51.50
400	25.00	1 100	41.45	1 800	53.00
500	27.95	1 200	43.30	1 900	54.48
600	30.60	1 300	45.00	2 000	55.90
700	33.00	1 400	46.70		
800	35.35	1 500	48.40		

第三节　室内管材及连接

室内给水管材应有一定的强度，以满足管内水压的要求；同时，应保证管内水质不受污染。常用的管材主要有钢管、铸铁管、塑料管等。

一、钢管

钢管有无缝钢管、焊接钢管、镀锌钢管、钢板卷焊管等，其公称直径常为 DN15～450 mm，主要用作室内给水管道。

（一）加工

1. 切断

指按管路安装的尺寸将管子切断成管段的过程，常称为"下料"。管子切口要平正，不影响连接，不产生断面收缩，管口内外无毛刺和铁渣。钢管切断的方法一般有以下几种：

① 对于 DN＜50 mm 的小口径管道一般采用手工钢锯锯切。锯切时必须保证锯条平面始终与管道垂直，切口必须锯到底；严禁采用未锯完而掰断的方法，以免切口残缺、不平整而影响连接。

② 对于 50 mm≤DN≤150 mm 的管道可用滚刀切管器（又称管子割刀）切管（图5-21）。即将带刃口的圆盘形刀片垂直于管子，在压力作用下边进刀边沿管壁旋转，把管道切断。该法切管速度快、切口平正，但易产生管口收缩，因此必须用绞刀刮平缩口部分。

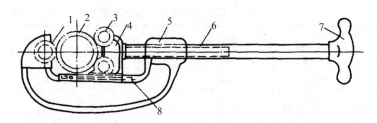

1—切割滚轮；2—被切断管子；3—压紧滚轮；4—滑动支座；5—螺母；6—螺杆；7—手把；8—滑道

图 5-21　管子割刀

③ 对于 $DN>150\ mm$ 的管道可用砂轮切割机断管（图 5-22）。即靠高速旋转的高强砂轮片与管壁摩擦切削，将管壁磨透切断。使用砂轮切割机时，一定要把被锯材料夹紧，进刀不能太猛，用力不能太大，以免砂轮片破碎飞出伤人。该法切管速度快、移动方便，适用于钢管、铸铁管及各种型钢的切断，但噪声大。

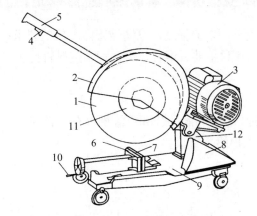

1—砂轮；2—防护罩；3—电动机；4—控制开关按钮；5—操作手柄；6—活动夹具；7—固定夹具；
8—火花防护罩；9—机座；10—夹具控制手柄；11—砂轮夹具；12—支座

图 5-22　砂轮切割机

④ 对于大直径的管道也可采用射吸式割炬（又称气割枪）切断（图 5-23）。即利用氧气和乙炔气的混合气体作热源，将管子切割处加热至呈熔融状态后，用高压氧气将熔渣吹开，使管子切断。该法切口往往不太平整且带有铁渣，应用砂轮磨口机打磨平整并除去铁渣以利于焊接。此外，还可以采用切断机械，如切断坡口机可同时完成切管和坡口两个工序。

2. 调直

钢管在运输、装卸、堆放和安装过程中易造成弯曲，应随时对弯曲的管段进行调直。当管径较小且弯曲程度不大时采用冷调直法；当管子弯曲度较大或管径较大时采用热调直法。

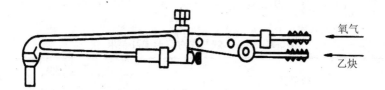

图 5-23　射吸式割炬

（二）连接

1. 钢管焊接

该法适用于各种口径的非镀锌钢管的连接。焊接时将管子接口处和焊条同时加热至金属呈熔化状态，从而把两个被焊件连接成一体。它具有接口牢固严密、速度快、维修量少、节约管件等优点。一般常用电弧焊或氧-乙炔气焊。前者用于管径大于 65 mm 和壁厚在 4 mm 以上或高压管路系统的管道安装；后者用于管径在50 mm 以下和壁厚在 3.5 mm 以内的管道安装。电弧焊方法本章第一节已阐述，下面介绍氧-乙炔气焊的方法。

氧-乙炔气焊是将乙炔气瓶里的乙炔气和氧气瓶里的氧气通过各自的调压阀后，分别用高压胶管输送至焊炬（又称焊枪）内（图 5-24），使氧气和乙炔气在焊炬的混合室中混合，并从焊嘴中喷出，在喷嘴处点燃，使焊件接口及焊条熔化，从而达到焊接的目的。氧气和乙炔气的配合比可由焊炬上的调节阀调节，钢管焊接所用配合比一般为 1～1.2。

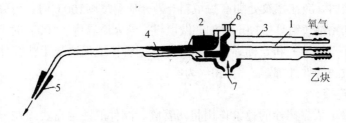

1—乙炔管；2—混合室；3—氧气管；4—混合气管；5—喷嘴；6—氧气调节阀；7—乙炔调节阀

图 5-24　射吸式焊炬

为了保证氧-乙炔气焊的焊接质量，提高焊缝强度，必须将管口做成坡口并留出钝边，焊接对口形式及组对规定见表 5-23。坡口宜用手提式砂轮磨口机磨出、用氧-乙炔气割出或用手锤和扁铲凿出等方法加工。焊接管的两个端面必须平行、对正，以减少错口，保证焊接质量。其质量要求是：焊缝处焊肉和波纹粗细、厚薄应均匀规整，无夹渣、气孔、裂缝等缺陷。

表 5-23　氧-乙炔气焊对口形式及要求

接头名称	对口形式	接头尺寸/mm			
		壁厚 l_0	间隙 c	钝边 p	坡口角度 $\alpha/(°)$
对接不开坡口		＜3	1～2	—	—
对接 V 形坡口		3～6	2～3	0.5～1.5	70～90

2. 螺纹连接

该法适用于管径在 100 mm 以下，尤其是 $DN \leqslant 80$ mm 的钢管，即在管道端部加工成外螺纹，然后拧上带内螺纹的管道配件或阀件，再与其他管段相互连接起来构成管道系统。

管螺纹有圆锥形和圆柱形两种。圆锥形螺纹可用电动套丝机或手工管子绞板（又称带丝）加工而成，这种螺纹接口严密性好，采用较多。圆柱形螺纹虽加工方便，但接口严密性较差，现已很少采用。

管子螺纹的规格应符合规范要求，不能出现螺纹不正、螺纹不光、细丝螺纹、断丝缺扣等缺陷。

螺纹连接时，应在螺纹处加密封填料。当介质温度≤100℃时，用聚四氟乙烯胶带或麻丝沾白铅油（铅丹粉拌干性油）做填料；当介质温度＞100℃时，可采用黑铅油（石墨粉拌干性油）和石棉绳做填料。然后用管钳或活口扳手将管件、阀件或管子拧紧，一般在管件外部露 3～4 扣丝为宜。

3. 法兰连接

法兰连接是依靠螺栓的拉紧作用将两管段、阀件的法兰盘紧固在一起构成管道系统。法兰盘按材质分为钢板法兰、铸钢法兰、铸铁法兰等；按形状分为圆形、方形、椭圆形等；按与管子的连接方式分为平焊法兰、对焊法兰、翻边松套法兰、螺纹法兰等（图 5-25）。

铸钢法兰与钢管，镀锌钢管与法兰，应采用螺纹连接。平焊法兰、对焊法兰及铸铁法兰与管道，均采用焊接连接。管道与法兰连接应保证管道和法兰垂直，保证法兰间的连接面上无凸出的管头、焊肉、焊渣、焊瘤等。管道翻边松套法兰适用于法兰与管道材质不同时的连接，翻边要平正成直角、无裂口、无损伤、不挡螺栓孔。

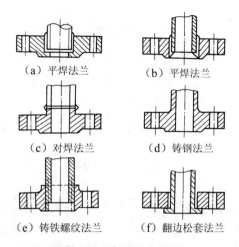

（a）平焊法兰　　　　（b）平焊法兰

（c）对焊法兰　　　　（d）铸钢法兰

（e）铸铁螺纹法兰　　（f）翻边松套法兰

图 5-25 常见法兰形式

为了保证法兰盘之间的接口严密、不渗漏，必须加设垫圈。法兰垫圈厚度一般为 3～5mm，垫圈材质应根据管道输送的介质、介质温度和介质压力来选用，常用垫圈材料见表 5-24。垫圈的内径不得小于法兰的内径，外径不得大于法兰相对应的两个螺栓孔内边缘的距离，使垫圈不遮挡螺栓孔（图 5-26）。一个接口中只能加一个垫圈，否则接口易渗漏。

表 5-24 法兰垫圈材料选用表

材料名称		适用介质	最高工作压力/MPa	最高工作温度/℃
橡胶板	普通橡胶板	水、空气、惰性气体	0.6	60
	耐油橡胶板	各种常用油料	0.6	60
	耐热橡胶板	热水、蒸汽、空气	0.6	120
	夹布橡胶板	水、空气、惰性气体	1.0	60
	耐酸橡胶板	能耐温度小于等于60℃以下，浓度小于等于20%的酸碱液体介质的浸蚀	0.6	60
石棉橡胶板	低压石棉橡胶板	水、空气、蒸汽、煤气、惰性气体	1.6	200
	中压石棉橡胶板	水、空气及其他气体、蒸汽、煤气、氨、酸及碱稀溶液	4.0	350
	高压石棉橡胶板	蒸汽、空气、煤气	10.0	450
	耐油石棉橡胶板	各种常用油料、溶剂	4.0	350
塑料板	软聚氯乙烯板 聚四氟乙烯板 聚乙烯板	水、空气及其他气体、酸及碱稀溶液	0.6	50
	耐酸石棉板	有机溶剂、碳氢化合物、浓酸碱液、盐溶液	0.6	300
	铜、铝等金属板		20	600

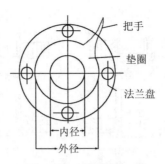

图 5-26　法兰垫圈

法兰连接时，两个法兰盘的连接面应平正、互相平行，螺栓孔对正，法兰的密封面应符合标准，无损伤、无渣滓，先穿几根螺栓后插入垫圈，再穿好余下的螺栓，调整好垫圈后即可用扳手拧紧螺栓。拧螺栓时应对称拧紧，分 2～3 次紧到位，这样可使法兰受力均匀，严密性好，法兰也不易损坏。螺栓的材料和外径应符合技术要求、长度要适当，拧紧后一般以外露长度为螺栓直径的一半为宜。

二、铸铁管

铸铁管主要用作室内排水管道。

（一）加工

铸铁管的加工主要是切断管道。由于铸铁管硬而脆，其切断方法与钢管不同。常用人力錾切断管、液压断管机断管、砂轮切割机断管、电弧切割断管等方法。

人工錾切断管采用的工具是錾子（剁斧）和手锤。錾切时在管子切断线下和两侧垫上木板，转动管子用錾子沿管子的切断线錾切 1～2 圈，刻出线沟。然后沿线沟继续用錾子錾切管子，即可切断。操作时錾子应保持和管子垂直，避免打坏錾子刃口。该法费时、费力，切口往往不整齐。

液压断管机断管是通过液压力来挤压紧贴管子切口处的刀片，使管子切口受到压力，因应力集中使铸铁管被挤断。

砂轮切割机断管和电弧切割断管的方法与钢管的切断方法相同，不再重述。

（二）连接

给水铸铁管连接方法本章第一节已经叙述，不再重述。排水承插铸铁管采用承插连接，排水平口铸铁管采用不锈钢带套接。

1. 承插连接

承插连接时常用的密封填料及接口方式按嵌缝填料和敛缝填料的不同分为刚性接口和柔性接口两种。刚性接口方式有油麻—石棉水泥、油麻—普通水泥、油麻—

膨胀水泥砂浆；柔性接口方式为橡胶圈—法兰螺栓压盖；对于严密性和耐久性要求高的地方也可用麻—铅等填料接口方式。

承插连接的施工程序一般为：管子检查、管口清理、打填嵌缝填料、打填敛缝填料、养护、检验。

（1）管子检查

主要检查管道是否破裂。可用手锤轻轻敲击被支起的管子，如果发出清脆的声音，表示管子完好；否则说明管子有裂缝。此外，还应检查管内壁是否光滑、有无毛刺、砂眼等缺陷。

（2）管口清理

用钢丝刷刷去插口和承口内外面的尘埃污垢，使其光洁、平滑。

（3）打填嵌缝填料

将油麻类填料，拧成比管口间隙口大 1.5 倍的密实麻股，打入承口与插口的间隙中，填塞深度为承口深度的 2/3（图 5-27）。打填时应避免油麻自管端缝隙落到管中而阻碍水流。如采用橡胶圈，填塞时应平正、不得扭曲。

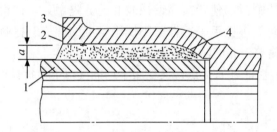

1—直管端；2—敛缝材料；3—承口；4—嵌缝材料

图 5-27 排水铸铁管刚性承插接口

（4）打填敛缝填料

将石棉水泥、膨胀水泥砂浆等敛缝填料填入已打填好嵌缝填料的承插口间隙内，并用捻凿和手锤捣实，填满承插口，方法与室外给水管道相同。

橡胶圈—法兰螺栓压盖承插连接的操作同法兰连接（图 5-28）。

（5）养护

水泥类接口的捻口完成后，应用水进行湿养护，冬季应注意保温。养护时间一般不低于 3 d。

（6）检验

应保证敛缝材料饱满，与管壁黏结良好，无缝隙等，并进行灌水试验。

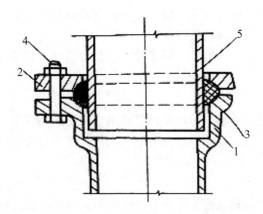

1—承口端；2—法兰压盖；3—密封橡胶圈；4—紧固螺栓；5—插口端

图 5-28　橡胶圈—法兰螺栓连接

2. 不锈钢带套接

不锈钢带套接是通过锁紧不锈钢带来压紧橡胶套，从而达到止水的目的（图5-29）。施工时，必须将管口清理干净，管口平正，无毛刺、泥砂等，然后将橡胶套分别套入两管子的管口，使管口靠近橡胶套的分隔墩处，调整连接管段使连接管中心线重合，用套筒小扳手平行拧紧不锈钢带上的螺栓。拧时应保证不锈钢带与橡胶套对齐、无偏差，并应防止螺栓滑丝。

该法既具有抗震性能好的优点，又克服了承插接口不易拆换的缺点，是目前比较先进的连接方法。

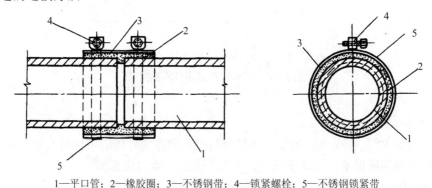

1—平口管；2—橡胶圈；3—不锈钢带；4—锁紧螺栓；5—不锈钢锁紧带

图 5-29　锁紧不锈钢带连接

三、铜管

铜管按材质分为紫铜管和黄铜管；按供应状态分为硬、半硬、软三类；按生产方法分为拉制铜管和挤制铜管。铜管主要用作室内给水管道，以拉制薄壁紫铜管为主，与它配套的管件种类较多，应根据实际情况正确选用。

（一）加工

1. 切断

一般对于小口径铜管采用手工钢锯锯切，锯条应选用细牙锯条。对于管壁较厚的铜管可用切割机或气割枪切割。要求切口平正、无毛刺、不产生断面收缩、不影响连接。

2. 调直

铜管施工安装前应进行调直。紫铜管一般采用冷调直；黄铜管采用热调直。厚壁管可以直接调直；薄壁管应在管内灌砂或管内衬金属软管后在固定模具内调直，以避免管子变形。

3. 翻边

当管道采用锁母与阀件、卫生器具或设备连接时，须将管口进行翻边加工。即将管子在冷状态下进行扩张。紫铜管可以直接扩张，黄铜管应先退火后扩张。一般采用如图 5-30 所示的扩管器进行扩张，其胀珠在旋转着的芯轴（锥形胀杆）作用下，对管壁产生径向压力，使管口发生永久变形，形成翻边喇叭状，然后松开并取出扩管器。翻边应均匀、光滑、无裂缝、边宽一致。翻边管口的直径应与连接件协调。

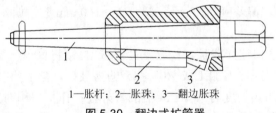

1—胀杆；2—胀珠；3—翻边胀珠

图 5-30 翻边式扩管器

（二）连接

铜管连接常用氧-乙炔气铜焊焊接、承插口钎焊连接、法兰连接、管件螺纹连接等方法。

氧-乙炔气焊接方法同钢管，焊接管口应平正、无毛刺、表面清洁、无油污。一般用砂布或不锈钢丝绒、钢丝刷打光、除污。氧气与乙炔气之比应大于 1.2，焊条应用铜焊条，并在接口处涂抹硼砂、氯化钠或硼酸混合物等溶剂。

钎焊是用熔化的填充金属把不熔化的基本金属连接在一起的焊接方法，适用于小口径铜管。承插口钎焊连接是将专用钎剂（溶剂）加水拌成糊状，均匀涂抹在铜管接头的承口和插口处，并连接好，用氧-乙炔气焊炬（焊炬规格应根据管径而定）均匀加热被焊件，当达到 650~750℃时，将带有钎剂的钎料（焊料）均匀涂抹在缝隙处（切勿将火焰直接加热钎料），待钎料熔化并填满缝隙后，停止加热，用湿布拭擦并冷却连接部位即成。焊接时要求钎料填满缝隙，表面光滑、平整。

四、塑料管

塑料管按材质可分为硬聚氯乙烯塑料管（UPVC 管）、聚乙烯塑料管（PE 管）、聚丙烯塑料管（PP 管）、聚丁烯塑料管（PB 管）等。

硬聚氯乙烯塑料管可分为给水用硬聚氯乙烯塑料管和排水用硬聚氯乙烯塑料管。给水用硬聚氯乙烯塑料管的单节管长一般为 4～12 m，带承插口。排水用硬聚氯乙烯塑料管的单节管长一般为 4 m 或 6 m，带承插口。聚乙烯管、聚丙烯管的单节管长一般为 4～12 m。聚丁烯管是一种新型管材，它用于建筑给水、热水和暖气输送，直管长一般为 6～9 m，卷管长一般为 50～100 m。所有塑料管均有各种配套管件，施工时可直接选用。

（一）加工

1. 切割

一般采用细齿木工手锯或木工圆锯切割，对聚丁烯管还可用专用截管器切断。切割口应平整无毛刺，其平整度偏差为：当 DN＜50 mm 时，偏差应≤0.5 mm；当 DN=50～160 mm 时，偏差应≤1.0 mm；当 DN＞160 mm 时，偏差应≤2.0 mm。

2. 管口扩张

塑料管采用承插口连接或扩口松套法兰连接时，须将管子一端的管口扩张成承口。扩张时先将管子用锉刀加工成 30°～45°的内坡口，然后将管口扩张端均匀加热，作承插口用时加热长度为 1～1.5 倍的管外径；作扩口用时加热长度为 20～50 mm。聚氯乙烯管、聚乙烯硬管加热温度为 120～150℃；聚乙烯软管加热温度为 90～100℃；聚丙烯管加热温度为 160～180℃。加热到规定的温度后取出，立即将带有 30°～40°外坡口的插口管段（或扩口模具）插入变软的扩张端口内，冷却后即成。

3. 翻边

塑料管采用卷边松套法兰连接或锁母丝接时，应先进行管口翻边。操作时，先将管子需翻边的一端均匀加热，加热温度同管口扩张，取出后立即套上法兰，并将预热后的塑料管翻边内胎模插入变软的管口，使管子翻成垂直于管子轴线的卷边，成型后退出胎模并用水冷却，翻边内胎模如图 5-31 所示。

（二）连接

塑料管主要有焊接连接、法兰连接、黏接连接、套接连接、承插连接、管件丝接等方法，其工序为划线、断管、预加工、连接、检验。

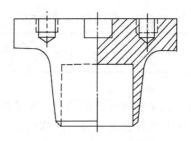

图 5-31　塑料管翻边内胎模

1. 焊接连接

焊接连接适用于高、低压塑料管连接。按焊接方法分有热风焊接和热熔压焊接（又称对焊或接触焊接）；按焊口形式分为承插口焊接、套管焊接、对接焊接。

热风焊接是用过滤后的无油、无水压缩空气经塑料焊枪中的加热器加热到一定温度后，由焊枪喷嘴喷出，使塑料焊条和焊件加热至呈熔融状态而连接在一起。焊接设备如图 5-32 所示，适用于各种焊口形式的塑料管连接。塑料焊枪一般选用电热焊枪，焊枪喷嘴直径接近焊条直径。塑料焊条的化学成分应与焊件成分一致，特别是主要成分必须相同。焊条直径必须根据所焊管子的壁厚按表 5-25 选用，但焊缝根部的第一根打底焊条，通常采用直径 2 mm 的细焊条。焊接前应根据焊件的薄厚开 60°～80° 坡口，焊件的间隙应小于 0.5～1.5 mm，对管错口量不大于壁厚的 10%，焊口应清洁，不得有油、水及污垢。焊接时要求热风温度距喷嘴 5～10 mm 处为 200～250℃；热风压力对聚氯乙烯管为 0.05～0.1 MPa，对聚丙烯管为 0.02～0.05 MPa；焊接时焊条与焊缝必须呈 90° 角并应对焊条施以 10～15 N 的压力；焊接时焊枪要均匀摆动，使焊条和焊件同时加热，焊枪喷嘴与焊条夹角为 30°～45°；焊接时焊条拉伸不易过度，延伸率保持在 10%～15%；焊接时焊条必须平直、相互间排列紧密，不能有空隙。各层焊条的接头须错开，焊缝应饱满、平整、均匀，无波纹、断裂、烧焦、吹毛和未焊透等缺陷。焊缝堆积高度要比焊件面高出 1.5～2.0 mm。焊缝焊接完毕，应自然冷却。

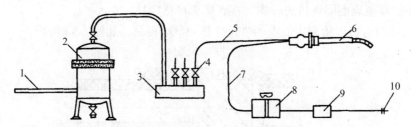

1—压缩空气管；2—空气过滤器；3—分气缸；4—气流控制阀；5—软管；6—焊枪；
7—调压后的电源线；8—调压变压器；9—漏电自动切断器；10—220V 电源

图 5-32　塑料管焊接设备及布置

表 5-25　塑料焊条规格的选用

管子壁厚/mm	2～5	5.5～15	>15
焊条直径/mm	2～2.5	3～3.5	3.5～4

热熔压焊接是利用电加热元件所产生的高温，加热焊件的焊接面，直至熔稀翻浆，然后抽去加热元件，将两焊件迅速压合，冷却后即可牢固地连接在一起。施焊时环境温度应≥10℃，电加热元件是电加热盘（图 5-33）。

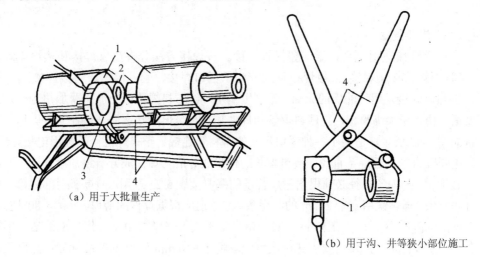

（a）用于大批量生产

（b）用于沟、井等狭小部位施工

1—夹具；2—管端；3—加热盘；4—手柄

图 5-33　塑料管热熔对焊

焊接时先将需连接的塑料管在焊接工具的夹具上夹牢，清除管端的氧化层、油污等；将两根管子对正，管端间隙一般不超过 0.5 mm，然后用电加热盘加热两管口使之熔化 1～2 mm，去掉电热盘后在 1.5～3.0 s，以 0.1～0.25 MPa 的压力加压 3～10 min，熔融表面即连接成一体，直到接头自然冷却。

承插口对接焊接采用的电加热元件是一承插模具，如图 5-34 所示。

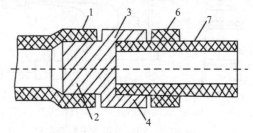

1—承口；2—芯棒；3—加热元件；4—套管；5—平口管端；6—夹环（限位用）

图 5-34　承插对接焊

焊接时将一根塑料管的管端扩张成承口，其内径应略小于管外径，并将插口端开成 45° 的坡口，用加热元件的芯棒软化承口端的内表面，套管软化插口端的外表面。焊接前在加热元件的工作面上涂一层氟化物或类似材料，以防粘连熔融塑料。待加热面塑料呈热熔状态后，将管子迅速从加热元件中退出，并在 2～3 s 内将其承插连接在一起，并施以轴向压力加压 20～30 s，直到接口开始硬化为止。

2. 法兰连接

常用的有卷边松套法兰连接、扩口松套法兰连接和平焊法兰连接三种形式（图 5-35）。适用于常压（≤2 MPa）或压力不高的管道连接，以及塑料管与阀件、金属部件及非塑料管的连接。

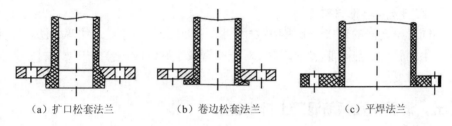

（a）扩口松套法兰　　　　（b）卷边松套法兰　　　　（c）平焊法兰

图 5-35　塑料管法兰示意

卷边松套法兰连接，是将塑料管口翻边套上法兰，用螺栓连接紧固；扩口松套法兰连接，是在塑料管上套上法兰后将塑料管口扩张，然后将管口加热插入内承圈（内承圈长度为 15～20 mm），冷却后把管口和内承圈焊接在一起，铲平焊缝，用螺栓连接紧固；平焊法兰连接是把塑料法兰平焊在管子端部，然后用螺栓连接紧固。法兰连接时可使用软塑料垫圈，其他要求同钢管法兰连接。

3. 黏接连接

常采用承插口黏接，其接合强度高，连接方便。黏接时先将管子一端扩张成承口，去掉管子黏接面的污物，用砂纸打磨粗糙后，均匀地将黏合剂涂到黏接面上，然后将插口插入承口内即可。承插口之间应紧密接合，间隙不得大于 0.3 mm，必要时可在接口处再进行焊接，以增加连接强度。

4. 套接连接

先将塑料管端加热，使管子变软后，套在特制的管件（可用塑料管、钢管等做成，也可在这些管的端头上加工成螺纹状）上，并用 12 号铁丝扎紧。该方法常用在聚乙烯和聚丙烯管连接，最大承压小于 1.0 MPa，也可做塑料排水管连接。

5. 承插连接

适用于管径大于 50 mm 的承插塑料管连接，一般采用橡胶密封圈止水。连接时，将承口内壁凹槽清理干净，橡胶圈捏成凹形，放入承口凹槽内，橡胶圈应平正合槽；再在插口外表面和承口内面均匀涂上润滑剂，然后将两根管子对好，并垫在木墩上；

用撬杠、手拉（或手摇）葫芦等工具使插口进入承口内即可。若插口管是平口应用钢锉或电动砂轮将其磨成斜面，并使斜面与管子呈15°夹角，钝边为1/2管壁厚。插口端距承口底应保证有一定的空隙，以接受热伸长量。接口应保证橡胶圈不扭曲、不折叠、不破损。橡胶圈材质、形状、尺寸等应符合规定。

6. 管件丝接

常用于小口径给水、排水塑料管的连接。塑料管螺纹加工时应在管内插入一木棒，以免管子被压力钳夹破。螺纹不能一次完成，应经多次加工完成。接口用白铅油和麻丝、聚四氟乙烯生料带或用醇酸树脂做填料。管道连接完毕，必须进行检查，凡有变硬、起泡、管材颜色失去光泽等瑕疵，均应截去重新连接。

7. 塑料管与其他管材连接

不同管材之间的连接一般采用承插连接、套接连接、法兰连接等方法。连接时应注意不同管材的热膨胀量的影响，对于软管或半硬管应在管内用硬管材料强制支撑以防管口变形。

五、混凝土及钢筋混凝土排水管

混凝土及钢筋混凝土排水管常用做排出管埋地施工，其施工做法见本章第二节。

第四节　室内给水管道安装

室内给水管道系统的组成如图 5-36 所示。

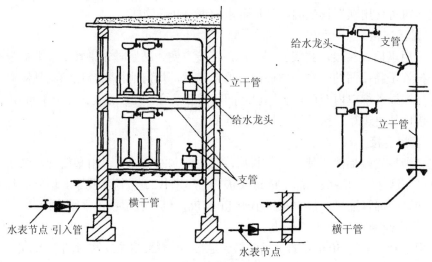

图 5-36　室内给水管道系统的组成

室内给水管道系统的安装顺序一般是先安装室内管道，后安装引入管。

一、室内给水管道安装

根据建筑物对卫生、美观方面的要求，室内给水管道一般有明装和暗装两种敷设方式。明装是在建筑物内部沿墙、梁、柱等处明露敷设管道；暗装是把管道敷设在管道井、管槽、管沟中或墙内、板内、吊顶内等隐蔽地方。

室内给水管道管材的选用方法同引入管。给水管道的安装位置、高程应符合设计要求，管道变径要在分支管后进行，距分支管要有一定距离，其值不应小于大管的直径且不应小于 100 mm。

管道安装时若遇到多种管道交叉，应按照小管道让大管道，压力流管道让重力流管道，冷水管让热水管，生活用水管道让工业、消防用水管道，气管让水管，阀件少的管道让阀件多的管道，压力流管道让电缆的原则进行避让。镀锌钢管连接时，对镀锌层破坏的表面及管螺纹露出部分应做防腐处理。

给水管道不宜穿过伸缩缝、沉降缝和抗震缝，若必须穿过时应使管道不受拉伸与挤压，必要时可用伸缩接头、可曲挠橡胶接头、金属波纹管等来补偿管道的变形。管道穿过墙、梁、板时应加套管，并应在土建施工时预留套管或孔洞。

1. 横管安装

给水横干管安装时宜有 0.002～0.005 的坡度坡向泄水装置，横支管应有不小于 0.002 的坡度坡向立管或配水点。冷、热水管并行安装时，热水管应在冷水管的上面；暗装在墙内的横管应在土建施工时预留管槽。当阀门或可拆卸接头安装在墙内时，应在阀门或可拆卸接头安装处设活动门检修孔，检修孔宽度及高度尺寸应不小于 150 mm×150 mm，深度尺寸应比阀门或可拆卸接头外表面深 50 mm 以上。可拆卸接头应安装在连接有 3 个或 3 个以上配水点的支管始端。当管道成排安装时，直线部分应互相平行；当管道水平平行或垂直平行时，曲线部分的管子间距应与直线部分保持一致；当管道水平上下并行安装时，曲率半径应相等。管中心与管中心之间，管中心与墙面之间应有一定的间距，以便安装及维修。

2. 立管安装

明装给水立管一般在房间的墙角或沿墙、柱垂直敷设。立管应不穿过污水池壁，不靠近小便槽和大便槽敷设。立管一般在始端设阀门，阀门设置高度距楼（地）面 150 mm 为宜，并安装可拆卸接头。立管穿过楼板时应加套管，套管高出地面 10～20 mm，并在土建施工时应预留孔洞或套管。冷、热水立管并行安装时，宜将热水管敷设在冷水管左侧。

3. 连接卫生器具、设备的管道安装

凡连接卫生器具或设备的管道，安装时要求平正、美观。应按照卫生器具或设备的位置预留好管口，不得错位，并应加临时管堵。具体位置和安装方式应按照设

计要求或卫生器具、设备的安装要求实施。

4. 热水管道附件安装

方型伸缩器水平安装应与管道坡度一致，垂直安装应在方型伸缩器附近设排气装置。方型钢管伸缩器宜用整根管弯制，弯曲半径应等于管子外径的 4 倍，并符合设计要求或标准图规定。

伸缩器在安装前应进行预拉，预拉长度应符合设计要求或规范规定，其允许偏差：套管式伸缩器为+5 mm；方型钢管伸缩器为+10 mm。

二、引入管安装

引入管的安装一般有埋地敷设和架空敷设两种方法。埋地敷设时，$DN>80$ mm 采用给水铸铁管，$DN\leqslant80$ mm 采用镀锌钢管；架空敷设时，$DN>80$ mm 采用非镀锌钢管或给水铸铁管，$DN\leqslant80$ mm 采用镀锌钢管。

引入管穿越承重墙或基础时应预留孔洞，孔洞大小为管径加 200 mm，敷设时应保证管顶上部距洞壁净空不得小于建筑物的最大沉降量，且不小于 100 mm，其空隙用黏土填实。引入管穿越地下室或地下构筑物外墙时，应采取防水措施，一般可用刚性防水套管，当防水要求严格或可能出现沉降时，应用柔性防水套管。引入管应有不小于 0.003 的敷设坡度，并坡向室外给水管网或阀门井、水表井，井内设泄水龙头，以便检修时排放存水。

三、质量检查

（一）外观检查

给水管道安装应目测直顺，无歪、曲、扭、斜现象。

水平直管弯曲的允许偏差：当 $DN\leqslant100$ mm 时，钢管每 10 m 应不超过 5 mm；当 $DN>100$ mm 时，钢管每 10 m 应不超过 10 mm；铸铁管每 10 m 应不超过 10 mm。当钢管全长在 25 m 以上，其横向弯曲允许偏差应不超过 25 mm。成排横管和成排阀门在同一直线上的允许偏差应不超过 3 mm。

立管安装应垂直。钢管的垂直度允许偏差：每米不应超过 2 mm；5 m 以上不应超过 3 mm。铸铁管的垂直度允许偏差：每米不应超过 3 mm；5 m 以上不应超过 10 mm。成排立管段和成排阀门在同一直线上间距的允许偏差应不超过 3 mm。

（二）水压试验

室内给水管道的水压试验必须符合设计要求。当设计未注明时，各种材质的给水管道系统试验压力均为工作压力的 1.5 倍，且不得小于 0.6 MPa。

金属及复合管给水管道系统在试验压力下观测 10 min，压力降不得大于

0.02 MPa，然后降到工作压力进行检查，应不渗不漏；塑料管给水系统应在试验压力下稳压 1 h，压力降不得超过 0.05 MPa，然后在工作压力的 1.15 倍状态下稳压 2 h，压力降不得超过 0.03 MPa，同时检查各连接处不得渗漏。

建筑物内部饮用水管道在使用前应用含氯量为 20～30 mg/L 的清水灌满管道进行消毒，消毒时间不得小于 24 h。消毒完后，再用饮用水冲洗，并经有关部门取样检验，水质达标后方可使用。

第五节 室内排水管道安装

室内排水管道系统的组成如图 5-37 所示。

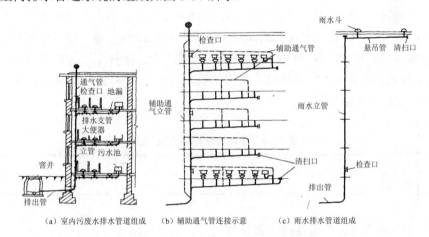

(a) 室内污废水排水管道组成 (b) 辅助通气管连接示意 (c) 雨水排水管道组成

图 5-37 室内排水系统组成

室内排水管道系统的安装顺序一般是先安装排出管，再安装立管和支管或悬吊管，最后安装卫生器具或雨水斗。

一、排出管安装

排出管的埋深主要取决于室外排水管道的埋深，同时还要满足最小覆土厚度的要求。金属排水管覆土厚度不得小于 0.4 m，非金属排水管覆土厚度不得小于 0.6 m。排出管与室外排水管道一般采用管顶平接，其水流转角不得小于 90°；若排出管与室外排水管跌水连接且跌落差大于 0.3 m，则水流转角不受限制。排出管穿过房屋基础或地下室墙壁时应预留孔洞或加防水套管，并做好防水处理。管道埋地敷设时，应保证管道不致因局部沉陷而破裂。排出管与立管的连接，宜采用两个 45° 弯头或弯曲半径不小于 4 倍管径的 90° 弯头。

二、室内排水管道安装

1. 排水立管安装

排水立管的位置应符合设计要求。排水立管与排水横管的连接应采用 45°三通（Y 型三通）或 45°四通和 90°斜三通（TY 型三通）或 90°斜四通。

排水立管应用卡箍固定，并在底部的弯管处加设支墩。卡箍宜设在立管接头处，间距不得大于 3 m，层高小于或等于 4 m 时，可安装一个卡箍。

2. 排水横管安装

排水横管应按设计位置安装，安装时不仅要满足设计要求的坡度，保证坡度均匀，还要使承口朝来水方向。排水横管与横管的连接应采用 45°三通或 45°四通和 90°斜三通或 90°斜四通。

排水横管安装时，对铸铁管支架间距不得大于 2 m 且不大于每根管长，支架宜设在承口之后；对塑料排水管支架间距不得大于表 5-26 的规定。塑料排水横管必须设置伸缩接头，具体位置应符合设计要求。横管上合流配件至立管的直线管段超过 2 m 时，应设伸缩接头，但伸缩接头之间的最大间距不得超过 4 m。伸缩接头应设于水流汇合配件的上游端部。

表 5-26　塑料排水横管支架间距

管径/mm	50	75	100
间距/mm	0.6	0.8	1.0

3. 卫生器具及生产设备排水管安装

卫生器具和生产设备本身如不带水封装置，则其排水管必须设水封装置。排水管管径应与卫生器具和生产设备排水口相匹配，排水管安装位置应准确，以便与卫生器具和生产设备连接。在卫生器具和生产设备安装前，排水管管口应临时封堵以免施工垃圾掉入，堵塞管道。

在车间内部一般采用分流制排水，即生产设备排水不进入生活污水管道。若需接入，必须在接入前通过空气隔断，然后再进入设有水封装置的生活污水管道。

4. 通气管系统安装

通气管可采用铸铁管、塑料管、钢管或石棉水泥管。伸顶通气管应高出屋面 0.3 m 以上，且必须大于最大积雪厚度。管口应设通风帽或铅丝球。在经常有人停留的屋面上，伸顶通气管应高出屋面 2.0 m，并根据防雷要求加设防雷装置。通气管不得与建筑物的烟道或风道连接。

辅助通气管和污水管的连接，应符合下列要求：

① 器具通气管应设在存水弯出口端，环形通气管应在排水横支管始端的两个卫

生器具之间接出，并应在排水支管中心线以上与排水支管呈 90°或 45°连接。

② 器具通气管及环形通气管的横通气管，应在卫生器具的上边缘以上不少于 0.15 m 处，按不小于 0.01 的上升坡度与通气立管相连。

③ 专用通气立管和主通气立管的上端可在最高层卫生器具上边缘或检查口以上与伸顶通气立管通过斜三通连接；下端应在最低污水横支管以下与污水立管通过斜三通连接。

④ 结合通气管下端宜在污水横支管以下与污水立管通过斜三通连接；上端可在卫生器具上边缘以上不小于 0.15 m 处与通气立管通过斜三通连接。

通气管穿出屋面时，应与屋面工程配合好，特别应处理好屋面和管道接触处的防水。通气管的支架安装间距同排水立管。

5. 检查清堵装置安装

建筑物内排水管道的检查清堵装置主要有检查口和清扫口。检查口和清扫口的安装应符合下列要求：

① 检查口是安装在排水立管上对立管进行检查和清通的装置，安装高度由地面算起至检查口中心一般为 1.0 m，允许偏差±20 mm，并应高于该层卫生器具上边缘 0.15 m。安装检查口时其朝向应便于检修，一般要求检查口开口方向与墙面呈 45°夹角。暗装立管的检查口处应设检修门。

② 清扫口是连接在污水横管上做清堵或检查用的装置，一般安装在地面上，并与地面相平（图 5-38）。清扫口距与管道相垂直的墙面不得小于 200 mm；当污水管在楼板下悬吊敷设时，也可在污水管起点的管端设置堵头代替清扫口，堵头距与管道相垂直的墙面不得小于 400 mm。

6. 雨、雪水排水管道安装

（1）雨水斗安装

雨水斗规格、型号及位置应符合设计要求，雨水斗与屋面连接处必须做好防水（图 5-39）。

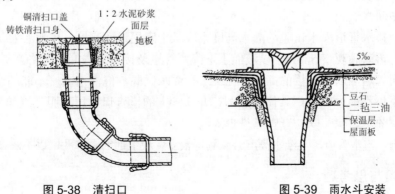

图 5-38　清扫口　　　　　　　　图 5-39　雨水斗安装

（2）悬吊管安装

悬吊管应沿墙、梁或柱悬吊安装，并应用管架固定牢固，管架间距同排水管道。悬吊管敷设坡度应符合设计要求且不得小于 0.005。悬吊管长度超过 15 m 时应安装检查口，检查口间距不得大于 20 m，位置宜靠近墙或柱。悬吊管与立管连接宜用两个 45°弯头或 90°斜三通。悬吊管一般为明装，若暗装在吊顶、阁楼内应有防结露措施。

（3）立管安装

立管常沿墙、柱明装或暗装于墙槽、管井中。立管上应安装检查口，检查口距地面高度为 1.0 m。立管下端宜用两个 45°弯头或大曲率半径的 90°弯头接入排出管。管架间距同排水立管。

（4）排出管安装

雨水排出管上不能有其他任何排水管接入，排出管穿越基础、地下室外墙时应预留孔洞或加防水套管，安装要求和覆土厚度同生活污水排出管。

三、质量检查

（一）外观检查

排水管道要求接口严密，接口填料密实饱满、均匀、平整。排水管的防腐层应完整；排水横管的坡度应均匀，并符合设计要求，每米偏差不得大于 1.0 mm；排水立管应垂直，其垂直度每米不得大于 3.0 mm；直管长度大于 5 m 时，其垂直度不得大于 8.0 mm；管架安装应牢固、平正，间距应符合规范要求；塑料管伸缩节位置、数量应符合设计要求及规范规定。

（二）灌水试验

对于暗装或埋地的排水管道，在隐蔽以前必须做灌水试验。明装管道在安装完后必须做灌水试验。

埋地排水管道灌水试验的灌水高度不应低于底层地面高度，在满水 15 min 水面下降后，再灌满观察 5 min，以液面不下降、管道及接口无渗漏为合格。

楼层管道应以一层楼的高度为标准进行灌水试验，但灌水高度不能超过 8.0 m，接口以不渗不漏为合格。具体做法可打开立管上的检查口，用球胆充气作为塞子，分层进行灌水试验，以检查管道是否渗漏。

对雨、雪水管道，其灌水高度必须到每根立管最上部的雨水斗，以不渗漏为合格。

复习与思考题

1. 室外给水管道常用的管材有哪些？各有什么特点？

2. 室外给水管道开槽施工的工艺有哪些？

3. 室外给水管道开槽施工时为什么要排管？怎样排管？

4. 承插式给水铸铁管的接口方法有哪几种？各如何接口？

5. 用手工电弧焊怎样进行钢管的焊接？

6. 给水管道的水压试验包括哪些内容？各如何进行？

7. 室外给水管道为什么要进行冲洗和消毒？各如何进行？

8. 室外排水管道常用的管材有哪些？各有什么特点？

9. 室外排水管道开槽施工的工艺有哪些？

10. 室外排水管道开槽施工时为什么要排管？怎样排管？

11. 室外排水管道为什么要稳管？稳管的方法有哪几种？

12. 混凝土管、钢筋混凝土管常用的接口方法有哪几种？

13. 什么是"四合一"施工法？其适用条件是什么？

14. 排水管道的闭水试验应如何进行？

15. 室内给排水管道常用的管材有哪些？各如何进行加工和连接？

16. 室内给水管道系统安装时应注意的要点有哪些？

17. 室内排水管道系统安装时应注意的要点有哪些？

18. 室内给排水管道系统应如何进行质量检查？

第六章　环保容器加工与环保设备安装

在环境工程中，为了保证对水、气的净化处理效果，常常需依靠一些容器和设备。随着人们对环境要求的不断提高，使用的容器和设备也越来越多。因此，环境工程技术人员必须要掌握容器加工和设备安装的基本知识。

第一节　环保容器加工

在水、气净化处理过程中，使用的容器一般分为高压、中压和低压三种。其中高压容器一般在厂家加工制造，中压和低压容器可在现场加工。中、低压环保容器多由钢材加工而成，其加工方法一般分为材料矫正、放样、预加工成型和装配连接等工序。

一、钢材矫正

钢材矫正有冷矫正和热矫正两种方法。

1. 冷矫正

冷矫正是在常温（环境温度不低于10℃）状态下借助工具对钢材进行矫正，分手工矫正和机械矫正两种方法，适用于塑性较好的钢材。

手工矫正是用手锤、大锤、千斤顶、型锤、模具等进行矫正。

机械矫正是用滚板机、压力机和专用矫正机等进行矫正。

2. 热矫正

热矫正是在高温下加热被矫正件以增加钢材的塑性，然后利用外力或冷却收缩使之变形的矫正过程。它适用于冷矫正时会产生折断、裂纹或突然崩断等不能奏效的情况。

热矫正时一般采用火焰加热，加热位置应在材料弯曲部位的外侧。加热热量越大、速度越快，矫正变形量就越大。

低碳钢和普通低合金钢火焰矫正时的温度，常在600～800℃，一般不超过850℃，以免金属过热影响机械性能。

二、放样和号料

放样和号料是金属构件加工的关键工序，它直接影响容器的质量、加工工期和原材料的消耗量。

放样和号料时常用回折木尺、八折木尺、钢板尺（500 mm 或 1 m）、钢卷尺（1 m、2 m、3.5 m、20 m、50 m）、直角尺、内外卡钳、游标高度尺、划规、粉线、钢丝、线锤、座弯尺等量具和工具。

1. 放样

放样是在施工图基础上，根据容器的结构特点，按 1∶1 的比例准确绘制其全部或部分投影图，以获得施工所需要的样板。一般分为线型放样、结构放样和展开放样三种。

（1）线型放样　即根据施工需要，绘制容器整体或局部轮廓的投影基本线型。

（2）结构放样　在线型放样的基础上，按施工要求进行工艺性处理的过程。结构放样时，应根据各结合位置的连接形式，将原设计整体分为几部分，分别进行加工，然后再组合连接。

（3）展开放样　在结构放样的基础上，对不能反映实形的部件，进行展开以求得实形。展开放样时，经常遇到以下几方面的计算：

① 板料弯曲中性层位置的确定

板料弯曲中性层位置按下式确定：

$$R = r + Kt \tag{6-1}$$

式中：R —— 中性层半径，mm；

　　　r —— 弯板内弧半径，mm；

　　　t —— 钢板厚度，mm；

　　　K —— 中性层位置系数（表 6-1）。

表 6-1　中性层位置系数

r/t	≤0.1	0.2	0.25	0.3	0.4	0.5	0.8	1.0	1.5	2.0	3.0	4.0	5.0	≥6.5
K	0.23	0.28	0.3	0.31	0.32	0.33	0.34	0.35	0.37	0.4	0.43	0.45	0.48	0.5
K_1	0.3	0.33	0.35	0.35	0.35	0.36	0.38	0.4	0.42	0.44	0.47	0.475	0.48	0.5

注：K—— 适于有压料情况的 V 形或 U 形压弯；

　　K_1—— 适于无压料情况的 V 形压弯。

② 钢材弯曲长度计算

钢材弯曲长度按下式计算：

$$L = \frac{\pi\alpha(r + Kt)}{180^\circ}$$ （6-2）

式中：r —— 弯曲内弧半径，mm；

t —— 板厚，mm；

K —— 中性层位置系数，查表 6-1；

a —— 弯曲角度。

③ 等边角钢内（外）弯任意角度料长计算

等边角钢内（外）弯任意角度料长按下式计算：

$$L = \frac{\pi\alpha(R - Z_0)}{180^\circ}$$ （6-3）

式中：L —— 角钢直边长，mm；

R —— 角钢外弧半径，mm；

a —— 弯曲角度；

Z_0 —— 角钢重心距，mm。

④ 不等边角钢外弯任意角度料长计算

不等边角钢外弯任意角度料长按下式计算：

$$L = \frac{\pi\alpha(R + X_0)}{180^\circ}$$ （6-4）

式中：X_0 —— 角钢长边重心距，mm；

其他参数同式（6-3）。

⑤ 不等边角钢内弯任意角度料长计算

不等边角钢内弯任意角度料长按下式计算：

$$L = \frac{\pi\alpha(R - Y_0)}{180^\circ}$$ （6-5）

式中：Y_0 —— 角钢短边重心距，mm；

其他参数同式（6-3）。

⑥ 等边角钢外弯钢圈的料长计算

等边角钢外弯钢圈的料长按下式计算：

$$L = \pi(D + 2Z_0)$$ （6-6）

式中：D —— 角钢圈内径，mm；

Z_0 —— 角钢重心距，mm。

⑦ 槽钢平弯任意角料长计算

槽钢平弯任意角料长按下式计算：

$$L = \frac{\pi\alpha(R+\frac{h}{2})}{180°}$$ （6-7）

式中：R —— 槽钢内半径，mm；

h —— 槽钢面宽，mm；

a —— 弯曲角度。

⑧ 槽钢外弯任意角度料长计算

槽钢外弯任意角度料长按下式计算：

$$L = \frac{\pi\alpha(R+Z_0)}{180°}$$ （6-8）

式中：Z_0 —— 槽钢重心距，mm；

R，a 同式（6-7）。

放样时允许误差见表 6-2。

表 6-2　放样允许误差

序号	名称	允许误差/mm
1	十字线、平行线、准线、轮廓线、两孔间	±0.5
2	结构线	±1.0
3	样板、样条、地样	±1.0
4	装配样杆、样条	±1.0
5	加工样板	±2.0
6	度板、地板	±10.0

2. 号料

号料是利用放样得出的数据，在板料或型钢上画出容器的真实轮廓和孔口的真实形状及与之连接的构件位置线、加工线等，并注出加工符号。

三、下料

下料是根据号料图将需加工的毛料从原料上分离下来。一般有剪切、冲裁、锯切、气割等方法，常借助剪切机、切割机等机械设备进行。

下料时应先大件后小件、先长料后短料、先主件后辅件，尽可能节约材料。

四、预加工成型

预加工成型是在毛料上进行的钻孔、车螺纹、锉削、凿削、刨边、开坡口等工作，一般应借助相应机械设备进行加工。

环保容器的外形有圆形、椭圆形、矩形、方形等形式。圆形和椭圆形等弧形容器需将毛料卷圆，毛料卷圆前应根据壁厚进行焊缝坡口的加工，采用三辊对称式卷板机滚弯成圆。卷圆后，用弧形样板检查其圆度。

容器的封头一般有平封头和非平封头两种。平封头可切割得到，非平封头常采用胎具热压成型得到。

封头和罐体采用焊接连接。

五、装配连接

1. 装配

装配是将组成结构的各个零件按照一定的位置、尺寸关系和精度要求组合起来的过程。

装配前应确定零件在空间的位置或零件间的相对位置，借助夹具的外力使零件准确定位。常用的夹具有拉紧器、压紧器、推撑器、楔条夹具、偏心夹具等。

装配时可采用地样装配法、仿形复制装配法、胎型装配法等方法。

地样装配法是将构件的装配图样按 1∶1 的比例尺寸直接绘制到要装配的平台上，然后根据零件间接合的位置进行装配。

仿形复制装配法是用装配零件装配出实形的一半做仿形样板进行复制装配，一般用于对称结构件的装配。

胎型装配法是将装配所用的各种定位元件、夹具和装配胎架，组合放在相应位置后进行连接。

2. 连接

连接是将装配件进行固定。常有铆钉连接、螺纹连接、焊接连接等方式。

铆钉连接是先在型钢上钻铆钉孔，然后再将铆钉穿入进行铆固。

螺纹连接是用螺栓、螺钉、螺柱等将钢结构组合在一起。连接时，对非振动件，采用平垫圈；对振动件时，则要采用防松垫圈。防松垫圈的常见形状如图 6-1 所示。

焊接连接的方法见本教材第五章，不再重述。

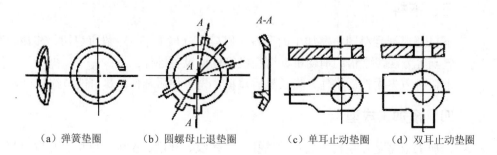

（a）弹簧垫圈　　（b）圆螺母止退垫圈　　（c）单耳止动垫圈　　（d）双耳止动垫圈

图 6-1　防松垫圈

第二节 环保设备安装

环保设备一般可分为机械设备和静置设备。机械设备包括曝气机、罗茨鼓风机、水泵等；静置设备包括吸附塔、罐等容器设备。

一、机械设备的安装程序

机械设备安装的一般程序如下。

（一）基础施工

机械设备安装前，应做好一系列的准备工作，包括技术准备、工具准备和材料准备，特别是要做好设备基础的施工。

设备基础一般采用强度等级不低于 C10 的混凝土或钢筋混凝土现场浇筑，其施工方法详见本教材第三章。

基础施工时，为便于正确安装机械设备，应在基础上埋设中心标板和基准点。

中心标板是在浇筑基础时，在设备两端的基础表面中心线上埋设的两块一定长度（150～200 mm）的型钢，并标上中心线点。一般有基础表面埋设、跨越沟道的凹下处埋设和基础边缘埋设三种方式（图6-2）。

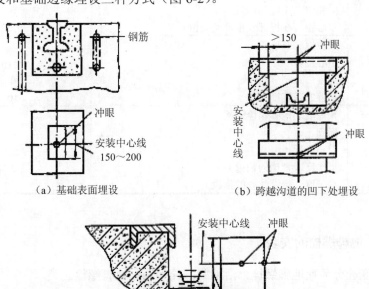

（a）基础表面埋设   （b）跨越沟道的凹下处埋设

（c）基础边缘埋设

图 6-2 中心标板埋设

　　基准点是在基础上埋设的坚固金属件（通常用 50～60 mm 长的铆钉），并根据现场的标准点测出它的标高，以作为安装设备时测量标高的依据。

　　有机座设备的基础，其基础尺寸要大于机座 100～150 mm；无机座设备的基础，其外缘应距地脚螺栓孔中心 150 mm 以上。

　　基础施工允许偏差见表 6-3。

表 6-3　设备基础的允许偏差

项次	偏差名称	允许偏差值/mm
1	基础坐标位置	±20
2	基础平面标高	0 −20
3	基础上平面外形尺寸 凸台上平面外形尺寸 凹穴尺寸	±20 −20 +20
4	基础上平面水平度 每米 全长	 5 10
5	竖向偏差 每米 全高	 5 20
6	预埋地脚螺栓 标高 中心距（在根部和顶部两处测量）	 0 ±20
7	预埋地脚螺栓孔 中心位置 深度 孔壁的垂直度	 ±10 0 10
8	预埋活动地脚螺栓锚板 标高 中心位置 水平度（带槽的锚板） 水平度（带螺纹孔的锚板）	 0 ±5 5 2

（二）地脚螺栓的安装

　　地脚螺栓分为死地脚螺栓、活地脚螺栓和锚固地脚螺栓三类。

　　死地脚螺栓如图 6-3 所示，有长短两种。长地脚螺栓的长度为 500～2 500 mm，用来在基础上固定工作时有冲击和震动荷载的机械设备；短地脚螺栓的长度为 100～400 mm，用来固定工作时没有震动荷载的机械设备。死地脚螺栓一般与基础浇筑在一起，采用一次灌浆法或二次浇灌法施工。二次浇灌法由于有预留螺栓孔，所以施工方便，但牢固程度比一次灌浆法稍差。死地脚螺栓一般用于鼓风机、辅助机械和塔罐类设备的安装。

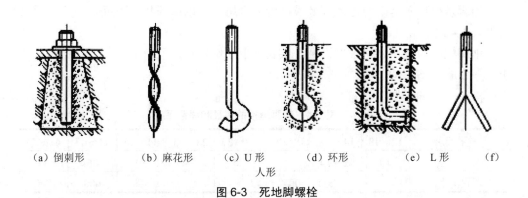

（a）倒刺形　　　（b）麻花形　　　（c）U 形　　　（d）环形　　　（e）L 形　　　（f）人形

图 6-3　死地脚螺栓

活地脚螺栓也有两种（图 6-4）。一种是两端带有螺纹及螺母的螺栓；另一种下端为"T"形螺栓。"T"形螺栓埋设时，将一地脚板埋设在基础内，板上有长方形口，将螺栓下端"T"形的长方头插入后，拧转 90°使其与板上的长方口成正交，于是便不能取出。活地脚螺栓一般用于工作时有强烈震动或冲击力较大的重型机械设备的安装，其螺栓孔内一般不填充混凝土，而是填充干砂或塑料颗粒，有时也可什么都不填，其目的是当地脚螺栓震断或松动后易于更换或调整。

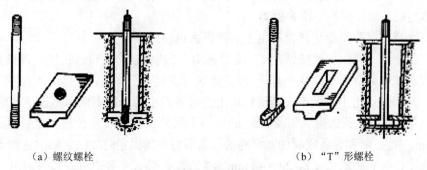

（a）螺纹螺栓　　　　　　　　　（b）"T"形螺栓

图 6-4　活地脚螺栓示意

锚固式地脚螺栓也称膨胀螺栓，一般用于工作时无震动的小型设备和电器仪表柜的安装，具有施工简单、定位准确的优点。

一次灌浆法埋设地脚螺栓时，应将地脚螺栓随基础混凝土的浇筑同时埋入。为保证螺栓中心距准确，要根据尺寸要求用木板把螺栓上部固定在基础模板上，螺栓下部用$\phi 6$的钢筋相互焊接固定。

二次灌浆法是在基础上预留埋设螺栓的螺栓孔，待安装机座时再穿上地脚螺栓进行浇筑。地脚螺栓距孔壁的距离不应小于15 mm，其底端不应碰撞预留的孔底。

地脚螺栓埋入基础的尾部应做成弯钩或燕尾式，以保证其牢固可靠，其埋置深度见表6-4。

地脚螺栓的直径d是根据机械设备底座上的螺栓孔直径确定的，一般d比孔径小2～10 mm（表6-4）。

表6-4　地脚螺栓的直径和埋置深度　　　　　单位：mm

螺栓孔直径	12～13	14～17	18～22	23～27	28～33	34～40	41～47	48～55
螺栓直径	10	12～14	16	20	24	30	36	42
埋置深度	200～400				500		600	700

地脚螺栓安装前应清污，不得有毛刺和杂屑。螺栓与垫圈、垫圈与机械设备底座接触面应平整。地脚螺栓的紧固应在基础混凝土达到设计强度的75%后进行，螺母拧紧后，螺栓应露出螺母1.5～5个螺距。地脚螺栓拧紧后，用水泥砂浆将底座与基础间的缝隙填实，以保证底座的稳定。

（三）垫铁的安放

为提高设备的稳定性，便于调整底座的标高和水平度，地脚螺栓二次灌浆后，可用厚0.3～20 mm的垫铁调整找平设备机座，一般有平垫铁、斜垫铁、开口垫铁、L形垫铁、螺栓调整垫铁等种类。

平垫铁又称矩形垫铁，常用于一般设备机座的调整找平。

斜垫铁又称斜杆式垫铁，大多用于震动大、构件精密的设备机座的调整找平（如卧式水泵安装需用斜铁找平）。一般斜垫铁下面要有平垫铁。

开口垫铁用于安装设在金属结构上的设备及由两个以上面积都很小的底脚支持的设备。这种垫铁的形状如图6-5（a）所示，其开口宽度D应比地脚螺栓直径大1～5 mm；宽度W和设备底脚的宽度相等，当需要焊接固定时应比底脚的宽度大；长度L应比设备底脚的长度长20～40 mm。工程中，卧式水泵电机安装时需用开口垫铁找平。

当以上几种垫铁都不能放置时可采用L形垫铁[图6-5（b）]，其中留出的孔用于穿地脚螺栓。

螺栓调整垫铁是利用螺栓的松紧来调整垫铁位置，从而达到调整底座的目的[图6-5（c）]。

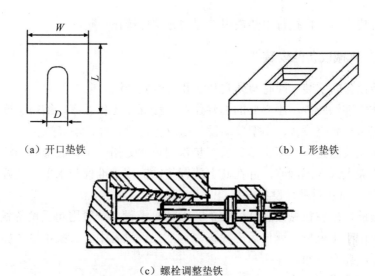

（a）开口垫铁   （b）L 形垫铁

（c）螺栓调整垫铁

图 6-5 垫铁示意

垫铁的布置一般有标准垫法、十字垫法、辅助垫法等方法（图 6-6）。

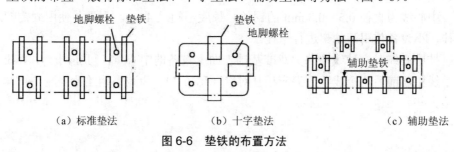

（a）标准垫法   （b）十字垫法   （c）辅助垫法

图 6-6 垫铁的布置方法

标准垫法是将垫铁放在地脚螺栓的两侧；十字垫法是当设备底座小、地脚螺栓间距较近时采用的方法；辅助垫法是当地脚螺栓间距太大时，要在中间加辅助垫铁的方法。

一般垫铁之间允许的最大间距是 500～1 000 mm。

此外，还有筋底垫法、三脚垫法和混合垫法等方法。

安放垫铁时应注意：

➢ 垫铁与基础面必须紧密贴合。

➢ 每组垫铁的块数不宜多于 3 块，厚的放在上面，薄的放在下面，应尽量减少薄垫铁的使用。垫铁组的高度应在 30～100 mm。

➢ 设备找平后，平垫铁应露出设备底座外缘 10～30 mm，斜垫铁应露出 10～50 mm，以便于调整。垫铁与地脚螺栓的间距应为 50～150 mm，以便于栓孔灌浆。

设备找平后，再把每组垫铁用点焊的方法焊接在一起。

（四）机械设备的安装

机械设备的安装一般有整体安装法和坐浆安装法。

整体安装法减少了不必要的拆装作业，提高了工作效率，缩短了安装时间。该法广泛应用于高空设备、小型单动设备以及各种槽、罐、塔等的安装。

坐浆安装法是在混凝土基础放置垫铁的位置处凿一个锅底形的凹坑，然后浇灌无收缩混凝土或水泥砂浆，并在其上放置垫铁，用水准仪和水平仪调好标高和水平度，养护 1～3 d 后进行设备安装。

安装前，应将机械设备就位找正。大型机械设备一般用起重设备就位，小型机械设备可用手工就位。就位后应找正，包括找正设备中心、找正设备标高和找正设备的水平度三个方面。

（1）找正设备中心

设备放在基础上，根据中心标板挂中心线来对准设备的中心线，以确定设备的正确位置。

中心线为直径 0.5～0.8 mm 的钢丝，长度不超过 40 m。大设备使用固定架进行悬挂，小设备使用活动架进行悬挂。

挂中心线时，使线坠的尖对准基础表面上设备的中心点，可在同一中心线上挂两个线坠，前后两个线坠的尖应相互对准（图 6-7）。为减小钢丝的挠度，重锤应比线坠大些。

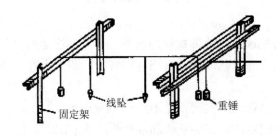

图 6-7 中心线悬挂

设备中心的确定一般有以下四种方法：

➢ 根据加工的圆孔找设备中心 ［图 6-8（a）］。

➢ 根据轴的端面找设备中心 ［图 6-8（b）］。

➢ 根据侧加工面找设备中心 ［图 6-8（c）］。

➢ 根据轴瓦瓦口找设备中心 ［图 6-8（d）］。

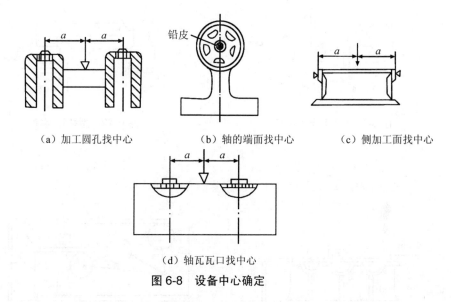

（a）加工圆孔找中心　　　　　（b）轴的端面找中心　　　　　（c）侧加工面找中心

（d）轴瓦瓦口找中心

图 6-8　设备中心确定

施工中由于各种原因，设备不可能一次就位成功，此时就需要对设备进行拨正。常用的拨正方法如下：

一般小型设备用锤子敲打或用撬棍拨正（图 6-9）；较重的设备可在基础上放上垫铁，然后打入斜铁使设备移动（图 6-10）。

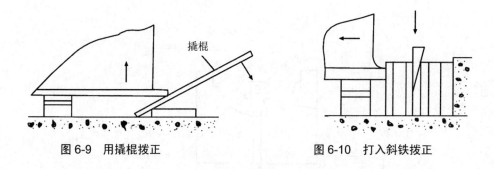

图 6-9　用撬棍拨正　　　　　　　　**图 6-10　打入斜铁拨正**

有些大型设备，可利用千斤顶拨正。拨正时，在千斤顶的两端加上垫铁或木块，以防止碰坏设备表面或基础表面（图 6-11）。

有些贵重设备可用拨正器来拨正（图 6-12）。

（2）找正设备标高

找正设备标高的方法一般有按加工平面找标高、按斜面找标高、按曲面找标高、用样板找标高、利用水准仪找标高等方法（图 6-13～图 6-17）。

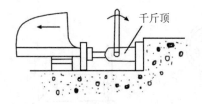

图 6-11 用千斤顶拨正

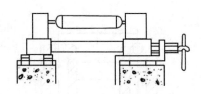

图 6-12 用拨正器拨正

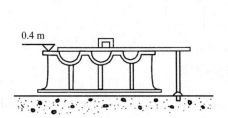

图 6-13 按加工平面找标高

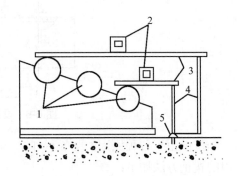

1—轴承外套；2—框式水平仪；3—铸铁平尺；
4—量棍；5—基准点

图 6-14 按斜面找标高

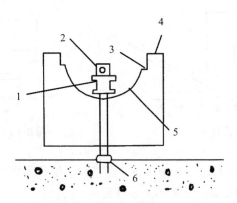

1—铸铁水平尺；2—框式水平仪；3—平面；4—结合面；5—弧面；6—基准点

图 6-15 按曲面找标高

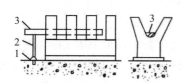

1—基准点；2—量棍；3—样板

图6-16 用样板找标高

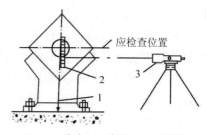

1—线坠；2—标尺；3—水准仪

图6-17 用水准仪找标高

（3）找正设备水平度

一般采用三点调整法。调整时，首先在设备底座下选择适当的位置，放入三组斜垫铁（最好是可调垫铁），通过打入斜垫铁来调整设备标高，使设备标高略高于设计标高 1～2 mm；然后将永久垫铁放入预先设定的位置，各组永久垫铁的松紧度应一致；最后撤出斜垫铁，使设备落在永久垫铁上。

在调整的过程中，应用水平仪检查水平度。在较小的测定面上直接用水平仪检查；大的测定面上应先放水平尺，然后再用水平仪检查。使用水平仪时，应正反（旋转 180°）各测一次以修正其本身的误差。如测定面有接头，在接头处一定要检查水平度。

设备的中心、标高、水平度是决定设备安装位置的基本条件，三者必须同时满足要求。一般是先找中心，再找标高，最后找水平度，如此反复进行，直到中心、标高、水平度三者均满足要求为止；也可先找标高，再找水平度，最后找中心。

（五）浇灌砂浆

当设备安装完毕，经检查符合安装技术标准，并经有关部门审查合格后，即可进行灌浆。

所谓灌浆，就是将设备底座与基础表面之间的空隙及地脚螺栓孔用混凝土或砂浆灌满。其作用一是固定垫铁（可调垫铁的活动部分不能浇固）；二是可以承受设备的荷载。

灌浆前，要把灌浆处用水冲洗干净，以保证新浇混凝土或砂浆与原混凝土结合牢固。所用浆液一般为细石混凝土或水泥砂浆，其强度等级至少应比原设计等级高一级。

灌浆时，应支设一圈外模板，其边缘距设备底座边缘一般不小于 60 mm；当设备底座下的整个面积不必全部灌浆，而且灌浆层需承受设备荷载时，就要支设内模板，以保证灌浆层的质量。内模板到设备底座外缘的距离应大于 100 mm，同时不能小于设备底座面边宽。灌浆层的高度，在底座外面应高于底座的底面，灌浆层的上表面应有坡度，坡向底座外，以防止油、水流入设备底座。

灌浆作业要连续进行，一次灌注完毕，然后进行养护，养护时间不少于 1 周。待混凝土强度达到其设计强度的 75%以上时，再拧紧地脚螺栓。

有时为了使垫铁和设备底座底面、灌浆层接触更牢固，可采用压浆法（图 6-18）。即先在地脚螺栓上点焊一根小圆钢（点焊的强度以保证压浆时能胀脱为度），作为支撑垫铁的托架。将焊有小圆钢的地脚螺栓穿入设备底座的螺栓孔，并将垫铁放在小圆钢上，稍稍拧紧地脚螺栓的螺母，使垫铁与设备底座紧密接触，暂时固定在正确位置上。灌浆时，一般应先灌满地脚螺栓孔，待混凝土达到设计强度的 75%后，再灌垫铁下面的压浆层，压浆层的厚度一般为 30~50 mm。压浆层初凝后，调整垫铁的升降块，胀脱小圆钢，将压浆层压紧。当压浆层强度达到设计强度的 75%后，拆除临时垫铁，并进行设备最后的找正。

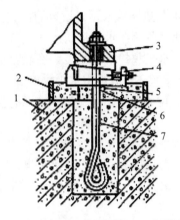

1—基础或地坪；2—压浆层；3—设备底座；4—调整垫铁；5—小圆钢；6—电焊位置；7—地脚螺栓

图 6-18 压浆法

二、常见机械设备的安装

（一）水泵安装

水泵安装前，应进行一系列的检查工作。检查的内容主要有：① 水泵的名称、规格、型号；水泵零件是否完好齐全；水泵机组盘车是否灵活，有无异常声音；② 电动机转子在盘动时是否有卡、碰现象，电动机引出线的接头是否良好、编号是否齐全；③ 管道的质量、管径、长度、规格等是否满足要求，法兰盘是否对眼，螺栓是否齐全；④ 基础的尺寸、强度、质量等是否满足要求，地脚螺栓的埋设是否满足要求。经检查无误后，就可进行水泵的安装。

1. 离心泵的安装

离心泵的安装步骤如下：① 将底座置于基础上，套上地脚螺栓，调整底座的中心使其与设计位置一致。② 将地脚螺栓二次灌浆，养护后在底座与基础之间加垫铁。③ 用精度为 0.05 mm/m 的方形水平尺测定底座加工面的水平度，纵向、横向的允许误差均不大于 1/10 000 mm。调整垫铁使水平度满足要求后，将地脚螺栓拧紧。④ 若水泵机组需进行减振安装，应根据设计要求安装减振垫或减振器。⑤ 将起吊钢丝绳系在水泵泵体上，起吊水泵就位，并找正中心、标高和水平度。⑥ 以安装好的水泵为标准安装电动机。⑦ 进行电动机与水泵、水泵与进出水管和阀件的连接。

2. 轴流泵的安装

立式轴流泵一般安装在水泵梁上，电机安装在泵上面的电机梁上，其安装要点如下：① 将吸水喇叭管、导叶座吊入进水室就位；② 将出水弯管吊到水泵梁上就位，使其地脚螺栓孔与梁上的预留螺栓孔对准，垫上校正垫铁使弯管出水口方向符合要求，穿上地脚螺栓，暂不拧紧螺帽；③ 将电机座吊到电机梁上，使机座地脚螺栓与预留孔对准，垫上校正垫铁，穿上地脚螺栓，暂不拧紧螺帽；④ 电机机座以轴承座面为校准面，将水平尺或方形水平仪置于校准面上，调整垫铁使其水平度满足要求；⑤ 校正传动轴孔与泵轴孔的同心度和水平度，满足要求后对称拧紧地脚螺栓；⑥ 将导叶座、泵轴、叶轮、喇叭口、填料函等依次安装好；⑦ 安装传动轴；⑧ 当泵体与电机座安装完毕后，用水泥砂浆或细石混凝土将地脚螺栓孔及底座与梁之间的空隙填灌密实，并养护到满足要求为止；⑨ 将电动机吊装到电机机座上，装好联轴器，拧紧地脚螺栓。

卧式轴流泵、潜污泵、螺旋提升泵的安装，应根据机械设备的安装程序，参考生产商提供的安装说明书进行。水泵安装允许偏差见表 6-5。

表 6-5 水泵安装允许偏差

序号	项 目			允许偏差/mm	检验频率		检验方法
					范围	点数	
1	底座水平度			±2	每台	4	用水平仪测量
2	地脚螺栓位置			±2	每只	1	用尺量
3	泵体水平度、铅垂度			0.1/m		2	用水平仪测量
4	联轴器同心度	轴向倾斜		0.8/m	每台	2	用水平尺、测微螺钉和塞尺等检查
5		径向位移		0.1/m		2	
6	皮带传动	轮宽中心平面位移	平皮带	1.5		2	在主从动皮带轮端拉线用尺检查
7			三角皮带	1.0		2	

（二）鼓风机安装

鼓风机包括离心鼓风机和罗茨鼓风机。

鼓风机安装前，应做好一切准备工作，特别是风机的开箱检查工作。开箱检查的内容主要有：

> 清点零部件是否齐全；

> 核对叶轮、机壳和其他部件的安装尺寸是否符合设计要求；

> 叶轮的旋转方向和定子导流叶片的导流方向是否符合随机技术文件的规定；

> 外露表面的防锈情况和主要部件的质量。

准备工作就绪后，即可进行风机的安装工作。

1. 离心鼓风机安装

离心鼓风机的安装要点如下：

> 中、小型风机一般都是整机安装，大型风机可分机安装；

> 起吊风机就位时，绳索不得捆绑在转子和机壳或轴承盖的吊环上；

> 预留地脚螺栓的位置和尺寸要满足要求；

> 安装时应底座水平、风机和电机找平找正，偏差在允许范围内；

> 确保叶轮与机壳不相碰；

> 拧紧风机地脚螺栓时，可加减振胶垫。

离心风机的安装允许偏差见表 6-6。

表 6-6　离心风机的安装允许偏差

项　目	允　许　偏　差			
	接触间隙/mm	水平度/（mm/m）	中心线重合度/mm	轴向间隙/mm
轴承座与底座	＜0.1	—	—	—
轴承座纵、横向	—	＜0.2	—	—
机壳与转子	—	—	＜2.0	—
叶轮进风口与机壳进风口接管	—	—	—	$D_{叶轮}/100$
主轴与轴瓦顶	—	—	—	$D_{轴}$（1.5/1 000～2.5/1 000）

2. 罗茨鼓风机安装

罗茨鼓风机的安装要点如下：

> 地脚螺栓采用二次灌浆法埋设；

> 为满足检修的需要，基础尺寸应留出适当的宽裕面；

> 检查清洗机体和管道内的杂物，然后将管道与风机接通；

> 风机和电机就位后，用垫铁调整水平度；

> 安装时不允许破坏风机的装配间隙；

➢ 安装后盘动鼓风机转子,应转动灵活,无碰撞和摩擦现象;

➢ 当空气含尘量超过 100 mg/m³ 时,应在进气口消声器前端装设空气过滤器。

罗茨鼓风机的安装允许偏差见表 6-7。

表 6-7 罗茨鼓风机的安装允许偏差

项　目	允许偏差/mm	
	水平度	轴向间隙
机身纵向、横向	0.2	—
转子与转子间、转子同机壳间	—	符合设备技术文件规定

(三) 搅拌机安装

在水处理工程中,搅拌机主要用于溶药搅拌、混合搅拌、反应搅拌、澄清搅拌和消化搅拌五个方面。

搅拌机主要由工作部分、支撑部分和驱动部分组成。工作部分包括搅拌器、搅拌轴、搅拌附件等部件。支撑部分由机座、轴承装置等组成。驱动部分主要为电动机、减速器等。

搅拌机的安装应根据机械设备安装的一般程序,参考生产商提供的安装说明书进行。当介质有腐蚀性时,搅拌轴和桨需用环氧树脂或丙纶布涂包两层,以防止腐蚀。若为木质桨板,应涂热沥青两道。其安装允许偏差如下。

1. 溶药、混合搅拌机安装允许偏差

搅拌机轴安装允许偏差见表 6-8。

2. 反应搅拌机安装允许偏差

反应搅拌机轴安装允许偏差见表 6-9。

表 6-8 溶药、混合搅拌机轴安装允许偏差

搅拌器类型	转数/(r/min)	上下摆动量/mm	桨叶轴线垂直度/mm	运转时间
桨式、框式、提升叶轮型	≤32	≤1.5	桨板长度 4/1 000 且 <5	水: 2 h; 其他介质: 4 h
	>32	≤1.0		
推进式和圆盘平直叶轮型	100～400	≤0.75		

表 6-9 反应搅拌机轴安装允许偏差

搅拌机类型	轴直线度	桨板对轴垂度或平行度	轴的垂直度
立式	≤0.10/1 000	为桨叶长度 4/1 000 且 <5 mm	≤0.5/1 000 且≤1 mm
卧式	为 GB 1184 的 8 级		

3. 澄清池搅拌机安装允许偏差

澄清池搅拌机安装允许偏差见表 6-10。

表 6-10　澄清池搅拌机安装允许偏差

项目	允许偏差/mm					
	叶轮直径/m			桨叶长度/mm		
	<1	1~2	>2	<400	400~1 000	>1 000
叶轮上、下板平面度	3.0	4.5	6.0			
叶轮出水口宽度	+2.0 0	+3.0 0	+4.0 0			
叶轮径向跳动	4.0	6.0	8.0			
叶轮端面圆跳动	4.0	6.0	9.0			
桨板与叶轮下面板应垂直，其角度偏差为 ±1° 30′，±1° 15′，±1°						

4. 消化池搅拌机安装允许偏差

消化池搅拌机安装允许偏差见表 6-11。

表 6-11　消化池搅拌机安装允许偏差

项目	允许偏差/mm
搅拌轴中心与设计孔口中心	≤±10
叶片外径与导流筒内径	>20
叶片下端摆动量	≤2

（四）曝气机安装

曝气机械按工作原理可分为表面曝气机械和潜水曝气机械两种。表面曝气机有 PE 型、转刷式、浮筒式等形式；潜水曝气机有 QBG075 型和 BQ15b 型等形式。按安装方式可分为立式和水平式。

曝气机不管立式安装还是水平安装，都应根据机械设备安装的一般程序，参考生产商提供的安装说明书进行。其安装允许偏差见表 6-12、表 6-13。

表 6-12　立式曝气机安装允许偏差

项目	允许偏差/mm		
	水平度	径向跳动	上下跳动
机座	1 / 1 000	—	—
叶轮与上、下罩进水圈	—	1~5	—
导流锥顶	—	4~8	—
整体	—	3~6	3~8

表 6-13 水平式曝气机安装允许偏差

项目	允许偏差/mm		
	水平度	前后偏移	同轴度
两端轴承座	5/1 000	5/1 000	—
两端轴承中心与减速机出轴中心同心线	—	—	5/1 000

（五）吸刮泥机安装

在环境工程中，吸刮泥机主要用于沉砂池和沉淀池等水处理构筑物中，常用的吸刮泥机主要有：行车吸泥机、行车式提板刮泥和撇渣机、链板式刮泥除砂机、中心传动刮泥机、周边传动吸刮泥机、机械搅拌澄清池刮泥机等种类。

吸刮泥机的安装应根据机械设备安装的一般程序，参考生产商提供的安装说明书进行。链条刮砂机安装允许偏差见表 6-14。

表 6-14 链条刮砂机安装允许偏差

项目	允许偏差/mm			
	平行度	重合度	间隙	标高偏差
主动轴与各从动轴	<1/1 000	—	—	—
主动轮与各从动轮	—	<±2	—	—
刮板与托架及池底	—	—	刮板与托架接触良好，与池底间隙 3~5	—
初沉池链条刮泥机撇渣机构与液面	—	—	—	≤20；刮板与池壁弹性接触良好，无明显漏缝

中心传动刮泥砂机机座及主要部件安装允许偏差见表 6-15。

表 6-15 中心传动刮泥砂机机座及主要部件安装允许偏差

项目	允许偏差/mm				
	径向	垂直度	水平度	同轴度	间隙
中心柱管与设计定位中心	<20	—	—	—	—
中心柱管	—	≤1/1 000	—	—	—
中心转盘与调整机座	—	—	<0.5/1 000	—	—
中心竖架	—	<0.5/1 000	—	—	—
中心柱管上的轴承环与中心转盘	—	—	—	<1/1 000 d 轴	—
轴瓦与上下轴承环	—	—	—	—	间隙均匀单边调整在 5~8
刮壁	—	—	对称水平：<1/1 000；两刮壁高差<20	—	—

提板式刮泥砂机对池子土建要求见表 6-16。

表 6-16　提板式刮泥砂机对池子土建要求

名称	允许偏差及规定/ mm
池宽（全程范围）	±10
池壁侧壁平行度（全程范围）	10
池壁侧壁直线度（全程范围）	10
滚轮运行的轨道表面（全程范围）	平正无凹陷

（六）格栅除污机的安装

格栅除污机安装时的定位允许偏差见表 6-17。

表 6-17　格栅除污机定位允许偏差

项目	允许偏差/mm		
	平面位置偏差	标高偏差	安装要求
除污机安装后与设计要求	≤20	≤30	—
除污机安装在混凝土支架	—	—	连接牢固，垫块数<3 块
除污机安装在工字钢支架	—	<5	两工字钢平行度<2 mm；焊接牢固

格栅除污机安装允许偏差见表 6-18。

表 6-18　格栅除污机安装允许偏差

项目	允许偏差/mm					
	角度偏差/（°）	错落偏差	中心线平行度	水平度	不直度	平行度
除污机与格栅井	符合设计要求	—	<1/1 000	—	—	—
格栅、栅片组合	—	<4	—	—	—	—
机架	—	—	—	<1/1 000	—	—
导轨	—	—	—	—	0.5/1 000	两导轨间≤3
导轨与栅片组合	—	—	—	—	—	≤3

（七）电除尘器的安装

电除尘器安装时应根据机械设备安装的一般程序，参考生产商提供的安装说明书进行，并注意以下五点：

（1）应有良好的密闭性。为此，壳体的所有焊接应采用连续焊缝，并采用煤油渗透法检查；

（2）除去所有飞边、毛刺；

（3）两极间距的精确度直接影响到除尘器的工作电压。为此，安装必须仔细，对规格在 40 m² 内的电除尘器，其偏差应小于 ±10 mm；

（4）电除尘器的进、出口处应安装温度计，以便于及时反映进入除尘器的烟气温度及除尘器的散热情况；

（5）必要时应装设一氧化碳检测装置，以防除尘器的燃烧和爆炸。

三、静置设备的安装

（一）塔类设备安装

塔类设备一般采用吊装工艺就位，吊装前应仔细检查起重机具，确保无误后进行试吊。

试吊时启动卷扬机，将钢丝绳拉紧后，仔细检查各部件是否牢靠，一切正常后再次启动卷扬机，把塔体吊起距地面 0.5 m 左右时，再停止卷扬机，检查塔体和起吊设备有无变形或其他异常现象。经试吊确保安全后再正式起吊。

正式起吊时，两桅杆上的吊具利用两台卷扬机同时牵引，卷扬机要互相协调，起吊速度应保持一致。塔体底部的制动滑轮组用另一台卷扬机拉住，以防止塔体前移速度过快，造成塔体与基础碰撞。有时，由于摩擦力过大，塔体不能顺利前进，此时则可以利用卷扬机，牵引塔体拖运架前方的一根牵引索，辅助塔体前移。

起吊过程中应注意：

➢ 塔体应平稳上升，不得出现跳动、摇摆及滑轮卡住、钢丝绳扭转等现象；

➢ 应在塔体顶端两侧系好控制绳，以防止塔体左右摇晃；

➢ 起吊过程中应检查桅杆、缆绳和锚桩等的受力情况，严防松动；

➢ 当塔体将要升到垂直位置时，应控制塔底的制动滑车组，防止塔底离开拖排的瞬间向前猛冲而碰坏基础或地脚螺栓；

➢ 当塔体吊到稍高于地脚螺栓时应停止吊升，准备就位；

➢ 起吊工作应统一指挥、连续进行，中间不应停歇，禁止塔体悬空停放。

塔类设备就位时，应使塔类设备底座上的地脚螺栓孔，对准基础上的地脚螺栓，将塔体安放在基础表面的垫铁上。如不能对准，可用链式起重机，使塔体做小的转动或用撬杠撬动，或用气割法将螺栓孔稍加扩大，使塔体便于就位。

设备就位后，其中心线位置偏差不得大于 ±10 mm；方位允许偏差，沿底座环圆周测量，不得超过 15 mm；其垂直度偏差值应不大于 1/1 000；塔顶外倾的最大偏差量不超过 30 mm。

填料塔的填料，凡是规则排列的，需进入塔内人工排列；不规则排列的，高塔采用湿法填加，以减少填料破碎量，并在加填料的过程中，逐渐将水排出；低塔采用干法填加，但破碎的填料必须拣出。

（二）阀门安装

在环保工程中应用最广泛的阀门有闸阀、截止阀和蝶阀。

1. 阀门安装前的检查

阀门安装前，应仔细核对所用阀门的型号规格是否与设计相符，根据阀门的型号和出厂说明书，检查、对照阀门可否在所要求的条件下使用。阀门开启是否灵活，有无卡涩和歪斜现象。经检查合格后，根据国家有关验收规范的规定，低压阀门应从每批（同一制造厂，同规格，同型号，同到货）中抽查 10%（至少 1 个），进行强度和严密性试验。试验后若有不合格者，再抽查 20%进行试验，如仍有不合格者则需逐个检查。高、中压和有毒、剧毒及甲、乙类火灾危险介质的阀门，应逐个进行强度和严密性试验。阀门的强度和严密性试验，应在专门的阀门试验台上进行。阀门强度试验的标准如下：

> 公称压力小于或等于 32 MPa 的阀门，其试验压力为公称压力的 1.5 倍；
> 公称压力大于 32 MPa 的阀门，其试验压力按表 6-19 中的数据执行。

表 6-19   阀门的试验压力   单位：MPa

公称压力	40	50	64	80	100
试验压力	56	70	90	110	130

下列用途的阀门除进行强度试验外，还应进行严密性试验：

> 用于输送汽油、煤油、石油液化气、氯气的管道阀门；
> 汽机的主气阀，特殊要求的高压蒸汽阀；
> 各种有腐蚀性介质，有毒，剧毒，甲、乙类火灾危险物质的阀门。

2. 阀门的安装

阀门的安装要点如下：① 阀体上标示的箭头，应与介质流动方向一致；② 用手轮、手柄操作的阀门，宜直立安装，操作柄距地面 1～1.2 m 为宜，以便于操作；③ 水平管道上的阀门，其阀杆最好垂直向上，必要时，也可向上倾斜一定的角度，但不允许阀杆朝下安装；④ 并排安装在管道上的阀门，应有操作、维修、拆装的空间位置，其手轮之间的净距不得小于 100 mm，如间距较窄，应将阀门交错排列；⑤ 对开启力矩大、强度低、脆性和重量较大的阀门，应设置阀架来支撑阀门，并应减少支管上的阀门，尽量将阀门安装在靠近总管道的位置处；⑥ 搬运阀门时，不允许随手抛掷，以免损坏和变形；堆放时，碳钢阀门与不锈钢阀门和有色金属阀门应分开；吊装时，钢丝绳索应拴在阀体与阀盖的连接法兰处，切勿拴在阀杆或手轮上，以免损坏阀杆和手轮；⑦ 操作较多的阀门，当必须安装在距操作面 1.8 m 以上时，应设置固定的操作平台；⑧ 安装螺纹连接的阀门时，在阀门附近一定要安装活接头，以便拆装；⑨ 安装法兰连接的阀门时，要保证法兰端面与阀门法兰平行并同轴线，拧紧法兰螺栓时，应采用对称或十字交叉的方法，分几次逐渐拧紧。

四、电气设备的安装

电气设备的安装要点如下：① 在土建施工过程中应正确预留槽、洞；② 搬运及安装过程中，应有防震、防潮、防柜体受损的保护措施；③ 基础槽钢与基础预埋件要焊接牢固，基础槽钢的水平度和不直度均不大于 1 mm/m；④ 屏、柜等设备就位后与基础槽钢间用地脚螺栓牢固固定，并可靠接地；⑤ 所有二次接线必须按施工图进行施工、接线正确、牢固可靠，绝缘性好，无损伤现象，所配导线的端部应有回路编号；⑥ 柜、盘、箱的电缆穿线孔洞应封堵密实；⑦ 电缆敷设不得交叉打扭，接头要规范、牢固可靠，并应留出 20～50 cm 余量。铠装电缆的钢带不应进入盘、柜、箱内，铠装钢带的切断处应绑扎，并做好接地。电缆头上应绑扎电缆标牌。

五、自控设备的安装

自控设备的安装要点如下：① 自控设备的安装一般在工艺设备安装量完成 80% 后开始进行。② 安装前应调试，并仔细阅读生产商提供的安装说明书。③ 电磁流量计安装前应确定安装位置，保证前后直管段长度分别为 $5D$ 和 $3D$（D 为工艺管道的直径）。安装时将流量计运到流量计井边，先在井底流量计位置处铺好起支撑作用的枕木，枕木标高与工艺管底部平齐，再将流量计吊进井内，缓缓落在枕木上，靠近上游法兰并套好螺栓，初步固定好，并保证介质流向正确。再将法兰短管吊到流量计井内，先与流量计法兰接好，然后调整流量计、短管和工艺管道，使其在同一轴线，初步收紧柔口。再从上游到下游依次收紧法兰垫片和柔口，使流量计与管道同轴度达到最佳。最后将流量计法兰与工艺管道法兰用导线相连并与变送器接地端一起并入到专用接地体上，保证测得的接地电阻小于 1 Ω，使被测介质、传感器和工艺管道为等电位体，以便仪表能可靠稳定地工作，提高测量精度。④ 水质仪表传感器要尽可能靠近取样点或最能灵敏反应介质真实成分的地方，安装环境要保证良好的采光、通风，避免阳光的直接照射，不受异常震动和冲击。取样管采用小口径管，尽量缩短从取样点流到传感器的时间。取样管是检测仪表专用管，尽量不分叉和转弯，以保证水压稳定和检测显示值稳定。⑤ 安装过程中水质仪表要轻拿轻放，严禁碰撞探头。传感器的进水口和出水口要用软管连接，避免用钢管硬性连接损坏探头。传感器与变送器间应用与仪表配套的专用电缆连接，中间不能有接头。⑥ 溶解氧测定仪安装时，不允许将探头放于容器上或与其他物品捆绑在一起落放，并避免剧烈振动。探头应插入介质中至少 50 cm，严禁干运转。⑦ 其他仪表如 SS 分析仪、pH 分析仪、COD 测定仪的安装，应按照生产商提供的安装说明书进行。

以上设备安装完毕后，应进行试运转，合格后方可正式投入运行。

复习与思考题

1. 中、低压环保容器现场加工的程序有哪些？

2. 机械设备安装的一般程序有哪些？

3. 地脚螺栓有哪些种类？怎样埋设？

4. 垫铁的作用是什么？怎样布置？

5. 机械设备就位找正时应进行哪些方面的找正？各如何找正？

6. 水泵、风机、搅拌机、曝气机、刮吸泥机、格栅除污机、电除尘器的安装要点各有哪些？

7. 塔类设备怎样吊装？

8. 电气设备、自控设备的安装要点各有哪些？

第七章　管道及设备的防腐与保温

第一节　管道及设备的防腐

腐蚀是指在化学作用或电化作用影响下，使材料破坏和质变。由化学作用引起的腐蚀称为化学腐蚀；由电化作用引起的腐蚀称为电化学腐蚀。一般情况下，金属与氧气、氯气、二氧化硫、硫化氢等气体或与汽油、乙醇、苯等非电解质接触所引起的腐蚀都是电化学腐蚀。腐蚀的危害性很大，它使大量金属成为废品，使生产和生活设施很快报废。据国外资料统计，每年由于腐蚀所造成的经济损失约为国民生产总值的 4%；我国每年由于腐蚀造成的经济损失同样也十分惊人。因此，为了保证正常的生产、生活秩序，延长生产、生活设施的使用寿命，除了正确地选材外，还应采取必要的防腐措施。

为了使防腐材料起到较好的防腐作用，除选用较好的防腐材料外，还要使防腐材料与金属表面牢固地结合。而一般金属表面总有各种污物，它们会影响防腐材料在金属表面的附着力。金属表面的铁锈如果未除尽，当油漆刷到金属表面后，被漆膜封闭的空气会使金属继续锈蚀，从而起不到防腐的作用。因此在防腐前必须进行必要的表面处理。

一、管道及设备的表面处理

管道及设备的表面处理是指在涂刷底漆前将其表面的污物和锈蚀清除干净，并保持干燥，以增加油漆的附着力和防腐效果，主要指表面去污和除锈。

去污是清洗金属表面的油脂和污物，常用的清洗方法见表 7-1。

除锈是指去掉金属表面的锈层、氧化皮等。常用的方法有以下几种。

1. 人工除锈

人工除锈一般是用锉刀、钢丝刷、纱布或砂轮片等摩擦金属外表面，将金属外表面的锈层、氧化皮、铸砂等除掉。

人工除锈劳动强度大，效率低，质量差。通常在机械设备不足或锈蚀较轻时采用。

表 7-1　各种清洗方法及适用范围

清洗方法	适用范围	注意事项
溶剂（如工业汽油、溶剂汽油、过氯乙烯、三氯乙烯）清洗	除油、除脂、可溶污物和可溶涂层	若需保留旧涂层，应使用对该涂层无损的溶剂，溶剂和抹布应经常更换
碱清洗剂	除掉可皂化的涂层、油、油脂和其他污物	清洗后要充分冲洗，并作钝化处理
乳剂	除油、油脂和其他污物	清洗后应将残留物从金属表面上冲洗干净
蒸汽除油，必要时可加溶剂，如三氯乙烯、二氯甲烷等	除油、油脂和其他污物，当压力和温度足够时可除去涂层	清除时旧涂层可被侵蚀或破坏。清洗后应将残留物从金属表面上冲洗干净

2. 机械除锈

机械除锈一般采用砂轮机打磨金属表面，将金属外表面的锈层、氧化皮、铸砂等除掉。

机械除锈效率高、质量好。通常在金属表面锈蚀较严重时采用。

3. 喷砂除锈

喷砂除锈是指用 0.4～0.6 MPa 的压缩空气，将粒径为 0.5～2.0 mm 的石英砂喷射到有锈蚀的金属表面上，靠砂子的打击将金属外表面的锈层、氧化皮、铸砂等除掉。

喷砂除锈能使金属表面变得既粗糙又均匀，使油漆能与金属表面很好地结合，并且能除尽金属表面凹陷处的锈蚀，是加工厂和预制厂常用的一种除锈方法。

喷砂除锈效率高、质量好，一般用于锈蚀较严重的情况；但噪声大、尘土飞扬、污染环境。

4. 化学除锈

化学除锈是指用酸洗的方法清除金属表面的锈层、氧化皮。一般采用 10%～20%、温度为 18～60℃的稀硫酸溶液，浸泡金属物件 15～60 min；也可用 10%～15%的盐酸在室温下进行酸洗。为保证酸洗时不损伤金属，应在酸溶液中加入缓蚀剂（如磷酸三钠、亚硝酸钠等）。酸洗后要用清水洗涤，并用浓度为 50%的碳酸钠溶液中和，最后用热水冲洗 2～3 次，用热空气干燥。

化学除锈效率高、质量好，一般用于金属锈蚀较严重的情况。

二、管道及设备的防腐

（一）外防腐

管道及设备的外防腐是指在金属表面涂刷油漆、沥青、水泥砂浆等保护层，以防止金属和水相接触而产生腐蚀。常用的外防腐方法有：

1. 覆盖式防腐处理

（1）明装钢管及设备的油漆防腐

明装钢管及设备的油漆防腐结构见表 7-2。

表 7-2　钢管及设备的防腐结构

刷油种类	非镀锌钢管及设备		镀锌钢管及设备	
	无装饰与标志要求	有装饰与标志要求	无装饰与标志要求	有装饰与标志要求
底漆	防锈漆两遍	防锈漆两遍	不刷油	防锈漆两遍
面漆（不保温）	银粉漆两遍	色漆两遍	不刷油	色漆两遍
面漆（保温）	不刷油	保温层外色漆两遍	不刷油	保温层外色漆两遍

常用的底漆种类及用途见表 7-3。

表 7-3　常用底漆的种类及用途

名　称	标准号	主　要　用　途
乙烯磷化底漆（X06-1）	HG$_2$-27-74	有色金属及黑色金属底层防锈涂料可省去磷化或钝化处理，不适用于碱性介质的环境中
铁红醇酸底漆（C06-1）	HG$_2$-113-74	配套性较好，配套面漆有过氯乙烯面漆、沥青漆等，适用于一切黑色金属表面打底
锌黄、铁红酚醛底漆（F06-8）	HG$_2$-579-74	铁红、灰色适用于钢铁表面，锌黄适用于铝合金表面
铁红、锌黄环氧树脂底漆	HG$_2$-605-75	适用于沿海地区及湿热带地区的金属材料打底

常用的面漆种类及用途见表 7-4。

表 7-4　常用面漆的种类及用途

名称	标准号	主要用途
酚醛耐酸漆	F50-1（F50-31）	用于有酸性气体侵蚀的场所的金属表面
乙烯防腐漆	X52-1，2，3	适用于耐性要求高，腐蚀性大的金属表面或干湿交替的金属表面，该漆为自干漆，必须配套使用
过氯乙烯防腐漆	G52-5 G01-5 G52-1，2，3 G06-4，5	可用于化工管道、设备、建筑等金属表面防腐
沥青漆	L01-4，1 L04-2 L50-1	用于金属表面防腐
环氧树脂漆	H01-4，1 H04-1 H52-3	用于化工及地下管道、贮槽、金属及非金属表面防腐

涂漆施工时要求环境温度在 15～35℃，相对湿度在 70%以下，遇雨或降雾应停止施工。一般有手工涂刷和机械喷涂两种涂漆方式。

手工涂刷应分层进行，每层宜反复进行，纵横交错，并保持涂层均匀，不得漏涂。

机械喷涂采用喷枪，以压缩空气（压力为 0.2～0.4 MPa）为动力，喷射的漆流应和喷漆面垂直。喷漆面为平面时，喷嘴与喷漆面应相距 250～350 mm；喷漆面为曲面时，喷嘴与喷漆面的距离为 400 mm 左右。喷涂时喷嘴应均匀移动，速度宜保持在 10～18 m/min。

（2）埋地钢管、铸铁管防腐层

埋地钢管、铸铁管可采用石油沥青防腐层，其防腐等级和结构见表 7-5。

表 7-5　埋地钢管、铸铁管外防腐层结构做法

防腐等级		普通级	加强级	特强级
防腐层总厚度/mm		≥4.0	≥5.5	≥7.0
防腐结构		三油二布	四油三布	五油四布
防腐层数	1	冷底子油一层	冷底子油	冷底子油
	2	沥青涂层（1.5 mm）	沥青涂层（1.5 mm）	沥青涂层（1.5 mm）
	3	玻璃布一层	玻璃布一层	玻璃布一层
	4	沥青涂层（1.5 mm）	沥青涂层（1.5 mm）	沥青涂层（1.5 mm）
	5	玻璃布一层	玻璃布一层	玻璃布一层
	6	沥青涂层（1.5 mm）	沥青涂层（1.5 mm）	沥青涂层（1.5 mm）
	7	外包保护层	玻璃布一层	玻璃布一层
	8		沥青涂层（1.5 mm）	沥青涂层（1.5 mm）
	9		外包保护层	玻璃布一层
	10			沥青涂层（1.5 mm）
	11			外包保护层

冷底子油是用建筑石油沥青（30 号甲、30 号乙、10 号）或普通石油沥青（55 号、65 号）与无铅汽油按一定比例配制而成。配制前将沥青打碎成 100～200 mm 的小块，放入干净的沥青锅中，加热并搅拌，熬制温度一般在 200℃左右，最高熬制温度不得超过 240℃，时间不得超过 1 h，直到不产生气泡为止。待温度降至 70℃时，按配合比将无铅汽油缓缓倒入，并不断搅拌直到沥青全部溶解完全均匀混合为止。冷底子油的配合比见表 7-6。

表 7-6　冷底子油的配合比

使用条件	沥青∶汽油（重量比）	沥青∶汽油（体积比）
气温在+5℃以上	1∶2.25～2.5	1∶3
气温在+5℃以下	1∶2	1∶2.5

冷底子油涂刷要完整均匀，无空白，无凝块和流痕。冷底子油要当天配制当天使用，逾期应重新配制。冷底子油干燥后方可涂刷沥青涂层。

沥青涂层是将上述熬制的沥青趁热涂刷，涂刷时的温度不得低于180℃。

玻璃布的作用是防腐绝缘，其厚度为0.1 mm，常用规格见表7-7。

表 7-7　不同气温和管径条件下使用玻璃布的规格

施工气温/℃	玻璃布规格/cm	管外径/mm	玻璃布宽度/mm
<25	8×8	>720	>600
25~35	10×10	630~720	500~600
>35	12×12	426~529	400~500
		245~377	300~400
		219	200~300

玻璃布必须干燥、清洁，包扎时压边宽度为20~30 mm，搭头长度为50~80 mm，包扎应平整牢固，压边均匀无空白。

外包保护层用牛皮纸或聚氯乙烯工业薄膜。用牛皮纸时应趁热（沥青涂层温度冷却到100℃）包扎于沥青涂层上，用聚氯乙烯工业薄膜时应待沥青冷却后再包扎，搭接宽度为20~30 mm，搭头长度为50~80 mm。

（3）埋地预（自）应力钢筋混凝土管防腐

当预（自）应力钢筋混凝土管铺设于地下水位以下或土壤对混凝土有腐蚀作用的地区，可采用沥青麻布防腐层包扎在管外壁予以防腐。其施工做法为两油两布，即两层沥青涂料，两层沥青麻布或沥青纤维布。

沥青涂料的配比是先将85%的4号或5号石油沥青加热至180~200℃，冷却至70℃左右，再将1%的石棉粉徐徐加入，随即搅拌均匀而成。

沥青麻布的做法是将4号或5号石油沥青加热至180~200℃，冷却至70℃左右，再将洁净的麻布或纤维布放进溶液中浸透，取出后冷却到50℃左右缠绕在管壁上。

2. 电化学防腐法

（1）排流法

金属管道受来自杂散电流的电化学腐蚀时，埋设管道发生腐蚀的地方是阳极电位，在此处管道与流至电源（如变电站负极或钢轨）之间用低电阻导线（排流线）连接起来，使杂散电流不经过土壤而直接流回电源，达到防腐的目的。此法一般有以下两种类型。

① 直接排流法　当金属管道与变电站负极连起来进行排流时，其中仅有一个变电站电源，而且不可能由电源流入逆电流的情况下，两者直接用排流线连接即可。

② 选择排流法　在排流线上加装一个可以阻止逆电流，只许可正向电流通过的单向选择装置与排流线串联起来的方法。

（2）阴极保护法

阴极保护法是由外部给一部分直流电流，由于阴极电流的作用，将金属表面上下不均匀电位去除，不能产生腐蚀电流，以满足金属防腐要求。此法有以下两种类型。

① 牺牲阳极法　采用比被保护金属管道电位更低的金属材料做阳极，与金属连接起来，利用两种金属固有的电位差，产生防蚀电流的防腐方法。

② 外加电流法　通过外部的直流电源装置，将必要的防腐电流通过地下水或埋置于水中的电极，流入金属管道的方法。

（二）内防腐

1. 橡胶衬里

橡胶具有较强的耐化学腐蚀能力，除可被强氧化剂及有机溶剂破坏外，对大多数的无机酸、有机酸及各种盐类、醇类等都是耐腐蚀的。可作为金属设备、管道的衬里。

2. 水泥砂浆衬里

水泥砂浆衬里适用于生活饮用水和常温工业用水的输水钢管、铸铁管和储水罐的内壁防腐。水泥砂浆的配比为水泥∶砂∶水=1.0∶1.5∶（0.4～0.7）。可采用机械喷涂或手工涂抹法施工。

第二节　管道及设备的保温

保温确切地说应为绝热。绝热是减少系统热量向外传递（保温）和外部热量传入系统（保冷）而采取的一种工艺措施。绝热包括保温和保冷，但两者是有区别的，保冷结构在绝热层外必须设置防潮层，以防止冷凝水的产生；而保温结构一般不设防潮层。

一、绝热结构

绝热结构一般由防锈层、保温层、防潮层（对保冷结构而言）、保护层、防腐及识别标志层组成。

1. 防锈层

将防锈涂料直接涂刷于管道和设备的表面即构成防锈层。

2. 保温层

保温层是绝热结构的主要构成要素，常用的保温材料有岩棉、玻璃棉、矿渣棉、珍珠岩、硅藻土、石棉、聚苯乙烯泡沫塑料、聚氨酯泡沫塑料等。

保温层的施工方法要依保温材料的性质而定。对石棉粉、硅藻土等散状材料宜用涂抹法施工；对预制保温瓦、板、块材料宜用绑扎法、粘贴法施工；对预制装配材料宜用装配式施工。此外还有缠包法、套筒法等施工方法。

3. 防潮层（对保冷结构而言）

对保冷结构而言，在保温层的外面设置防潮层的目的是防止产生冷凝水，使保温层受潮而降低保温性能。常用的防潮材料有沥青油毡、玻璃丝布、塑料薄膜、铝箔等。

沥青油毡防潮层施工时，应用沥青或沥青玛碲脂粘贴；玻璃丝布防潮层施工时，应两面涂沥青或沥青玛碲脂；塑料薄膜或铝箔防潮层应用黏结剂直接粘贴在保温层的表面。在防潮层施工中，对水平方向的管道和设备应逆着管道坡向由低处向高处呈螺旋状缠绕，对垂直方向的管道和设备应由下向上呈螺旋状缠绕，接缝处"上搭下" 搭接约为 20 mm，接头处应用不锈钢丝扎紧。防潮层施工完毕后，不得因后续施工刺破防潮层。

4. 保护层

保护层设在保温层或防潮层外面，主要目的是保护保温层或防潮层不受机械损伤。用作保护层的材料很多，材料不同，其施工方法亦不同。

对沥青胶泥、石棉水泥砂浆等涂抹式保护层，宜采用涂抹式施工。一般分两次涂抹，第一次粗抹，厚度约为设计厚度的 1/3；第二次精抹，应表面平整光滑，不得有明显裂纹。

对黑铁皮、镀锌铁皮、铅皮、聚氯乙烯复合钢板、不锈钢板等金属薄板保护层，要事先根据被保护对象的形状和连接方式用机械或手工加工好，对黑铁皮保护层应在其内外表面涂刷一层防锈漆后才可进行安装。安装时应将金属保护层紧贴保温层或防潮层，接口搭接一般为 30～40 mm，所有接缝必须有利于雨水的排除，接缝用自攻螺丝钉固定，螺钉间距约为 200 mm。安装有防潮层的金属保护层时，不能用自攻螺丝固定，以防刺破防潮层，可用镀锌铁丝包扎固定。

对沥青油毡、玻璃丝布保护层，要事先根据保温层、防潮层和搭接长度确定其所需尺寸，然后裁成块状由下向上包裹在保温层、防潮层外表面，用镀锌铁丝扎紧，间距为 250～300 mm，搭接长度为 50 mm。如使用玻璃丝布，还应在玻璃丝布的外表面涂刷一层耐气候变化的涂料。

5. 识别标志层级防腐层

为了保护保护层不受腐蚀，在保护层外设防腐层，一般用油漆涂刷保护层。所用油漆的颜色不同，还可起到识别标志的作用。对一般介质的管道，其涂色分类见表 7-8。

表 7-8　管道涂色分类

管道名称	颜色		备注	管道名称	颜色	
	底色	色环			底色	色环
过热蒸汽管	红	黄	自流及加压	净化压缩空气管	浅蓝	黄
饱和蒸汽管	红	绿		乙炔管	白	—
废气管	红	—		氧气管	洋蓝	—
凝结水管	绿	红		氢气管	白	红
余压凝结水管	绿	白		氮气管	棕	—
热力网送出水管	绿	黄		油管	橙黄	—
热力网返回水管	绿	褐		排水管	绿	蓝
疏水管	绿	黑		排气管	红	黑

二、热力管道保温结构

热力管道常用保温结构的保温层厚度见表 7-9、表 7-10、表 7-11。

表 7-9　直埋敷设保温管估算　　　　　　　　　　　　　　　单位：mm

管道直径	保温层厚度	保温管外径
70（76）	46	168
80（89）	40	168
100（108）	48	204
125（133）	43	219
150（159）	36	231
200（219）	48	315
250（273）	60	393
300（325）	50	425
350（377）	55	487
400（426）	60	546
450（478）	55	588
500（530）	55	640

注：1. 适用于供水温度小于 150℃ 的热水供热管道；
　　2. 括号内数字表示钢管外径；
　　3. 适用于管径小于或等于 DN 500 mm 的钢管。

表 7-10 室外架空管道保温层厚度选用 单位：mm

保温材料名称	石棉硅藻土胶泥							矿渣棉制品						
介质温度	全年运行/℃				采暖季节运行/℃			全年运行/℃				采暖季节运行/℃		
管子公称直径	100以下	100~150	150~200	200~250	100以下	100~150	150~200	100以下	100~150	150~200	200~250	100以下	100~150	150~200
15	25	40	45	55	15	20	25	40	40	45	50	20	25	30
20	25	40	45	55	15	20	25	40	40	45	50	25	25	30
25	30	45	50	60	20	25	30	40	45	50	55	25	30	35
32	35	50	55	65	25	30	35	40	45	55	60	25	30	35
40	35	50	55	65	25	30	35	40	50	55	60	25	35	40
50	35	55	60	70	30	35	40	45	50	60	65	30	35	45
65	40	55	60	70	30	35	40	50	55	60	70	30	35	45
80	40	60	65	70	30	35	40	50	60	60	70	30	40	45
100	45	65	70	75	35	40	45	50	60	70	80	30	40	45
125	50	70	75	80	40	45	50	55	65	70	80	30	40	50
150	50	70	75	85	40	45	50	55	65	70	80	30	40	50
200	55	75	80	90	40	50	55	60	70	80	90	30	50	50
250	60	80	85	95	45	50	60	65	70	85	90	30	50	55
300	60	80	85	95	45	55	60	65	70	90	95	30	50	55
350	60	80	90	100	45	55	60	65	75	90	100	40	50	60
400	65	85	95	105	45	55	60	70	80	90	100	45	50	60
450	70	90	100	110	50	60	65	70	80	90	105	45	50	60
500	70	90	100	110	50	60	65	70	80	90	105	45	55	60
600	70	90	100	115	50	60	65	70	80	95	105	45	55	65
700	75	95	105	120	50	60	70	75	90	95	110	50	60	65

表 7-11 供热管道保温层厚度 单位：mm

管内热媒温度/℃	100				150				200			
管道直径/mm	δ_1	d_1	δ_2	d_2	δ_1	d_1	δ_2	d_2	δ_1	d_1	δ_2	d_2
50（57）	40	137	50	157	50	157	60	177	60	177	70	197
70（76）	40	156	50	176	50	176	70	216	60	196	80	236
80（89）	40	169	60	209	60	189	70	229	70	209	80	249
100（108）	50	208	60	228	60	228	70	248	70	248	90	288
125（133）	50	233	60	253	60	253	80	293	70	273	90	313
150（159）	50	259	60	279	60	279	80	319	80	319	90	339
200（219）	50	319	70	359	70	359	90	399	80	379	100	419
250（273）	50	373	70	413	70	413	90	453	90	453	100	473

管内热媒温度/℃	100				150				200			
管道直径/mm	δ_1	d_1	δ_2	d_2	δ_1	d_1	δ_2	d_2	δ_1	d_1	δ_2	d_2
300（325）	60	445	70	465	70	465	90	505	90	505	110	545
350（377）	60	497	80	537	70	517	90	577	90	577	110	617
400（426）	70	566	80	586	80	586	100	626	90	606	110	646
450（478）	70	618	80	638	80	638	100	678	100	678	120	718
500（529）	70	669	80	689	80	689	100	729	100	724	120	769
600（630）	80	790	90	810	90	810	110	850	100	830	120	870
700（720）	80	880	90	900	90	900	110	940	100	920	120	960
800（820）	90	1 000	100	1 020	100	1 020	120	1 060	120	1 060	130	1 080
900（920）	90	1 100	110	1 140	100	1 120	120	1 160	120	1 160	130	1 180

注：1. 括号内的数字表示钢管外径；

2. δ_1、d_1 表示岩棉、玻璃棉类保温结构层厚度及保温后的管道外径；

3. δ_2、d_2 表示微孔硅酸钙制品保温结构层厚度及保温后的管道外径。

热力管道常用的保温结构热损失见表 7-12～表 7-16。

表 7-12　泡沫混凝土保温结构热损失

管径DN/mm	室外架空管道				室内架空、通行、半通行地沟				不通行地沟			
	运行温度/℃				运行温度/℃				运行温度/℃			
	<100		100～200		<100		100～200		<100		100～200	
	保温层厚度/mm	热损失/[W/(m·K)]	保温层厚度/mm	热损失/[W/(m·K)]	保温层厚度/mm	热损失/[W/(m·K)]	保温层厚度/mm	热损失/[W/(m·K)]	保温层厚度/mm	热损失/[W/(m·K)]	保温层厚度/mm	热损失/[W/(m·K)]
15	35	0.56	50	0.51	35	0.55	40	0.55	35	0.52	35	0.59
20	35	0.60	55	0.56	35	0.59	45	0.58	35	0.59	40	0.60
25	35	0.69	60	0.60	35	0.66	50	0.63	35	0.66	45	0.65
32	40	0.74	65	0.64	35	0.76	55	0.67	35	0.76	45	0.74
40	40	0.80	65	0.70	35	0.81	55	0.72	35	0.81	50	0.76
50	40	0.90	70	0.76	35	0.88	60	0.77	35	0.90	50	0.87
65	45	0.98	70	0.85	35	1.07	65	0.86	35	1.06	55	0.92
80	45	1.15	75	0.92	35	1.22	70	0.93	35	1.21	60	1.00
100	50	1.14	85	0.99	40	1.28	75	1.00	35	1.38	65	1.09
125	55	1.31	90	0.60	45	1.41	80	1.00	40	1.50	70	1.20
150	60	1.42	95	1.16	45	1.59	85	1.21	45	1.59	75	1.30
200	65	1.71	100	1.41	50	1.93	90	1.47	45	2.06	80	1.59
250	70	1.92	105	1.58	65	2.13	100	1.60	50	2.27	85	1.78
300	70	2.29	110	1.76	60	1.31	105	1.78	50	2.61	85	2.05
350	75	2.67	115	1.90	65	2.51	110	1.92	55	2.99	90	2.20
400	80	2.50	120	2.02	70	2.63	115	1.98	55	3.08	95	2.35

表 7-13 硅藻土制品保温结构热损失

管径 DN/ mm	室外架空管道				室内架空、通行、半通行地沟				不通行地沟			
	运行温度/℃				运行温度/℃				运行温度/℃			
	<100		100~200		<100		100~200		<100		100~200	
	保温层厚度/ mm	热损失/ [W/ (m·K)]	保温层厚度/ mm	热损失/ [W/ (m·K)]	保温层厚度/ mm	热损失/ [W/ (m·K)]	保温层厚度/ mm	热损失/ [W/ (m·K)]	保温层厚度/ mm	热损失/ [W/ (m·K)]	保温层厚度/ mm	热损失/ [W/ (m·K)]
15	35	0.47	40	0.47	35	0.45	35	0.28	35	0.44	35	0.49
20	35	0.51	40	0.51	35	0.50	35	0.53	35	0.49	35	0.52
25	35	0.58	45	0.55	35	0.57	40	0.56	35	0.56	35	1.16
32	35	0.66	50	0.59	35	0.65	45	0.60	35	0.64	40	0.63
40	35	0.71	50	0.64	35	0.70	45	0.65	35	0.69	40	0.69
50	35	0.80	55	0.67	35	0.78	45	0.72	35	0.77	45	0.72
65	40	0.87	55	0.78	35	0.95	50	0.79	35	0.92	45	0.83
80	40	1.00	55	0.90	35	1.05	50	0.91	35	1.01	50	0.90
100	40	1.15	60	0.95	35	1.28	55	0.98	35	1.22	55	0.98
125	45	1.24	65	1.06	40	1.38	60	1.10	35	1.45	60	1.08
150	45	1.42	70	1.15	40	1.44	60	1.22	35	1.63	60	1.22
200	45	1.84	75	1.38	40	1.86	65	1.47	35	2.09	65	1.47
250	50	2.02	80	1.56	45	2.05	70	1.64	35	2.44	70	1.65
300	50	2.33	80	1.78	40	2.37	70	1.91	35	2.85	70	1.90
350	50	2.65	80	2.05	45	2.67	75	2.07	35	3.26	75	2.01
400	55	2.73	85	2.09	45	2.95	75	2.15	35	3.61	75	2.26

表 7-14 矿渣棉制品保温结构热损失

管径 DN/ mm	室外架空管道				室内架空、通行、半通行地沟				不通行地沟			
	运行温度/℃				运行温度/℃				运行温度/℃			
	<100		100~200		<100		100~200		<100		100~200	
	保温层厚度/ mm	热损失/ [W/ (m·K)]	保温层厚度/ mm	热损失/ [W/ (m·K)]	保温层厚度/ mm	热损失/ [W/ (m·K)]	保温层厚度/ mm	热损失/ [W/ (m·K)]	保温层厚度/ mm	热损失/ [W/ (m·K)]	保温层厚度/ mm	热损失/ [W/ (m·K)]
15	40	0.21	45	0.22	30	0.23	35	0.28	30	0.22	40	0.22
20	40	0.23	45	0.24	30	0.27	35	0.53	30	0.26	40	0.26
25	40	0.26	50	0.27	35	0.27	40	0.56	30	0.29	45	0.26
32	40	0.30	55	0.27	35	0.31	45	0.60	35	0.30	50	0.29
40	40	0.33	55	0.30	40	0.31	45	0.65	35	0.34	50	0.30
50	45	0.34	60	0.31	45	0.33	45	0.72	40	0.36	50	0.34
65	50	0.37	60	0.36	45	0.35	50	0.79	40	0.42	55	0.37
80	50	0.42	60	0.42	45	0.41	50	0.91	40	0.45	60	0.40
100	50	0.49	70	0.43	45	0.44	55	0.98	40	0.55	60	0.47
125	55	0.56	70	0.50	50	0.48	60	1.10	40	0.65	65	0.51
150	55	0.60	70	0.56	50	0.55	60	1.22	45	0.67	70	0.53
200	60	0.76	80	0.65	55	0.64	65	1.47	50	0.81	70	0.70
250	65	0.83	85	0.73	60	0.76	70	1.64	50	0.98	70	0.88
300	65	0.95	90	0.81	60	0.87	70	1.91	55	1.05	75	0.98
350	65	1.07	90	0.91	60	1.00	75	2.07	55	1.21	75	1.02
400	70	1.13	90	1.04	60	1.05	75	2.15	55	1.33	80	1.10

表 7-15 石棉硅藻土胶泥保温结构热损失

管径 DN/mm	室外架空管道				室内架空、通行、半通行地沟				不通行地沟			
	运行温度/℃				运行温度/℃				运行温度/℃			
	<100		100~200		<100		100~200		<100		100~200	
	保温层厚度/mm	热损失/[W/(m·K)]	保温层厚度/mm	热损失/[W/(m·K)]	保温层厚度/mm	热损失/[W/(m·K)]	保温层厚度/mm	热损失/[W/(m·K)]	保温层厚度/mm	热损失/[W/(m·K)]	保温层厚度/mm	热损失/[W/(m·K)]
15	25	0.67	45	0.56	15	0.72	35	0.58	15	0.72	35	0.58
20	25	0.77	45	0.63	15	0.81	35	0.65	15	0.81	35	0.65
25	30	0.80	50	0.67	20	0.86	40	0.70	15	0.94	40	0.69
32	35	0.86	55	0.76	25	0.91	45	0.76	20	0.98	45	0.76
40	35	0.70	55	0.77	25	0.99	45	0.81	20	1.07	45	0.80
50	35	1.02	60	0.83	30	1.02	50	0.86	20	1.21	50	0.87
65	40	1.13	60	0.95	30	1.20	50	0.99	25	1.27	50	0.99
80	40	1.19	65	1.04	35	1.28	55	1.07	25	1.48	55	1.07
100	45	1.40	70	1.13	40	1.37	60	1.22	25	1.73	60	1.15
125	50	1.52	75	1.24	45	1.51	65	1.28	30	1.85	65	1.27
150	50	1.74	75	1.41	45	1.77	65	1.45	30	2.15	65	1.44
200	55	2.11	80	1.70	45	2.22	70	1.77	30	2.99	70	1.76
250	60	2.30	85	1.90	50	2.44	75	1.98	35	2.99	75	2.20
300	60	2.65	85	2.19	50	2.80	75	2.29	35	3.44	75	2.26
350	60	3.00	90	2.38	50	3.19	80	2.58	35	3.91	80	2.56
400	65	3.16	95	2.54	50	3.50	85	2.60	35	4.43	80	2.70

表 7-16 玻璃纤维制品保温结构热损失

管径 DN/mm	室外架空管道				室内架空、通行、半通行地沟				不通行地沟			
	运行温度/℃				运行温度/℃				运行温度/℃			
	<100		100~200		<100		100~200		<100		100~200	
	保温层厚度/mm	热损失/[W/(m·K)]	保温层厚度/mm	热损失/[W/(m·K)]	保温层厚度/mm	热损失/[W/(m·K)]	保温层厚度/mm	热损失/[W/(m·K)]	保温层厚度/mm	热损失/[W/(m·K)]	保温层厚度/mm	热损失/[W/(m·K)]
15	30	0.26	40	0.23	30	0.23	40	0.21	20	0.27	40	0.22
20	30	0.27	40	0.26	30	0.26	40	0.24	25	0.29	40	0.24
25	35	0.28	50	0.25	30	0.29	50	0.26	30	0.28	40	0.28
32	40	0.29	50	0.29	30	0.34	50	0.28	30	0.32	45	0.30
40	40	0.31	50	0.31	35	0.34	50	0.30	30	0.36	45	0.33
50	40	0.36	55	0.33	40	0.36	50	0.34	35	0.37	45	0.37
65	45	0.40	55	0.41	40	0.42	55	0.37	35	0.43	45	0.42
80	45	0.45	60	0.41	40	0.49	60	0.40	35	0.49	50	0.48
100	50	0.48	65	0.44	40	0.55	60	0.48	40	0.53	60	0.47
125	50	0.55	65	0.52	45	0.59	60	0.53	40	0.64	60	0.52
150	50	0.65	65	0.59	50	0.64	65	0.58	40	0.74	60	0.62
200	55	0.80	70	0.71	50	0.81	70	0.70	45	0.97	65	0.73
250	60	0.87	80	0.77	50	0.98	70	0.86	45	1.04	70	0.86
300	60	1.02	80	0.88	50	1.14	80	0.86	50	1.13	70	0.99
350	60	1.16	80	1.00	55	1.21	80	0.98	50	1.28	75	1.01
400	60	1.28	80	1.12	55	1.36	80	1.09	50	1.40	75	1.23

每 100 延米管道保温工程量计算见表 7-17、表 7-18。

表 7-17　每 100 延米管道保温工程量面积计算

面积/m²	管道直径（注：上行为公称直径，下行为管道外径，单位均为 mm）										
	15	20	25	32	40	50	65	80	100	125	150
	22	28	32	38	45	57	73	89	108	133	159
保温层厚度/mm 20	22.7	24.6	25.8	27.7	29.0	33.7	38.7	43.7	49.7	57.6	65.7
30	29.3	31.2	32.4	34.3	36.5	40.3	45.3	50.3	56.3	64.2	72.3
40	35.09	37.8	39.0	40.9	43.1	46.9	51.9	56.9	63.9	70.7	78.9
50	42.5	44.4	45.6	47.5	49.7	53.5	58.5	63.5	69.5	77.3	85.5
60	49.1	51.0	52.2	54.1	5.3	60.1	65.1	70.1	76.1	83.9	92.1
70	55.7	57.6	58.8	60.7	62.9	66.7	71.7	76.7	82.7	90.5	98.7
80	62.3	64.2	65.4	67.3	69.5	73.3	78.3	83.3	89.3	97.1	105.3
90	68.9	70.7	72.0	73.9	76.1	79.9	84.9	89.9	95.9	103.7	111.9
100	75.5	77.3	78.6	80.5	82.7	86.4	91.5	96.5	102.5	110.3	118.5
120	88.7	90.5	91.8	93.7	95.9	99.6	104.7	109.7	115.7	123.5	131.7
140	101.8	103.7	105.0	106.9	109.1	112.8	117.9	122.9	128.9	136.7	144.9
160	115.0	116.9	118.2	120.1	122.3	126.0	131.1	136.1	142.1	149.9	158.1
180	128.2	130.1	131.4	133.3	135.5	136.2	144.3	149.3	155.2	163.1	171.3
200	141.4	143.3	144.6	146.5	148.7	152.4	157.4	162.5	168.4	176.3	184.5
220	155.3	156.5	157.8	159.5	161.8	165.6	170.6	175.7	181.6	189.5	197.7
240	167.8	169.7	171.0	172.8	175.0	178.8	183.8	188.9	194.8	202.7	210.9
260	181.0	182.9	184.2	186.0	188.2	192.0	197.0	202.1	208.0	215.9	224.1
280	194.2	196.1	197.3	199.2	201.4	205.2	210.2	215.3	221.2	229.1	237.2
300	207.4	209.3	210.5	212.4	214.6	218.4	223.4	228.4	234.4	242.3	250.4
320	220.6	222.5	223.7	225.6	227.8	231.6	236.6	241.6	247.6	255.5	263.6
340	233.8	235.7	236.9	238.8	241.0	244.8	249.8	254.8	260.8	268.7	276.8

表 7-18　每 100 延米管道保温工程量体积计算

体积/m³	管道直径（注：上行为公称直径，下行为管道外径，单位均为 mm）										
	15	20	25	32	40	50	65	80	100	125	150
	22	28	32	38	45	57	73	89	108	133	159
保温层厚度/mm 20	0.28	0.32	0.34	0.38	0.43	0.50	0.61	0.71	0.84	1.00	1.17
30	0.52	0.57	0.61	0.67	0.74	0.86	1.01	1.17	1.35	1.60	1.85
40	0.82	0.90	0.95	1.03	1.12	1.28	1.48	1.69	1.94	2.26	2.60
50	1.20	1.29	1.36	1.45	1.57	1.76	2.02	2.28	2.59	3.00	3.42
60	1.64	1.75	1.83	1.95	2.08	2.32	2.63	2.94	3.31	3.80	4.32
70	2.14	2.28	2.37	2.51	2.66	2.94	3.30	3.66	4.10	4.66	5.25
80	2.72	2.87	2.98	3.13	3.31	3.62	4.04	4.46	4.95	5.60	6.27
90	3.36	3.53	3.65	3.82	4.03	4.38	4.85	5.31	5.87	6.60	7.36
100	4.07	4.26	4.39	4.58	4.81	5.20	5.72	6.24	6.86	7.67	8.51
120	5.68	5.92	6.07	6.31	6.58	7.05	7.67	8.29	9.03	10.00	11.02
140	7.57	7.84	8.02	8.30	8.61	9.16	9.89	10.61	11.48	12.61	13.79

体积/m³		管道直径（注：上行为公称直径，下行为管道外径，单位均为 mm）										
		15	20	25	32	40	50	65	80	100	125	150
		22	28	32	38	45	57	73	89	108	133	159
保温层厚度/mm	160	9.72	10.04	10.24	10.56	10.92	11.54	12.37	13.20	14.19	15.49	16.84
	180	12.15	12.50	12.73	13.08	13.49	14.19	15.13	16.06	17.17	18.63	20.15
	200	14.84	15.23	15.49	15.88	16.33	17.11	18.15	19.19	20.42	22.04	23.73
	220	17.84	18.22	18.51	18.94	19.44	20.29	21.44	22.58	23.94	25.72	27.58
	240	21.02	21.49	21.80	22.27	22.81	23.75	25.00	26.24	27.72	29.67	31.69
	260	24.52	25.02	25.36	25.87	26.46	27.47	28.82	30.17	31.77	33.88	36.08
	280	28.58	28.83	29.19	29.74	30.37	31.46	32.92	34.37	36.10	38.37	40.73
	300	32.31	32.90	33.29	33.87	34.55	35.72	37.28	38.84	40.68	43.12	45.65
	320	36.61	37.24	37.65	38.27	39.00	40.25	41.91	43.57	45.51	48.14	50.84
	340	41.18	41.83	42.28	42.95	43.72	45.04	46.81	48.57	50.67	53.43	56.30
	360	46.02	46.72	47.18	47.89	48.70	50.11	51.98	53.84	56.06	58.98	62.02

复习与思考题

1. 管道和设备表面处理的目的和方法各有哪些？
2. 埋地钢管怎样进行外防腐？
3. 热力管道的保温结构由哪些部分组成？

第八章 环境工程施工组织设计

第一节 概 述

在环境工程施工中，要在一定的客观条件下，有计划地、合理地对人力、物力和财力进行综合使用，科学地组织施工，建立正常的施工秩序，充分利用空间、时间，用最少的人力、物力和财力取得最大的经济效益，就必须在施工前编制一个指导施工的技术经济文件，该技术经济文件即为施工组织设计。

一、施工组织设计的分类

施工组织设计按基本建设各阶段的要求与施工对象的不同，其内容和深度也不相同。一般而言，按施工对象的类别可分为施工组织总设计、单位工程施工组织设计和分部（分项）工程作业设计三类。

施工组织总设计是以大型建设项目或群体工程为对象而编制的，它是对整个建设项目或群体工程施工过程的全面规划和总体部署。所谓大型建设项目是指具有两个或两个以上同时施工的单位工程的建设项目。在有了批准的初步设计或技术设计后，以总承建单位为主，会同建设、设计和分包单位共同编制施工组织总设计，它是编制施工年度计划的依据。

单位工程施工组织设计是以单位工程为研究对象，根据施工组织总设计的要求，由承包单位编制，它是指导单位工程施工的技术经济文件。

分部（分项）工程作业设计，是以工期较短的简单工程或规模较大、技术复杂的分部（分项）工程为研究对象，由施工基层单位编制的较为详细的作业性设计。

按基本建设各阶段的不同要求，施工组织设计又可分为初步施工组织设计、指导性施工组织设计和实施性施工组织设计三类。

初步施工组织设计是在工程设计阶段，由设计人员结合工程设计而编制的。这个阶段的施工组织设计不可能编制得很详尽、具体，但它是把工程设计付诸实施的战略性决策，应力求切合实际。

指导性施工组织设计，是施工单位在参加投标时，根据工程招标文件的要求，结合本单位的具体条件而编制的。中标以后，在施工开始之前，施工单位还必须进一步审查、修订或重新编制。

实施性施工组织设计是施工过程中，施工基层单位根据各分部（分项）工程的具体情况，以及负责具体施工的队或班组的人力、机具等配备情况而编制的。它把施工前编制的指导性施工组织设计分期、分部付诸实施。

以上各类施工组织设计，其内容基本相同，只是繁简程度与深度、广度有所区别。因此，本教材主要讲述单位工程施工组织设计的编制。

二、施工组织设计的编制任务

编制施工组织设计的目的在于全面、合理地拟定施工方案，做到有计划地组织施工，按质、按量、按期完成施工任务，从而具体实现设计意图。因此，一个合理的施工组织设计，必须完成以下任务：

① 确定工程开工前必须完成的各项准备工作；

② 计算工程量并据此合理部署施工力量，确定劳动力、机械台班、各种材料和构件等资源的需要量及供应方案；

③ 确定施工方案，选择施工机具；

④ 安排施工顺序，编制施工进度计划；

⑤ 确定施工所需的各种临时设施的平面位置和大小；

⑥ 制定确保工程质量及安全施工的技术措施和组织措施。

三、施工组织设计的编制原则

编制施工组织设计应根据不同的工程特点，重点解决施工中的主要矛盾。在编制过程中必须贯彻以下原则：

① 严格遵守上级规定或合同签订的工期，保质保量按期完成。对工期较长的大型工程项目，应根据施工情况，安排分期分批竣工和交付使用的期限；

② 科学地安排施工顺序，在保证质量的前提下，尽量缩短工期；

③ 采用工业化的施工方法，不断提高施工机械化、装配化程度和劳动生产率；

④ 用科学的方法确定最合理的施工组织方式；

⑤ 落实季节性施工措施，确保连续施工；

⑥ 全面平衡人力和物力，组织均衡施工；

⑦ 精打细算，充分利用现有设施，尽量减少临时设施，以降低成本提高效益；

⑧ 要妥善安排施工现场，做到文明施工。

四、施工组织设计的编制依据

编制施工组织设计时，一般有以下依据：

① 计划和设计方面的文件；

② 施工地区及工程地点的自然条件资料；
③ 施工地区的技术经济条件资料；
④ 国家和上级有关建设的方针、政策和文件；
⑤ 施工单位对工程施工可能配备的人力、机械、技术力量；
⑥ 现行的有关规范、标准、规程、设计手册等。

五、施工组织设计的内容和编制程序

施工组织设计的内容，根据工程性质、规模、结构特点、施工的复杂程度和施工条件的不同而有所不同。但一般应包括以下内容：

> 工程概况；
> 施工方案；
> 施工进度计划；
> 施工准备工作计划和各项资源需要量计划；
> 施工平面图；
> 主要技术组织措施和技术经济指标。

施工组织设计，应按照施工过程中各种因素之间的相互影响和变化规律，运用科学的方法进行编制。其编制程序一般为：

> 审查图纸，熟悉各种原始资料；
> 计算工程量；
> 拟定施工方案；
> 编制施工进度计划；
> 编制劳动力、施工机具和各项资源需要量计划；
> 确定临时生产、生活设施；
> 确定临时供水、供电设施和临时道路；
> 编制运输计划；
> 编制施工准备工作计划；
> 设计施工平面图；
> 确定主要技术、组织措施和主要技术经济指标。

以上程序是相互关联的，绝不能彼此孤立起来。只有全面考虑、统筹规划，才能编制出符合客观实际，切实可行的施工组织设计。

第二节　单位工程施工组织设计的编制

一、工程概况

单位工程施工组织设计中的工程概况，是一个总的说明，是对工程项目所做的一个简单扼要、突出重点的文字介绍。有时为了弥补文字介绍的不足，还可附有工程项目的一些图表。

二、施工方案的确定

施工方案是施工组织设计的核心内容，是决定整个施工全局的关键，应通过技术经济比较，选择最优方案。其基本要求是：方案切实可行；施工工期满足建设单位的要求；确保工程质量和施工安全；经济合理，工料消耗和施工费用最低。

施工方案包括：确定施工方法、选择施工机具和安排施工顺序三个方面。

（一）确定施工方法

确定施工方法主要是针对工程的主导施工过程而言。在进行此项工作时，要注意突出重点，凡采用新技术、新工艺和对工程的施工质量起关键作用的项目，或技术上较为复杂，工人操作不够熟练的工序，均应详细说明施工方法和技术措施，必要时应编制单独的分部（分项）工程作业设计。对于工人已熟练掌握的常规做法，则可不必详述，但应提出应注意的一些特殊问题。

（二）选择施工机具

施工方法确定后，机具的选择就应以满足它的需要为基本依据。合理地选择施工机具时，应注意以下问题：

① 应选择主导工程的施工机具，并根据工程特点决定其最适宜的类型；

② 为了充分发挥主导机具的效率，必须使与之配套的各种辅助机具在生产能力上相互协调一致，且能保证充分利用主导机具的生产率；

③ 只能在现有的或可能获得的机械中进行选择；

④ 应力求减少同一施工现场机具的类型和型号，当工程量不大且较分散时，尽量采用能适应不同分部（分项）工程的多用途机具，但要尽可能避免大机小用。

（三）安排施工顺序

施工顺序是指单位工程中各分部工程或施工阶段的先后次序及其制约关系。安排时主要解决时间搭接的问题，一般应注意以下几点：

（1）严格执行开工报告制度。单位工程施工，必须先做好施工准备工作，具备开工条件后写出开工报告，经上级审查批准后方可开工。

（2）遵守"先场外后场内""先地下后地上""先主体后附属""先土建后设备安装"的原则。"先场外后场内"指的是先进行现场外的"三通一平"等工作，然后再进行场内的"三通一平"等工作。

"先地下后地上"指的是地上工程开始之前，尽量把管道、线路等地下设施、土方工程和基础工程完成，以免对地上部分施工产生干扰，既给施工带来不便，又影响工程质量，造成浪费。

"先主体后附属"指的是先进行主体（要）构筑物、建筑物的施工，然后再进行附属构筑物、建筑物的施工，以尽快发挥工程效益。

"先土建后设备安装"指的是土建施工应先于设备的安装。但它们之间有时是相互穿插配合的，这就要求在土建施工的同时，做好各种设备、管件的预埋工作。

（3）合理确定分系列（分期）建设的工程施工顺序。对于分成几个系列的净、配水厂和污水处理厂等，可先建一个处理系统，确保其先行投产，并有计划地将其他系列铺开。

（4）合理确定施工起点和流向。施工起点和流向是指单位工程在平面或空间上开始施工的部位及其流动方向。对排水管道应按照"先下游后上游"的顺序安排施工流向，对给水管道应按照"先上游后下游"的顺序安排施工流向，并应符合"先干管后支管，先深后浅"的原则。对于净、配水厂和污水处理厂，都按照处理工艺安排施工流向；对于各个单体构筑物、建筑物，要按照由下到上的顺序安排施工流向；对于道路工程，可按由起点到终点的顺序安排施工流向。

（5）合理划分施工段。为满足流水施工的需要，应合理划分施工段。划分时要有利于结构的整体性，尽量利用各种施工缝和井室作为施工段的分界线，并使各施工段的劳动量大致相等，且与工序数相协调。

三、施工进度计划的编制

（一）施工进度计划的编制依据和步骤

1．施工进度计划的编制依据

➢ 工程的全部施工图纸及有关水文、地质、气象和其他技术经济资料；
➢ 上级规定或合同签订的开工日期和竣工日期；
➢ 已确定的工程施工方案；
➢ 劳动定额和机械使用定额；
➢ 劳动力和机械设备的供应情况。

2．施工进度计划的编制步骤

➤ 研究施工图纸和有关资料及施工条件；

➤ 划分施工项目，计算实际工程量；

➤ 确定合理的施工顺序并选择施工方法；

➤ 计算各工序的劳动量；

➤ 确定各工序的劳动力需要量和机械台班数量及规格；

➤ 设计并绘制施工进度图；

➤ 检查并调整施工进度。

（二）施工进度计划的表现形式

1．横道图

横道图由两部分组成。左面部分是以分部（分项）工程为主要内容的表格，包括相应的工程量、定额等计算数据；右面部分是指示图表，它是由左面表格中的有关数据计算得到的。指示图表用横向线条形象地表示出各分部（分项）工程的施工进度，各施工阶段的工期和总工期，并综合反映了各分部（分项）工程相互间的关系。线的长短表示施工期限的大小；线的位置表示施工过程；线上的数字表示劳动力数量；线上圆圈中的数字表示作业队或施工段别（亦可用不同线型表示）（表8-1）。

表 8-1　某污水厂厂区主干道施工进度计划

序号	施工项目	定额/工日	数量	人工/工日数	施工进度计划（工作日）
1	夯填土/m³	0.361	10 649.6	3 844.5	8：90人　16：150人①　36：40人
2	整理车行道路基/100 m²	1.28	147.6	188.9	36：12人　44：②
3	碎石基层/10 m²	0.463	1 475.6	683.2	40：42人③
4	方头弹街平石/10 m²	0.033 3	2 050.7	68.3	48：5人　52：④
5	沥青稳定碎石/10 m²	0.313	1 475.6	461.9	48：29人⑤
6	沥青混合斜面层/10 m²	0.433	1 475.6	638.9	52：40人⑥
7	整理人行道/100 m²	2.14	81.5	174.4	56：11人⑦

（施工进度计划工作日刻度：4　8　12　16　20　24　28　32　36　40　44　48　52　56　54　60　68　72）

2. 网络图

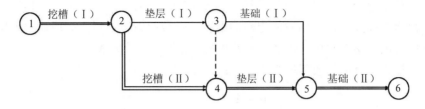

图 8-1 某构筑物基础工程双代号网络

图 8-1 为某水处理构筑物基础工程的双代号网络图。网络图与横道图相比，不仅能反映施工进度，而且能更清楚地反映出各个工序之间错综复杂的相互关系。因此，不论工序间的关系如何，都可用网络图来表示施工进度，它是一种比较理想的、先进的工程进度图的表现形式。

（三）施工进度计划的编制方法

1. 划分施工项目，确定施工方法

在编制单位工程施工进度计划时，首先要把工程项目划分为若干个施工项目（即工序）并填入横道图中相应的栏内。划分工序时应注意以下几点：

（1）划分的施工项目应与确定的施工方法相一致，使进度计划能够完全符合施工的实际进展情况，真正起到指导施工的作用。

（2）划分施工项目的粗细程度一般要按施工定额（施工图预算阶段按预算定额）的细目和子目进行，这样既简明清晰，又便于查定额进行计算。

（3）在进度计划表内填写施工项目时，应按工程的施工顺序排列（指横道图），而且应首先安排好主导工程。

（4）划分施工项目时，一定要结合工程结构特点仔细分项填列，切记不要漏填，以免影响进度计划的准确性。

划分施工项目要与确定施工方法紧密结合，不同的施工方法，施工项目的划分也不同。确定每一施工项目的施工方法时，首先要考虑工程的特点和机具的性能，其次要考虑施工单位所具有的机具条件和技术状况，最后还要考虑技术操作上的合理性。

2. 计算工程量与劳动量

（1）工程量计算。施工项目在进度图中填列好以后，即可根据施工图纸和有关工程量的计算规则，按照施工顺序的排列，分别计算各个施工项目的工程量并填入表中。工程量的计算单位应与相应定额的计量单位相一致。如有已批准的施工图预算，则可采用施工图预算中工程量的数据。若采用工程量清单计价，则以甲方提供

的工程量清单中的数据为准，不再单独计算。

（2）劳动量计算。也称为作业量。当施工过程为人工操作时称为劳动量，是指施工过程的工程量与相应的时间定额的乘积，或劳动力数量与生产周期的乘积；当施工过程为机械操作时称为作业量，是指机械台数与生产周期的乘积。

劳动量或作业量一般可按下式计算：

$$P = \frac{Q}{C} \tag{8-1}$$

或 $$P = Q \cdot S \tag{8-2}$$

式中：P——某施工过程所需的劳动量（或作业量），工日（或台班）；

Q——某施工过程的工程量；

C——产量定额；

S——时间定额。

计算劳动量时，应根据现行的工程定额（施工定额或预算定额）进行计算。

3. 生产周期（作业持续时间）计算

施工项目作业持续时间一般采用定额法进行计算。

定额计算法是根据施工项目需要的劳动量或机械台班数量，以及配备的劳动人数或机械台数，来确定其作业持续时间。当施工项目所需的劳动量或作业量确定后，完成施工任务的作业持续时间可按下式计算：

$$t_i = \frac{P_i}{R_i \cdot b} \tag{8-3}$$

$$t_i' = \frac{P_i'}{R_i' \cdot b} \tag{8-4}$$

式中：t_i——某手工操作为主的施工项目作业持续时间，d；

P_i——某手工操作为主的施工项目所需的劳动量，工日；

R_i——该施工项目所配备的施工班组人数，人；

b——每天采用的工作班制数，一般为 1～3 班制；

t_i'——某机械施工为主的施工项目作业持续时间，d；

P_i'——该施工项目所需机械台班作业量，台班；

R_i'——该施工项目所配备的机械台数，台。

4. 施工进度图的编制

以上各项工作完成后，即可编制施工进度图。这里只介绍施工进度横道图的编制步骤，有关网络图的绘制步骤，详见本章第四节。

① 按表 8-1 的格式绘制空白图表。② 根据设计图纸、施工方法、定额进行列项，并按施工顺序填入表 8-1 中的施工项目栏内。③ 逐项计算工程量，填入表 8-1 相应栏目中。④ 逐项选定定额，并填入表 8-1 相应栏目中。⑤ 逐项计算劳动量，

填入表 8-1 相应栏目中。⑥ 逐项计算每一施工项目的作业持续时间。⑦ 按计算出的各施工项目的作业持续时间，并根据各施工项目间的逻辑关系，安排施工进度。具体做法是：按整个工程的开工、竣工日期，将日历填入表 8-1 中的施工进度计划栏内，然后按计算的作业持续时间，用直线或绘有符号的直线根据各施工项目间的逻辑关系绘出进度图，并把各施工过程所需的人数或机械台数注在直线上方。⑧ 绘制劳动力调配图。⑨ 反复进行检查，调整与平衡，最后确定出最佳方案。

5. 施工进度计划的检查与调整

（1）工期检查。施工进度计划的工期应当符合上级规定或合同签订的工期，并尽可能缩短，以确保按期竣工，并争取使工程早日交付使用，从而尽早发挥工程效益。

（2）劳动力消耗的均衡性检查。每天出勤的工人人数力求不发生大的变动，即劳动力消耗力求均衡。劳动力消耗的均衡性可用劳动力调配图来反映，其纵坐标表示人数，横坐标表示施工进度天数（图 8-2）。

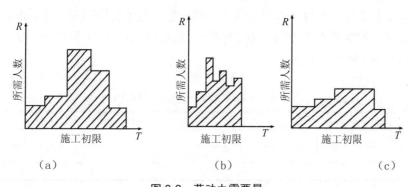

图 8-2　劳动力需要量

由图 8-2 可见，（a）中出现短时期的高峰，即短时期内施工人数骤增，相应的需增加为工人服务的各项临时设施，说明劳动力消耗不均衡；（b）中则起伏不定，说明在施工期间劳动力需要反复地骤增骤减，施工进度计划显然不合理；（c）中在施工期间劳动力是从逐渐增加到逐渐减少的，施工主要阶段的人数也基本保持稳定，这样的进度计划安排是比较理想的。

劳动力消耗的均衡性，可用劳动力不均衡系数 K 表示，可按下式计算：

$$K = \frac{R_{max}}{\overline{R}} \tag{8-5}$$

式中：K —— 劳动力不均衡系数；

　　　R_{max} —— 施工期间的高峰人数；

　　　$\overline{R}$ —— 施工期间加权平均人数。

K 值应大于等于 1，一般不超过 1.5。当 $K > 1.5$ 时，说明劳动力消耗不均衡。

（3）施工工期和劳动力均衡性的调整。如果工期过长，则可对工期较长的主导施工过程采取增加班制数或工人人数（包括机械台数）的措施，来达到缩短总工期的目的。

如果劳动力出现较大的不均衡，则可在允许的范围内，通过调整次要工序的施工人数、施工工期和开工日期或竣工日期等方法，使劳动力需要量较为均衡。

某些工程由于特定的条件，工期没有严格限制，而在投资、主要材料及关键设备等方面有时间或数量的限制时，就要将这些特定条件作为控制因素进行调整。复杂的工程，要经过多次反复调整，才能达到比较合理的程度。

四、施工准备工作和各项资源需要量计划

（一）施工准备工作计划

单位工程施工前，应编制施工准备工作计划。它主要反映开工前、施工中必须做的有关准备工作，内容一般包括技术组织准备、施工现场准备、物资准备、集结施工力量和后勤准备五个方面。编制时应根据施工的具体需要和进度计划的要求进行，常以表 8-2 的形式表示。

表 8-2　某单位工程施工准备工作计划

序号	准备工作名称	准备工作内容	主办单位	协办单位	完成时间	负责人

（二）各种资源需要量计划

1. 劳动力需要量计划

根据已确定的施工进度计划，可计算出各个施工项目每天所需的人工数，将同一时间内所有施工项目的人工数进行累加，即得到某一时间的人工总数。以人工总数为纵坐标，以时间为横坐标即可绘制出如图 8-2 所示的劳动力调配图。根据各时间的人工总数便可编制劳动力需要量计划，为劳动部门确定劳动力进退场时间，保证及时调配劳动力，搞好劳动力平衡提供依据。如现有劳动力不足或过多时，还应提出相应的解决措施，以按时或提前完成施工任务。劳动力需要量计划见表 8-3。

2. 施工机具需要量计划

为了做好机具、设备的供应工作，应根据已确定的施工进度计划，将每个施工项目采用的施工机械种类、规格、型号和数量以及使用的具体日期等综合起来编制施工机具、设备需要量计划，以配合施工，保证施工按进度正常进行。施工机具、

设备需要量计划见表 8-4。

表 8-3　某单位工程劳动力需要量计划

序号	工种名称	需用总工日数	需要人数及时间												备注
			×月			×月			×月			×月			
			上	中	下	上	中	下	上	中	下	上	中	下	

表 8-4　某单位工程施工机具设备需要量计划

序号	机具名称	规格	单位	需要数量	使用起止日期	备注

3．主要材料需要量计划

主要材料是指工程中大量使用的钢材、木料、水泥、砂、石、管材、沥青等，它们的需要量都应根据工程量和定额进行计算，然后根据施工项目的施工进度计划中每期（如每月）计划完成的各项工程量，将其所需各主要材料的名称、规格、数量等编制成表，为物资供应部门采购供应、组织运输、筹建仓库及料场等提供依据。主要材料需要量计划见表 8-5。

表 8-5　某单位工程主要材料需要量计划

序号	材料名称	规格	需要量		需要计划												备注
			单位	数量	×月			×月			×月			×月			
					上	中	下	上	中	下	上	中	下	上	中	下	

4．预制构件和加工半成品需要量计划

这种计划是根据工程量、施工方法和施工进度计划要求编制的，主要反映施工中各种预制构件和半成品的需用量及供应日期，作为落实加工预制单位，按所需规格、数量和使用时间组织构件加工和进场的依据。一般按钢构件、木构件、钢筋混凝土构件等不同种类分别编制，将构件名称、规格、数量、型号及使用时间等列于表 8-6 所示的需要量计划表内。

表 8-6　某单位工程预制构件和加工半成品需要量计划

序号	构件、加工半成品名称	图号及型号	规格尺寸	单位	数量	要求供应起止日期	备注

5．运输计划

如果施工单位自己组织运输材料和构件，则应编制运输计划。它以施工进度计划及上述各种资源需用量计划为编制依据，所反映的内容如表 8-7 所示。这种计划可作为组织运输力量、保证资源按时进场的依据。

表 8-7　某单位工程运输计划

序号	需运项目	单位	数量	货源	运距/km	运量/（t·km）	所需运输工具			需用起止时间
							名称	吨位	台班	

将各种料具、物资从产地或交货地点运到工地仓库、料场称为场外运输。在工地范围内，从仓库、料场或预制场地将料具、物资搬运到施工地点称为场内运输。场内运输的内容将在施工平面图中介绍，这里只介绍场外运输。

（1）场外运输方式的选择。当施工地点交通便利，有现成的公路等作为场外运输路线时，采用汽车运输是比较合理的。当施工地点没有现成的公路可利用，则应采用拖拉机运输。它不需要很宽的道路，非常机动灵活，运费一般比汽车低，适宜运输当地生产的砂、石材料，也可运输袋装水泥或体积、重量不大的其他料具。有时也采用马车运输。

（2）选择运输方式的经济比较。在几种可能选取的运输方式中，应通过技术经济比较择优选择。经济比较时常按下列步骤进行：

① 把需要从同一发货地点运至同一卸货地点的各种物资的数量（吨）及运量（t·km）算出；

② 根据施工需要，决定应在若干工作班内将物资运完，求出每一工作班需要运输的物资数量；

③ 根据具体情况，初步选定几种可能的运输方式；

④ 分别按各种可能的运输方式，计算需要的运输工具数量；

⑤ 分别计算每种可供选择的运输工具的成本并进行比较。

通过比较，可选择单位运量成本较低的运输方式作为场外运输方式。

五、施工平面图设计

施工平面图设计就是结合工程特点和现场条件，按照一定的设计原则，对现场所需的各种临时设施进行平面上的规划和布置，将布置方案绘制成图，即施工平面图。它是施工组织设计的重要内容，是现场文明施工的基本保证。

（一）设计内容与依据

在施工平面图上，除需根据测量方格网标明一切地上、地下的已有和拟建的构筑物、建筑物、管线及其他设施的位置和尺寸外，主要是用醒目的线条和标记绘出用于施工的一切临时设施的平面位置，包括施工用地范围、临时道路、有关机械化装置停放区、各类加工厂、各种仓库和料场、取土区和弃土区、行政管理用房和文化生活设施、临时供排水系统、供电系统及一切安全设施等的位置和尺寸。

施工平面图设计的依据：施工图纸、现场地形图、水源、电源、施工场地情况、可利用的房屋及设施情况；工程的施工方案、施工进度计划及各种资源需用量计划等。

（二）设计原则

施工平面图设计的原则：在保证施工安全和现场施工顺利进行的条件下，要尽量布置紧凑，减少施工用地，尽量不占或少占农田；合理规划场地内的交通路线，缩短运输距离，尽量避免二次搬运；尽量利用已有的建筑物、构筑物和各种管线、道路，以降低临时设施费用；尽量采用装配式施工设施，减少搬迁损失，提高施工设施安装速度；各项设施的布置须符合技术要求和劳动保护、安全、防火的要求。

（三）设计步骤

施工平面图的设计步骤是：
- ➤ 确定起重机械的位置和数量；
- ➤ 确定搅拌站、仓库、料场及加工厂（站）的位置和尺寸；
- ➤ 布置运输道路；
- ➤ 布置临时设施；
- ➤ 布置水、电管网；
- ➤ 布置安全消防设施；
- ➤ 方案比较，调整优化。

（四）设计方法

1. 确定起重机械的位置和数量

在环境工程中，常用的起重机械分为固定式和移动式两种。

固定式起重机械主要有井架、门架等，它的布置主要是根据机械性能、构筑物和建筑物的平面大小、施工段的划分、材料进场方向和道路情况而定。当构筑物、建筑物呈长条形，层数、高度相同时，一般布置在施工段的分界处，靠现场较宽的一面，以便在起重机械附近堆放材料和构件，达到缩短运距的目的。当建筑物、构筑物各部位的高度不同时，应布置在高低分界处，这样可使各施工段水平运输互不干扰。固定式起重机械中卷扬机的位置不应距离起重机过近，以便司机的视线能够看到起重机的整个升降过程。

移动式起重机械分为有轨起重机和无轨自行起重机两种。

有轨起重机布置时，应使构筑物、建筑物的平面处于吊臂回转半径之内，以便直接将材料和构件运至任何施工地点，尽量避免出现"死角"。同时，要尽量缩短轨道的长度，以降低铺轨费用。轨道一般沿构筑物、建筑物一侧或两侧布置，并做好轨道路基四周的排水工作。

无轨自行起重机的开行路线，主要取决于构筑物、建筑物等的平面位置及构件的重量和安装方法等。

起重机的数量应根据工程的施工能力和起重机的起吊能力确定，以满足施工的需要为基本原则。

2. 仓库的布置

（1）仓库的类型。仓库是储存物资的临时设施，其类型主要有转运仓库、中心仓库、现场仓库和加工厂仓库四种。

转运仓库是货物转载地点（如火车站、码头、专用卸货场）的仓库。

中心仓库是专供储存整个施工工地所需材料、构件等的仓库，一般设在现场附近或施工区域中心。

现场仓库是为某一在建工程服务的仓库，一般就近布置。根据其储存材料的性质和重要程度，现场仓库可采用露天堆场、半封闭式和封闭式三种形式。

露天堆场用于堆放不受自然气候影响的材料，如石料、砖、混凝土构件、管材等。

半封闭式用于堆放储存需防止雨、雪、阳光直接侵蚀的材料，如油毡、沥青等。

封闭式用于储存在大气中易发生变质的建筑制品、贵重材料，以及容易损坏或散失的材料，如水泥、石膏、五金零件及贵重设备、器具等。

加工厂仓库是专供加工厂储存物资或成品的仓库，一般靠近加工厂布置，根据所储存的材料性质的不同，可采用露天堆场、半封闭式或封闭式。

（2）仓库的布置。布置仓库时，应按以下原则进行。

应尽量利用永久性仓库为现场施工服务，施工用仓库应靠近使用地点，位于平坦、宽敞、交通方便的地方，并有一定的装卸前线（装卸时间长的仓库不宜紧靠路边），其设置应符合技术、安全方面的规定。

当有铁路时，应沿铁路布置转运仓库和中心仓库。一般材料仓库应邻近公路和施工区域布置；钢筋、木材仓库应布置在其加工场附近；水泥库和砂石堆场应布置在搅拌站附近；油料、氧气、电石库等应布置在工地边缘、人少的地点；易燃的材料库要设在拟建工程的下风向；车库和机械站应布置在现场入口处。

（3）仓库材料储备量的确定。对经常或连续使用的材料，如水泥、钢材、砖、石、砂等，可根据储备期计算。

$$P = \frac{K_1 T_i Q}{T} \qquad (8\text{-}6)$$

式中：P——材料的储备量，t，m 等；

   K_1——材料使用不均匀系数，其取值见表 8-8；

   T_i——某种材料的储备期，d，其取值见表 8-8；

   Q——某施工项目的材料需用量，t，m 等；

   T——某施工项目的施工持续时间，d。

表 8-8　材料使用的不均匀系数及储备期

序号	材料名称	材料使用不均匀系数/K_1		储备期 T_i/d	备注
		季	月		
1	砂子	1.2～1.4	1.5～1.8	25～35	
2	碎、卵石	1.2～1.4	1.6～1.9	25～35	
3	石灰	1.2～1.4	1.7～2.0	30～35	
4	砖	1.4～1.8	1.6～1.9	25～30	
5	瓦	1.6～1.8	2.2～2.5	25～30	
6	块石	1.5～1.7	2.5～2.6	25～30	
7	炉渣	1.4～1.6	1.7～2.0	20	
8	水泥	1.2～1.4	1.3～1.6	40～50	
9	型钢及钢板	1.3～1.5	1.7～2.0	60～70	
10	钢筋	1.2～1.4	1.6～1.9	60～70	
11	木材	1.2～1.4	1.6～1.9	70～80	
12	沥青	1.3～1.5	1.8～2.1	55～60	
13	卷材	1.5～1.7	2.4～2.7	60～65	
14	玻璃	1.2～1.4	2.7～3.0	50～55	

对于当地供应的大宗材料（如砖、石等），为减少堆场面积，应尽量保障运输，减少储备量。对于用量少及不常用的材料（如电缆、耐火砖等），可按需用量进行计算，以年度需用量的百分比储备。

（4）仓库面积的计算。

① 按材料储备量计算：

$$F = \frac{P}{q \cdot K_2} \qquad (8\text{-}7)$$

式中：F——仓库总面积，m^2；

   P——材料储备量，t，m 等；

   q——仓库每平方米面积内能存放的材料数量，其取值见表 8-9；

   K_2——仓库面积利用系数，其取值见表 8-9。

表8-9   每平方米仓库有效面积材料存放定额及面积有效利用系数

序号	材料名称	单位	每m²的数量	堆放高度/m	面积利用系数	保管形式
1	砂、石	m³	1.2	1.2～1.5	0.7	露天
2	石灰	t	1.5	1.2	0.7	库棚
3	砖	千块	0.8	1.5	0.6	露天
4	瓦	千块	0.4	1.0	0.6	露天
5	块石	m³	0.8	1.0	0.6	露天
6	水泥	t	2.0	1.5～2.0	0.65	密闭
7	型钢、钢板	t	2.0～2.4	0.8～2.0	0.4	露天
8	钢筋	t	1.2～2.0	0.6～0.7	0.4	露天
9	原木	m³	0.9～1.0	2.0～3.0	0.4	露天
10	成材	m³	1.4	2.5	0.45	露天
11	卷材	卷	3.0	1.8	0.8	库棚
12	耐火砖	t	2.2	1.5	0.6	露天
13	水泥管	t	0.6	1.0～1.2	0.6	露天
14	钢门窗	t	1.2	2.0	0.6	露天
15	木门窗	m³	4.5	2.0～2.5	0.6	库棚
16	钢结构	t	0.4	2.0	0.6	露天
17	混凝土板	m³	0.4	2.0～2.5	0.4	露天
18	混凝土梁	m³	0.3	1.0～1.2	0.4	露天

② 按系数计算：

$$F = \varphi f \qquad (8\text{-}8)$$

式中：F——仓库总面积，m^2；

φ——系数，见表8-10；

f——计算基数，见表8-10，表中以工作量为基数的，应考虑物价上涨因素，取较小值。

表8-10   按系数计算仓库面积参考资料

序号	名称	计算基数 f	单位	系数 φ
1	综合仓库	按工地全员人数	m²/人	0.7～0.8
2	水泥库	按水泥当年用量的40%～50%	m²/t	0.7
3	其他仓库	按当年工作量	m²/万元	2～3
4	五金杂品库	按年建筑安装工作量 按在建筑面积	m²/万元 m²/百m²	0.5～1 0.5～1
5	土建工具库	按高峰平均人数	m²/人	0.1～0.2
6	水暖器材库	按在建筑面积	m²/百m²	0.2～0.4
7	电器器材库	按在建筑面积	m²/百m²	0.3～0.5
8	化工油漆危险品仓库	按年建筑安装工作量	m²/万元	0.1～0.15
9	脚手、跳板、模板堆场	按在建筑面积 按年建筑安装工作量	m²/百m² m²/万元	1～2 0.5～1

3．加工厂的布置

加工厂布置时，应使材料或构件的总运输费用最小，并使加工厂有良好的生产条件，做到加工厂生产和工程施工互不干扰。一般是把有关联的加工厂集中布置在施工区域的边缘。

工地混凝土搅拌站的布置有集中、分散、集中与分散相结合三种方式。当工地运输条件较好时，以采用集中布置较好；当运输条件较差时，则以分散布置在使用地点附近为宜。若利用城市的商品混凝土，只要考虑其供应能力能否满足需要即可，工地可不考虑布置搅拌站。除此之外，还可采用集中和分散相结合的方式。

工地混凝土预制构件加工厂一般宜布置在工地边缘或场外邻近处。

钢筋加工厂宜布置在混凝土预制构件加工厂附近。

木材加工厂的原木、锯材堆场应靠近运输路线，锯木、成材、粗细木加工间和成品堆场应按工艺流程布置。

产生有害气体和污染环境的加工厂，如沥青熬制、石灰消解、石棉加工等，应位于工地下风向。

各类加工厂、作业棚、机修间所需面积可参考表 8-11～表 8-13 确定。

表 8-11　临时加工厂所需面积参考指标

序号	加工厂名称	年产量		单位产量所需建筑面积	总占地面积/m²	备注
		单位	数量			
1	混凝土搅拌站	m³	3 200	0.022 m²/m³	按砂石堆场考虑	400 L 搅拌机 2 台
			4 800	0.021 m²/m³		400 L 搅拌机 3 台
			6 400	0.020 m²/m³		400 L 搅拌机 4 台
2	临时混凝土构件厂	m³	1 000	0.25 m²/m³	2 000	生产屋面板和中小型梁柱板，配有蒸养设施
			2 000	0.20 m²/m³	3 000	
			3 000	0.15 m²/m³	4 000	
			5 000	0.125 m²/m³	小于 6 000	
3	半永久性混凝土构件厂	m³	3 000	0.6 m²/m³	9 000～12 000	
			5 000	0.4 m²/m³	12 000～15 000	
			10 000	0.3 m²/m³	15 000～20 000	
4	木材加工厂	m³	15 000	0.024 4 m²/m³	1 800～3 600	进行原木、大方加工
			24 000	0.019 9 m²/m³	2 200～4 800	
			30 000	0.018 1 m²/m³	3 000～5 500	
5	综合木工厂	m³	200	0.30 m²/m³	100	加工门窗、模板、地板、屋架等
			500	0.25 m²/m³	200	
			1 000	0.20 m²/m³	300	
			2 000	0.15 m²/m³	420	
6	粗木加工厂	m³	5 000	0.12 m²/m³	1 350	加工模板、屋架
			10 000	0.10 m²/m³	2 500	
			15 000	0.09 m²/m³	3 750	
			20 000	0.08 m²/m³	4 800	

序号	加工厂名称	年产量		单位产量所需建筑面积	总占地面积/m²	备注
		单位	数量			
7	细木加工厂	万 m²	5	0.014 0 m²/m³	7 000	加工门窗、地板
			10	0.011 4 m²/m³	10 000	
			15	0.010 6 m²/m³	14 300	
8	钢筋加工厂	t	200	0.35 m²/t	280~560	加工、成型、焊接
			500	0.25 m²/t	380~750	
			1 000	0.20 m²/t	400~800	
			2 000	0.15 m²/t	450~900	
9	现场钢筋调直或冷拉			所需场地（长 m×宽 m）		
	拉直场			（70~80）×（3~4）		包括材料及成品堆放
	卷扬机棚			15~20 m²		3~5 t电动卷扬机1台
	冷拉场			（40~60）×（3~4）		包括材料及成品堆放
	时效场			（30~40）×（6~8）		包括材料及成品堆放
10	钢筋对焊			所需场地（长 m×宽 m）		
	对焊场地			（30~40）×（4~5）		包括材料及成品堆放
	对焊棚			15~24 m²		寒冷地区适当增加
11	钢筋冷加工			所需场地（m²/台）		
	冷拔、冷拉机			40×50		
	剪断机			30~50		
	弯曲机φ12以下			50×60		
	弯曲机φ40以下			60×70		
12	金属结构加工（包括一般铁件）	t		所需场地（m²/t）		
			500	10		按一批加工量计算
			1 000	8		
			2 000	6		
			3 000	5		
13	石灰消化					每2个贮灰池配1套淋灰池和淋灰槽，每600 kg石灰可消化1 m³石灰膏
	贮灰池				5×3=15	
	淋灰池				4×3=12	
	淋灰槽				3×2=6	
14	沥青锅场地				20~24	台班产量1~1.5t/台

表 8-12　现场作业棚所需面积参考指标

序号	名称	单位	面积/m²	备注
1	木工作业棚	m²/人	2	占地为建筑面积的2~3倍
2	电锯房	m²	80	34~36 in(1in=2.540 m)圆锯1台小圆锯1台
	电锯房	m²	40	
3	钢筋作业棚	m²/人	3	占地为建筑面积的3~4倍
4	搅拌棚	m²/台	10~18	
5	卷扬机棚	m²/台	6~12	
6	烘炉房	m²	30~40	
7	焊工房	m²	20~40	
8	电工房	m²	15	
9	白铁工房	m²	20	
10	油漆工房	m²	20	
11	机、钳工修理房	m²	20	

序号	名称	单位	面积/m²	备注
12	立式锅炉房	m²/台	5～10	
13	发电机房	m²/kw	0.2～0.3	
14	水泵房	m²/台	3～8	
15	空压机房（移动式）	m²/台	18～30	
	空压机房（固定式）	m²/台	9～15	

表 8-13 现场机动站、机修间、停放场所需面积参考指标

序号	施工机械名称	所需场地/（m²/台）	存放方式	机修间所需建筑面积	
				内容	数量/m²
一	起重、土方机械类				
1	塔式起重机	200～300	露天	10～20 台设 1 个检修台位（每增加 20 台增加 1 个检修台位）	200（增 15）
2	履带式起重机	100～125	露天		
3	履带式正向铲、反向铲，拖式铲运机，轮胎式起重机	75～100	露天		
4	推土机、拖拉机、压路机	25～35	露天		
5	汽车式起重机	20～30	露天或室内		
二	运输机械类				
6	汽车（室内）	20～30	一般情况下室内不小于10%	每20台设1个检修台位（增加1个检修台位）	170（增 160）
	（室外）	40～60			
7	平板拖车	100～15			
三	其他机械类				
8	搅拌机、卷扬机、电焊机、电动机、水泵、空压机、油泵、少先吊等	4～6	一般情况下室内占30%，露天占70%	每50台设1个检修台位（增加1个检修台位）	50（增 50）

4. 场内运输道路的布置

首先根据各仓库、加工厂及施工对象的相对位置,研究货物周转运输量的大小,区别出主要道路和次要道路,然后进行道路的规划。在规划中,应考虑车辆行驶安全、运输方便和道路修建费用等问题。一般应尽量利用拟建的永久性道路,或提前修路,或先修建永久性路基,工程完工后再铺设路面。连接仓库、加工厂等的主要道路一般应按双行环形路线布置。次要道路按单行支线布置,但在路端应设回车场地。

5. 临时生活设施的布置

工地所需的临时生活设施,应尽量利用现有的或拟建的永久性房屋,数量不足

时再临时修建。工地行政管理用房宜设在工地入口处或中心地区；现场办公室应靠近施工地点；工人用的生活设施应设在工人较集中的地方和工人出入必经之处；工地食堂可布置在工地内部或外部；工人住房一般在场外集中设置。

各种临时生活设施所需面积可根据表8-14确定。

表8-14 临时设施建筑参考指标

临时设施名称	指标使用方法	参考指标/（m²/人）	备注
一、办公室	按干部人数	3～4	
二、宿舍		2.5～3	
单层通铺	按高峰年（季）平均职工人数	2.5～3	
双层床	（扣除不在工地住宿人数）	2.0～2.5	
单层床		3.5～4	
三、家属宿舍		16～25 m²/户	1.本表根据收集到的全国有代表性的企业、地区资料进行综合
四、食堂	按高峰年平均职工人数	0.5～0.8	
五、食堂兼礼堂	按高峰年平均职工人数	0.6～0.9	2.工区以上设的会议室已包括在办公室指标内
六、其他合计		0.5～0.6	
医务室		0.05～0.07	3.家属应以施工期的长短和离基地情况而定，一般按高峰年职工平均人数的10%～30%考虑
浴室		0.07～1.00	
理发室		0.01～0.03	
浴室兼理发室		0.08～0.1	
俱乐部	按高峰年平均职工人数	0.1	
小卖店		0.03	4.食堂包括厨房、库房，应考虑在工地就餐的人数和几次进餐
招待所		0.06	
托儿所		0.03～0.06	
子弟小学		0.06～0.08	
其他公用		0.05～0.10	
七、现场小型设施			
开水房	按高峰年平均职工人数	10～40	
厕所	按高峰年平均职工人数	0.02～0.07	
工人休息室		0.15	

6．临时水电管网的布置

（1）工地临时供水。

施工现场用水包括施工、生活、消防三方面，其用水量分别按下述方法计算。

① 施工用水量 q_1：主要包括现场用水、机械用水和附属生产企业用水，其用水量一般按最大日施工用水量计算，即：

$$q_1 = K_1 \sum Q_1 N_1 \cdot \frac{K_2}{8 \times 3\,600} \qquad (8\text{-}9)$$

式中：q_1——施工用水量，L/s；

K_1——未预见的施工用水系数，一般取 1.05～1.15；

K_2——施工用水不均衡系数，现场用水取 1.50，附属生产企业取 1.25，施工机械及运输机具取 2.00，动力设备取 1.10；

Q_1——最大用水日完成的施工工程量、附属企业产量或机械台数；

N_1——施工（生产）用水定额或机械用水定额，见表 8-15，表 8-16。

表 8-15 现场施工或附属企业生产用水参考定额

序号	用水对象	单位	用水量/L	备注
1	浇筑混凝土全部用水	m²	1 700～2 400	
2	搅拌混凝土	m³	250	
3	混凝土养护（自然养护）	m³	200～400	
4	混凝土养护（蒸汽养护）	m³	500～700	
5	冲洗模板	m²	5	
6	冲洗石子	m³	600～1 000	
7	清洗搅拌机	台班	600	含泥量大于 2%小于 3%
8	洗砂	m³	1 000	
9	浇砖	千块	200～250	
10	抹面	m²	4～6	
11	楼地面	m²	190	不包括调制用水
12	搅拌砂浆	m³	300	主要是找平层
13	消化石灰	t	3 000	

表 8-16 施工机械用水参考定额

序号	用途	单位	用水量/L	备注
1	内燃挖土机	m³·台班	200～300	以斗容量 m³ 计
2	内燃起重机	t·台班	15～18	以起重量吨数计
3	内燃压路机	t·台班	12～15	以压路机吨数计
4	拖拉机	台·d	200～300	
5	汽车	台·d	400～700	
6	空压机	(m³/min)·台班	40～80	以压缩空气 m³/min 计
7	内燃机动力装置（直流水）	马力·台班	120～300	
8	内燃机动力装置（循环水）	马力·台班	25～40	
9	锅炉	t·h	1 000	以小时蒸发量计

② 生活用水量 q_2：主要包括现场生活用水和居住区生活用水，其用水量可按下式计算：

$$q_2 = Q_2 N_2 \frac{K_3}{8 \times 3\,600} + Q_3 N_3 \frac{K_4}{24 \times 3\,600} \tag{8-10}$$

式中：q_2——生活用水量，L/s；

Q_2——现场最高峰施工人数；

N_2——现场生活用水定额，视当地气候情况而定，一般取 20～60 L/（人·班）；

K_3——现场生活用水不均衡系数，取 1.30～1.50；

Q_3——居住区最高峰职工及家属人数；

N_3——居住区生活用水定额，视工程所在地区和室内卫生设备情况而定，一般取 100～120 L/（人·d）；

K_4——居住区生活用水不均衡系数，取 2.00～2.50。

③ 消防用水量 q_3：主要供工地消火栓用水，其用水量按表 8-17 确定。

表 8-17　消防用水量

序号	用水名称	规模	火灾同时发生次数	用水量/（L/s）
1	居民区消防用水	5 000 人以内	一次	10
		10 000 人以内	二次	10～15
		25 000 人以内	二次	15～20
2	施工现场消防用水	施工现场在 25 km² 以内	一次	10～15
		每增加 25 km²	一次	5

求出上述各项用水量后，即可计算出施工现场总用水量 Q。

当（$q_1 + q_2$）$\leqslant q_3$ 时，则：

$$Q = \frac{1}{2}(q_1 + q_2) + q_3 \tag{8-11}$$

当（$q_1 + q_2$）$> q_3$ 时，则：

$$Q = q_1 + q_2 + q_3 \tag{8-12}$$

当（$q_1 + q_2$）$< q_3$，且工地面积小于 5×10^4 m² 时，则：

$$Q = q_3 \tag{8-13}$$

当计算出总用水量后，还应增加 10% 的管网漏损量，即：

$$Q_总 = 1.1Q \tag{8-14}$$

总用水量确定后，即求出供水管网中各管段的管径。

实际工程中，管网中水流速度一般取 1.5～2.0 m/s，也可查水力计算表选择适当的管径 D。

供水管网一般有环状网、枝状网两种布置形式。环状网能够保证供水的可靠性，但管线长、造价高、管材用量大，它适用于供水可靠性要求高的建设项目；枝状网管线短、造价低，但供水可靠性差，适用于一般中小型工程。

管网铺设有明铺和暗铺两种方式。考虑不影响交通，一般以暗铺为好，但需增加铺设费用。冬季或寒冷地区，要注意采取防冻措施。

消火栓应靠近十字路口、路边或工地出入口附近布置，其间距不大于 120 m，距路边不大于 2 m。消防水管直径不小于 100 mm。

（2）工地临时排水。工地主要考虑雨水的排除，一般是利用工地现有的排水设施进行，对于大型的施工工地可根据当地设计暴雨强度和设计重现期设计排水管道，具体方法本教材不进行阐述。

（3）工地临时供电。施工现场用电包括各种机械、动力设备用电和室内外照明用电，其布置方法由专业人员进行，本教材不进行阐述。

（五）施工平面图的绘制

1．确定图幅大小和绘图比例

图幅大小和绘图比例应根据工地大小及布置内容多少而定。图幅一般可选用 1 号或 2 号图纸，比例一般采用 1 : 1 000 或 1 : 2 000。

2．合理规划和设计图面

施工平面图，除了要反映现场的布置内容外，还要反映周围环境和面貌（如已有建筑物、构筑物、道路等）。故绘图时，应合理规划和设计图面，并应留出一定的空余图面绘制指北针、图例及书写文字说明等。

3．绘制工程平面图的有关内容

将现场测量的方格网，现场内外已建的建筑物、构筑物、道路和拟建工程等，按正确的比例绘制在图上。

4．绘制工地需要的临时设施

根据布置方案及计算的面积，将所确定的临时设施绘制到图上。

5．形成施工平面图

在进行各项布置后，经分析比较、调整修改后形成施工平面图，并作必要的文字说明，标注图例、比例、指北针。施工平面图的绘制图例见表 8-18。

施工平面图比例要正确，图例要规范，线条粗细分明，字迹端正，图面整洁美观。

六、主要技术组织措施和技术经济指标

（一）技术措施

➢ 提供需要表明的平面、剖面示意图及工程量一览表；

➢ 明确施工方法的特殊要求和工艺流程；

➢ 确定水下及冬季、雨季施工措施；

➢ 确定技术、质量要求和安全注意事项；

➢ 说明材料、构件和机具的特点、使用方法及需用量。

表 8-18　施工平面图图例

序号	名称	图例	序号	名称	图例
1	水准点	⊗点号 高程	36	支管接管位置	
2	原有房屋		37	消防栓（原有）	
3	拟建正式房屋		38	消防栓（临时）	
4	施工期间利用的拟建正式房屋		39	原有化粪池	
5	将来拟建正式房屋		40	拟建化粪池	
6	临时房屋，密闭式、敞篷式		41	水源	
7	拟建的各种材料围墙		42	电源	
8	临时围墙		43	总降压变电站	
9	建筑工地界线		44	发电站	
10	烟囱		45	变电站	
11	水塔		46	变压器	
12	房角坐标	x=1530 y=2156	47	投光灯	
13	室内地面水平标高	105.10	48	电杆	
14	现有永久公路		49	现有高压 6 kV 线路	
15	施工用临时道路		50	施工期间利用的永久高压 6 kV 线路	
16	临时露天堆场		51	塔轨	
17	施工期间利用的永久堆场		52	塔吊	
18	土堆		53	井架	
19	砂堆		54	门架	
20	砾石、碎石堆		55	卷扬机	
21	块石堆		56	履带式起重机	
22	砖堆		57	汽车式起重机	
23	钢筋堆场		58	缆式起重机	
24	型钢堆场		59	铁路式起重机	
25	铁管堆场		60	多斗挖土机	
26	钢筋成品场		61	推土机	
27	钢结构场		62	铲运机	
28	屋面板存放场		63	混凝土搅拌机	
29	一般构件存放场		64	灰浆搅拌机	
30	矿渣、灰渣堆		65	洗石机	
31	废料堆场		66	打桩机	
32	脚手、模板堆场		67	脚手架	
33	原有的上水管线		68	淋灰池	
34	临时给水管线		69	沥青锅	
35	给水阀门（水嘴）		70	避雷针	

（二）质量措施

➢ 确保定位放线、标高测量等准确无误的措施；

➢ 确保地基承载力及各种基础、地下结构施工质量的措施；

➢ 确保主体结构中关键部位施工质量的措施；

➢ 保证质量的组织措施（如人员培训、质检制度等）。

（三）安全措施

➢ 保证土石方边坡稳定的措施；

➢ 起吊工具的拉结要求和防倒塌措施；

➢ 安全用电措施；

➢ 易燃、易爆、有毒作业场所的防火、防爆、防毒措施；

➢ 季节性施工的安全措施；

➢ 现场周围通行道路及居民保护隔离措施；

➢ 保证安全施工的组织措施，如安全宣传教育及检查制度等。

（四）降低成本措施

➢ 合理进行土石方平衡，以节约土方运输及人工费；

➢ 综合利用吊装机械，减少吊次，以节约台班费；

➢ 混凝土中掺加外加剂，以节约水泥；

➢ 采用先进的焊接技术以节约钢筋；

➢ 构件和半成品采用预制拼装、整体安装的方法，以节约人工费和机械费。

（五）现场文明施工的措施

➢ 施工现场应设置围栏与标牌，出入口应确保交通安全、道路畅通，场地平整，安全与消防设施齐全。

➢ 临时设施的安排与环境卫生；

➢ 各种材料的堆放与管理；

➢ 散碎材料、施工垃圾的运输及各种防止污染的措施；

➢ 成品保护与施工机械保养。

（六）主要技术经济指标

➢ 施工周期；

➢ 劳动生产率；

➢ 劳动力不均衡系数；

➢ 降低成本指标；

➢ 工程质量与安全指标。

第三节　流水施工组织原理

一、流水作业的概念

流水作业法是一种科学的施工组织方法，它建立在合理分工、紧密协作和大批量生产的基础之上。在环境工程中，将每个施工过程（工序）分别分配给不同的专业队组依次去完成，每个专业队组沿着一定的方向，在不同的时间相继对各施工段进行相同的施工，由此形成了专业队组、机械及材料的转移路线，称为流水线。这种施工组织方法，不仅使得每个专业队都能连续进行其熟练的专业工作，而且由各施工段构成的工作面也尽可能得到充分利用。因此，使得工程施工具有鲜明的节奏性、均衡性和连续性。同时，也会大大地提高劳动生产率和经济效益。下面通过对3 个水处理构筑物基础工程的不同施工组织方法的比较，来充分说明这一点。

设有 3 个相同的水处理构筑物基础工程进行施工安排。以每个基础工程作为一个施工段，将这 3 个基础工程划分为 3 个施工段，完成每个施工段都包括如下 4 道工序：① 准备工作；② 开挖基坑；③ 绑扎钢筋；④ 浇筑混凝土。

根据这 4 道工序建立 4 个专业队，每道工序按 2 d 的作业时间配备专业队劳动力和机具。该基础工程的施工，有下述 3 种不同的作业方法进行安排。

1. 顺序作业法

顺序作业法是将拟建工程项目划分成若干个施工段，将全部施工过程分为若干道工序，前一道工序完成后，下一道工序才能开始；一个施工段全部完成后，下一个施工段再开始施工，依此类推直至全部工程施工完毕为止。按此法安排的 3 个桩基础的施工进度如图 8-3 所示。

基础工程编号	施工进度（班或天）											
（施工段编号）	2	4	6	8	10	12	14	16	18	20	22	24
1#基础工程	——	～～	××××	══								
2#基础工程					～	～	××××	══				
3#基础工程									～	～	××××	══

—— 准备工作； ～ 开挖基坑； ××× 绑扎钢筋； ══ 浇筑泥凝土

图 8-3　基础顺序施工进度安排

由图 8-3 可见，顺序作业法的总工期为

$$T = m \cdot t \tag{8-15}$$

式中：T——整个基础工程的工期；

　　　m——施工段数；

　　　t——每个施工段的作业持续时间。

显然，这种作业法用于工序相同的多个施工段的作业安排是不适宜的。其缺点是工期长、专业队作业不连续、形成窝工；大部分施工段空闲，工作面不能充分利用。

2．平行作业法

平行作业法是将拟建工程划分为若干个施工段，每个施工段划分为若干道工序，同一工序在不同的施工段上同时进行施工，一个施工段完工，则全部工程施工完毕。按此法安排上述 3 个基础的施工进度如图 8-4 所示。

基础工程编号 （施工段编号）	施工进度（班或天）			
	2	4	6	8
1#基础工程	——	～～	××××	══
2#基础工程	——	～～	××××	══
3#基础工程	——	～～	××××	══

图 8-4　基础平行施工进度安排

由图 8-4 可见，平行作业法的工期为：

$$T = t \tag{8-16}$$

式中各参数的含义同式（8-15）。

平行作业法与顺序作业法相比，虽然大大地缩短了工期，工作面也得到了充分利用，提高了劳动力和机具设备的利用率，但投入的劳动力、机具为顺序作业法的 m 倍，使劳动力、机具、设备和材料的供应相对集中，增加了难度。平行作业法一般只适用于任务紧迫，有足够的工作面，且劳动力、机具、材料能保证充分供应的情况。

3．流水作业法

流水作业法是将拟建工程划分为若干个施工段，每个施工段都划分为若干道相同的工序，按照施工的工艺顺序，各工序在不同的施工段上相继投入施工，最后投入施工的施工段上的最后一道工序完成后，则全部工程的施工也就随之完毕。按此

法安排的上述 3 个基础的施工进度如图 8-5 所示。

基础工程编号 （施工段编号）	施工进度（班或天）					
	2	4	6	8	10	12
1#基础工程	———	～～	××××	———		
2#基础工程		———	～～	××××	———	
3#基础工程			———	～～	××××	———

图 8-5 基础流水施工进度安排

显然，流水作业法的专业队数及其劳动力、机具配备与顺序作业法相同，专业队数为平行作业法的 $1/m$；各专业队的工作是连续的和有节奏的；各工作面也得到合理的利用；工期只比平行作业法稍长，而比顺序作业法大大缩短。

可以看出，流水作业法是平行作业法和顺序作业法相结合的一种搭接施工方法，它保留了平行作业和顺序作业的优点，消除了它们的缺点，实现了生产的连续性和均衡性，从而也保证了劳动力、机具和材料供应的连续性和均衡性。在工序相同的多个施工段的施工安排中，其优越性是显而易见的。

二、流水作业的特点

流水作业具有以下特点：

① 充分利用了工作面，缩短了工期；

② 前后工序衔接紧凑，消除了时间间歇，实现了生产的连续性和均衡性；

③ 根据不同的工序建立了不同的专业队，而专业队重复从事同一技术工作，工人的操作熟练程度不断提高，为保证工程质量及进一步改进工艺奠定了基础，工作效率也会不断提高；

④ 由于工效提高，劳动量减少，物资供应均衡，工期缩短等原因，因而可以降低工程成本。

三、流水作业的表示方法

流水作业一般以横道图的形式表示施工进度。

四、流水作业的组织方法

制定流水作业施工计划要按下述步骤和方法进行：

（1）根据已确定的施工方案和工程结构特性、空间位置及施工工艺过程（工序），选择拟建工程中能够进行流水施工的工程项目。

（2）将组织流水施工的工程项目，从工艺上分解为若干工序并确定施工的先后顺序。不同的工序由不同的专业队按其先后顺序进行施工。

（3）将组织流水作业的工程项目，尽可能地划分为劳动量大致相等或成倍数的若干施工段。

（4）对各施工段确定合理的施工组织顺序，以便各专业队按照规定的顺序，携带必要的机具，连续地由一个施工段转移到另一个施工段，反复进行同类工作。

（5）确定合理的流水作业参数，要尽可能地相互协调，以便流水作业具有节奏性、连续性、均衡性。

五、流水作业参数的确定

（一）时间参数

1. 流水节拍 t_{ij}

流水节拍是指专业队在每个施工段上完成各自施工过程的延续时间，如第 i 个工序在第 j 个施工段上的流水节拍一般以 t_{ij} 表示。它的大小，直接关系到投入的劳动力、机械和材料的数量，决定着施工速度和施工节奏性。流水节拍的确定需根据可能投入的劳动力、施工机械和材料数量，以及劳动组织和工作面大小等综合考虑。确定流水节拍的计算方法同作业持续时间的计算。

2. 流水步距 $K_{i, i+1}$

流水步距是指相邻两个施工工序专业队相继开始施工的时间间隔，通常以 $K_{i,i+1}$ 表示。流水步距的大小，对工期有重要的影响。因为流水步距是决定各专业队投入施工迟早的参数。各专业队投入施工愈早，工期则愈短，否则，则相反。

流水步距的多少取决于参加流水施工的专业队数（施工过程数），如专业队为 n 个，则流水步距的总数为（$n-1$）个。

流水步距的大小是根据流水节拍大小计算确定的。最简单的方法是采用"相邻队组每段作业时间累加数列错位相减取大差"的办法计算。

确定流水步距的基本要求是：

➤ 始终保持相邻两施工过程的先后工艺顺序；

➤ 保证各专业队连续、均衡、有节奏的工作，而工作面则允许有一定的空闲；

➤ 在保证各专业队连续操作的同时，又要使工程的工期最短，必须使前后两个施工过程在施工时间上保持最大限度地搭接，以此确定出最小流水步距；

➤ 要满足均衡施工和安全生产的要求。

（二）工艺参数

1. 工序数 n

工序数是指施工过程数，一般等于需要建立的专业队数，按如下原则划分：

（1）对规模大、结构复杂及工期长的工程项目，其工序可划分得粗些、综合性大些；对中小型工程及工期不长的工程，工序可划分得细些、具体些，一般划分至分项工程。

（2）工序的划分要考虑施工专业队的施工习惯，如管道下管与接口，则可合并也可分开，要根据施工队的习惯确定。

（3）工序的划分要考虑劳动量的大小，劳动量小的施工过程，当组织流水作业有困难时，可与其他施工过程合并，这样既可以使各个施工过程的劳动量大致相等，又便于组织流水作业，如稳管则可与下管合并。

（4）工序的划分与劳动内容和范围有关，如直接在施工现场或工程对象上进行的劳动过程，则可纳入流水施工过程，而场外的劳动内容则不纳入流水施工过程。

2．流水强度 v

每一施工过程在单位时间内所完成的工程数量称为流水强度，或称流水能力、生产能力。一般用 v 表示。根据流水强度，可确定各施工段上相应工程量的流水节拍及所需施工机械设备。

（三）空间参数

1．施工段数 m

划分施工段是组织流水作业的基础，施工段的划分应考虑以下原则：

（1）划分施工段应使主要工种在各施工段上所需劳动量大致相等，其相差幅度以不超过 10%～15%为宜，以免破坏流水的协调性。

（2）应考虑构筑物的形状、构造特点，伸缩缝、沉降缝常作为划分施工段的自然界限；对于管道工程，分段的界限尽量划在检查井或阀门井处。

（3）每个施工段的大小应满足专业工种对工作面的要求。

（4）当有层间关系时，为保证各施工队能够连续作业，其划分的最少施工段数与工序数的关系应满足：

$$m_{\min} \geqslant n \text{ 或 } m_{\min} \geqslant \sum b \qquad (8\text{-}17)$$

式中：$m_{\min}$ ——最少施工段数；

n ——工序数；

$\sum b$ ——专业队数。

2．工作面 A

工作面也叫工作前线，它的大小可以表明施工对象上可能安置多少工人操作或布置多少施工机械，为流水节拍的确定提供依据。

工作面的大小可以采用不同的单位来计量，通常使用 m/人、m^2/人、m^3/人等单位。一般工程施工中，前一施工过程的结束，就为后一施工过程提供了工作面。在确定一个施工过程必要的工作面时，不仅要考虑前一施工过程为本施工过程所可能提供的工作面的大小，也要遵守安全技术措施和施工规范的规定。

六、流水作业的基本方式

（一）全等节拍流水

全等节拍流水是指所有施工段上的所有工序的流水节拍均相等，且等于流水步距的作业方式。

如某水处理构筑物拟组织流水作业进行施工。根据实际情况分为 4 个施工段，每个施工段按工艺分解为支模、扎筋、浇混凝土 3 道工序。各施工段的工程量相等，各道工序按劳动量适当调配劳动力和机械后，其流水节拍均为 1 d。则按全等节拍流水安排的施工进度如图 8-6 所示。

由全等节拍流水的定义及图 8-6 可知，流水作业的总工期可按下式计算：

$$T = (n-1)K + mt \tag{8-18}$$

式中：t——流水节拍；

　　　K——流水步距；

　　　m——施工段数；

　　　n——工序数。

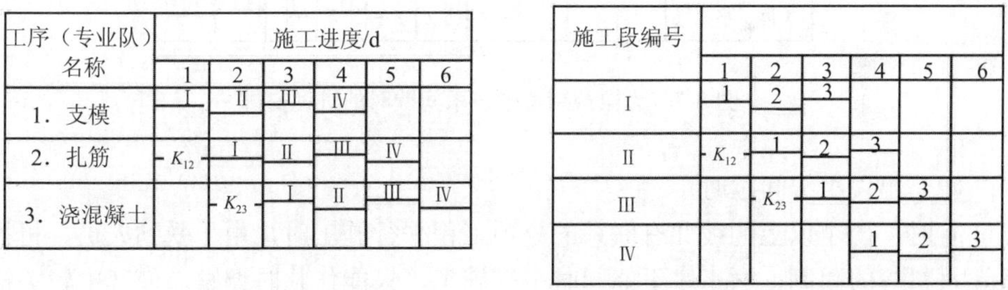

（a）按工序排列　　　　　　　　　　　　　（b）按施工段排列

图 8-6　某水处理构筑物流水施工进度安排

由图 8-6 可知，流水节拍、流水步距全部相等，则流水作业的连贯性和衔接性良好，各专业队的步调一致，是一种比较理想的流水作业方式。但是施工过程是复杂多变的，在施工组织方面不可能像全等节拍流水那样如此有条不紊地安排工作。由于受实际工程条件的影响，常对全等节拍流水的进度安排进行调整。可能会出现下述两种情况。

1. 出现间歇时的调整

如果由于技术上、组织上的原因造成间歇时，全等节拍流水的进度安排应做如下变化调整。

（1）出现技术间歇时

有时，在一个施工段上，某一工序结束后，由于技术上、工艺上的原因需要停歇一段时间，这种停歇时间就称为技术间歇，用符号$\sum Z$表示。例如采用流水作业预制 4 个大梁时，每个大梁预制可分解为支模、扎筋、浇混凝土、拆模横移堆放 4 道工序。因浇筑混凝土后不能马上拆模，需等混凝土强度达到一定要求后，才能进行拆模这道工序，这种停歇的时间就是技术间歇。组织全等节拍流水时，必须考虑此种技术间歇。该大梁预制的流水作业安排如图 8-7 所示。

由图 8-7 可知，考虑了技术间歇的流水作业总工期可按下式计算：

$$T = (n-1)K + \sum Z + mt \tag{8-19}$$

式中：$\sum Z$——技术间歇时间；

其余符号含义同式（8-18）。

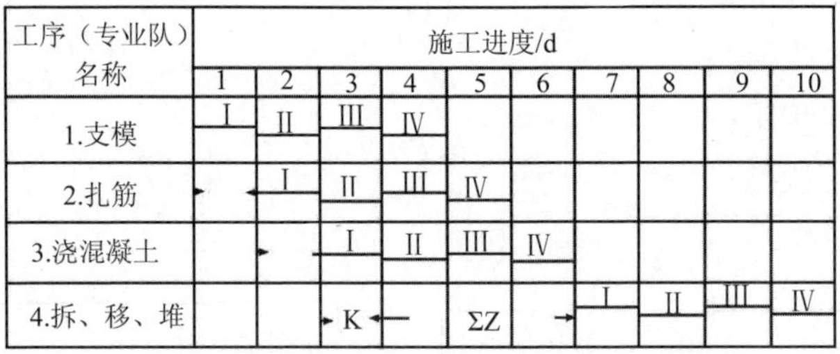

图 8-7 大梁预制考虑技术间歇时的进度安排

（2）出现组织间歇时

有时，两个以上的彼此有联系的分项工程平行施工时，由于受到人员、机械设备、材料等的限制，两工序不能同时平行施工，只能作临时调整，使其中较关键的工序正常进行，另一项工序暂时停止进行，等关键工序完成后，另一工序继续进行，这种由于组织措施而暂停的时间称为组织间歇，用符号$\sum y$表示。

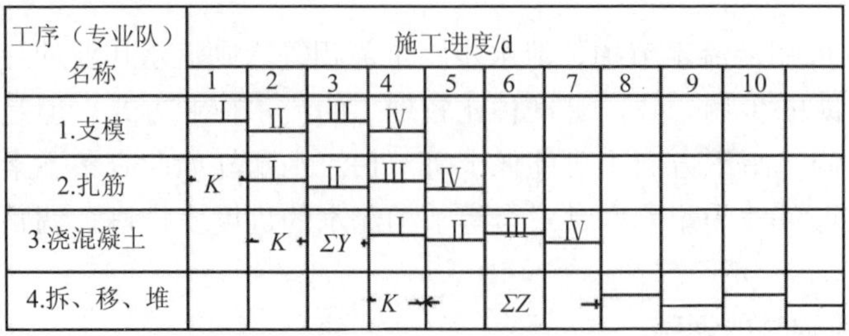

图 8-8 考虑了技术和组织间歇的管道基础施工的进度安排

例如，在污水处理厂施工时，某管道基础与水处理构筑物施工同时平行进行。因受混凝土搅拌能力的限制，管道基础混凝土与构筑物混凝土不能同时浇筑，当构筑物需要浇筑混凝土时，就不得不中断管道基础混凝土的浇筑而保证关键工序——构筑物混凝土的正常浇筑。这种纯属组织安排导致的施工间歇，在工程施工中经常遇到，组织流水作业时要考虑周全。图 8-8 是考虑了组织间歇的管道基础施工的流水作业安排。

由图 8-8 可知，考虑了技术间歇和组织间歇的流水作业总工期可按下式计算：

$$T = (n-1)K + \sum Y + \sum Z + mt \qquad (8\text{-}20)$$

式中：$\sum Y$ —— 组织间歇时间；

其余符号含义同式（8-18）。

2．为缩短工期而进行的调整

为缩短工期，有时采用平行搭接的施工方法。

平行搭接，是指在一个施工段上，在前一道工序完成之前，允许后一道工序提前进行施工，于是相邻两道工序之间就出现了平行施工。这种后一道工序提前开始的时间，就称为平行搭接，用符号 $\sum C$ 表示。这种现象在工程中也常见。例如，在混凝土柱施工中，有时要在支模工作完成前，在模内绑扎（或焊接）钢筋。因为等支模完成之后，模内空间太小，很难在模内绑扎或焊接钢筋。故必须平行搭接施工，其流水作业安排如图 8-9 所示。

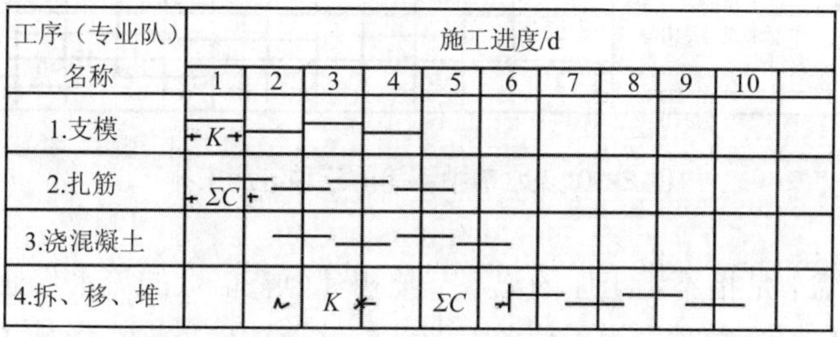

工序（专业队）名称	施工进度/d									
	1	2	3	4	5	6	7	8	9	10
1.支模	←K→									
2.扎筋	ΣC									
3.浇混凝土										
4.拆、移、堆		K	ΣC							

图 8-9　混凝土柱平行搭接施工进度安排

由图 8-9 可知，考虑了平行搭接的流水作业总工期可按下式计算：

$$T = (n-1)K + \sum Z - \sum C + mt \qquad (8\text{-}21)$$

式中：$\sum C$ —— 平行搭接时间；

其余符号含义同式（8-18）。

（二）成倍节拍流水

在组织流水作业时，各有关工序之间，往往由于工程量的差异、机械化程度的差异、工作面的差异等原因，使各个工序的流水节拍不能相等。这就不能再按全等节拍流水组织施工，否则就会出现专业队不能连续、均衡地依次在各施工段上工作，或者出现其他不合理现象。

例如某工程划分为 3 个施工段，每个施工段按工艺分解为 3 道工序，其流水节拍分为：$t_{1j}=1$，$t_{2j}=3$，$t_{3j}=2$。如按全等节拍组织流水施工时，则可能出现如图 8-10 所示的三种情况。

显然，当各工序的流水节拍不相等时，组织全等节拍流水是不合理的。如果要使专业队连续工作，而工作面又得到合理利用，且在一个施工段上不得同时出现 2 个专业队施工，可根据流水节拍成倍数的关系，组织成倍节拍流水，圆满解决这一问题。

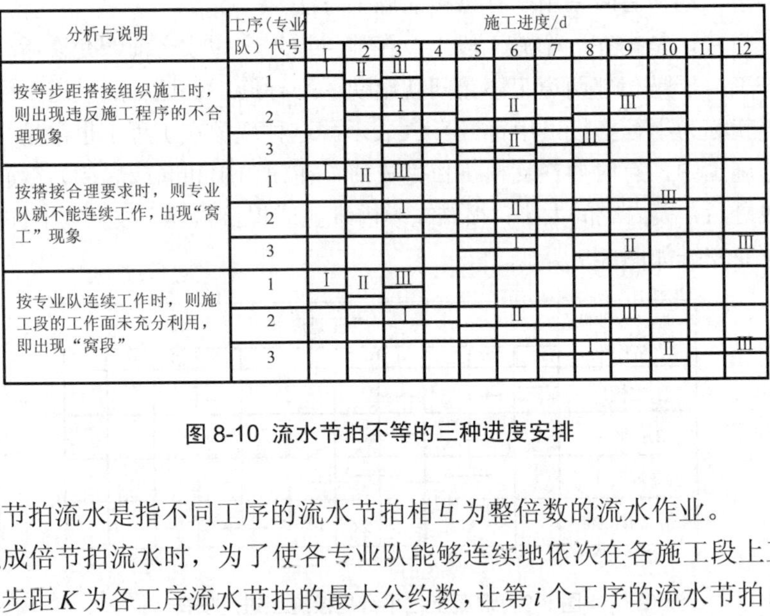

分析与说明	工序(专业队)代号	施工进度/d											
		1	2	3	4	5	6	7	8	9	10	11	12
按等步距搭接组织施工时，则出现违反施工程序的不合理现象	1	Ⅰ	Ⅱ	Ⅲ									
	2				Ⅰ		Ⅱ			Ⅲ			
	3						Ⅰ			Ⅱ		Ⅲ	
按搭接合理要求时，则专业队就不能连续工作，出现"窝工"现象	1	Ⅰ	Ⅱ	Ⅲ								Ⅲ	
	2				Ⅰ			Ⅱ					
	3									Ⅱ		Ⅲ	
按专业队连续工作时，则施工段的工作面未充分利用，即出现"窝段"	1	Ⅰ	Ⅱ	Ⅲ									
	2				Ⅰ			Ⅱ					
	3								Ⅰ		Ⅱ		Ⅲ

图 8-10 流水节拍不等的三种进度安排

成倍节拍流水是指不同工序的流水节拍相互为整倍数的流水作业。

组织成倍节拍流水时，为了使各专业队能够连续地依次在各施工段上工作，应选取流水步距 K 为各工序流水节拍的最大公约数，让第 i 个工序的流水节拍 t_{ij} 是 $K_{i,i+1}$ 的 b_i 倍，则该工序相应安排 b_i 个专业队进行施工。这样，同一工序的各专业队就可依次相隔 $K_{i,i+1}$ 天投入施工，保证了整个流水作业能够连续、均衡地进行，工作面也不致空闲。

例如某工程拟组织流水作业，按实际情况分为 6 个施工段，每个施工段按工艺先后顺序分解为开挖基坑、砌挡土墙、回填夯实 3 道工序。假定 3 道工序在各施工段上持续时间相等，其流水节拍分别为 $t_{1j}=1$，$t_{2j}=3$，$t_{3j}=2$。试组织成倍节拍流水作业。

组织成倍节拍流水作业的步骤如下：

（1）确定流水步距 $K_{i,i+1}$

流水步距为各工序流水节拍的最大公约数，而各工序的流水节拍分别为 1，3，2，其最大公约数为 1，所以，流水步距 $K_{i,i+1}=1$。

（2）确定各工序的专业队数 b_i

因为各工序所需专业队数是其流水节拍与流水步距的比值，故各工序需建立的专业队数分别为：

工序 1：$b_1=1$　（队）

工序 2：$b_2=3$　（队）

工序 3：$b_3=2$　（队）

（3）检查施工段数是否大于或等于专业队数之和，即：

$$m = \sum b_i = 1+3+2=6$$

满足要求。

（4）根据已确定的流水作业参数，绘制如图 8-11 所示的施工进度图。

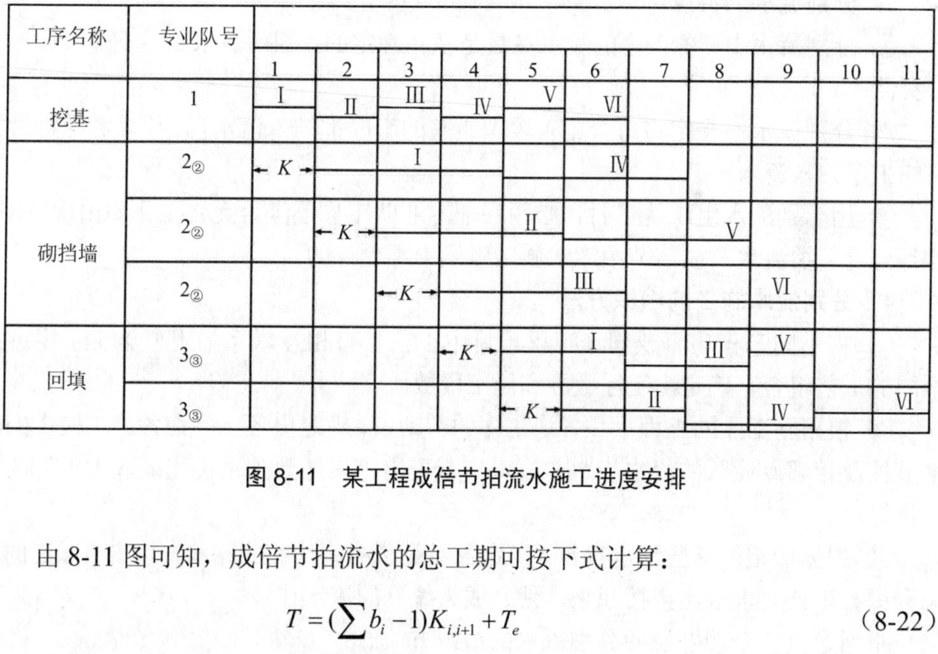

工序名称	专业队号	1	2	3	4	5	6	7	8	9	10	11
挖基	1	I	II	III	IV	V	VI					
砌挡墙	2②	← K →		I			IV					
	2②		← K →		II				V			
	2②			← K →		III				VI		
回填	3③				← K →		I		III	V		
	3③					← K →		II		IV		VI

图 8-11　某工程成倍节拍流水施工进度安排

由 8-11 图可知，成倍节拍流水的总工期可按下式计算：

$$T = (\sum b_i - 1)K_{i,i+1} + T_e \qquad (8-22)$$

式中：$\sum b_i$ —— 各工序所需专业队数之和；

T_e —— 最后一条流水线的全部时间之和；

$K_{i,i+1}$ ——确定的成倍节拍流水的流水步距。

由此可见，组织成倍节拍流水施工，可使各专业队投入施工的步调一致，衔接紧密，各施工段的工作面也可得到合理利用。但是，按这种方式组织流水施工时，专业队数不宜过多，否则会使施工管理复杂化，带来一些不必要的麻烦。

（三）分别流水

当各施工段的工程量不相等而且差异很大，不能按全等节拍或成倍节拍组织流水施工时，可采用分别流水法。

1. 分别流水法的适用范围

分别流水法属于非节奏流水施工，施工过程之间仅存在施工工艺的约束，各专业队之间的流水步距可以不等，而且同一工序在不同施工段上的流水节拍及不同工序之间的流水节拍都可以不等，这就在进度安排上具有较大的灵活性。一般在组织分别流水施工时，必须保证专业队连续工作，工作面可以出现空闲。这样，不同的工程项目，只要在工艺上彼此接近都可纳入分别流水的范围，组织统一的流水施工。

2. 分别流水的实质

分别流水的实质就是各专业队以不同的流水步距依次进入施工现场，分别组织连续施工，而不同的专业队在不同的施工段上完成工作的持续时间可以不相等。

3. 分别流水的特点

① 分别流水中，各工序的流水参数是独立确定的，因而流水步距不等，施工无节奏性；

② 分别流水不一定将每个施工段上所有的工序都纳入流水，往往只考虑将最主要的工序纳入流水；

③ 用分别流水组织施工时，必须保证专业队工作连续，允许工作面出现空闲，这是全等节拍流水及成倍节拍流水施工组织中不允许的。

4. 分别流水施工的组织方法

① 将不同工程项目或同一工程项目中工艺上有相互联系的主要施工工序进行不同的工艺组合，确定出工序数 n 和施工段数 m；

② 根据施工段的工程量和各道工序的劳动量，确定出各工序在各施工段上的流水节拍及相邻专业队的流水步距。流水步距采用"累加数列错位相减取大差"的方法计算；

③ 根据确定的这些流水参数，确定各专业队的流动作业路线，并按照一定的施工顺序、工艺要求依次搭接起来，使之成为统一的流水作业。

下面通过一个例题说明分别流水的组织方法。

【例】某污水处理厂施工中，将沉砂池、初沉池、曝气池、二沉池 4 个构筑物组织流水作业进行施工。这 4 个构筑物作为 4 个施工段，从工艺上都分解为支模、绑扎钢筋、浇筑混凝土 3 道工序。根据各施工段的工程量及专业队的组织配备，计算出的各工序的流水节拍见表 8-19。试按分别流水法安排其施工进度。

表8-19　各工序在各施工段上的流水节拍

施工段工序	施工段			
	Ⅰ（沉砂池）	Ⅱ（初沉池）	Ⅲ（曝气池）	Ⅳ（二沉池）
1.支模	1	3	1	2
2.绑轧钢筋	1	2	1	2
3.浇筑混凝土	1	2	2	3

【解】

（1）由题意知 $m=4$，$n=3$

（2）求流水步距 $K_{i,i+1}$

根据累加数列错位相减取大差的办法，求得：$K_{1,2}=3$、$K_{2,3}=2$

（3）安排施工进度如图8-12所示。

由图8-12可知，按分别流水法安排的施工进度的总工期可按下式计算：

$$T = \sum K_{i,i+1} + T_e \qquad\qquad (8\text{-}23)$$

式中：$\Sigma K_{i,i+1}$—— 所有的流水步距之和；

T_e—— 最后一条流水线上延续时间之和。

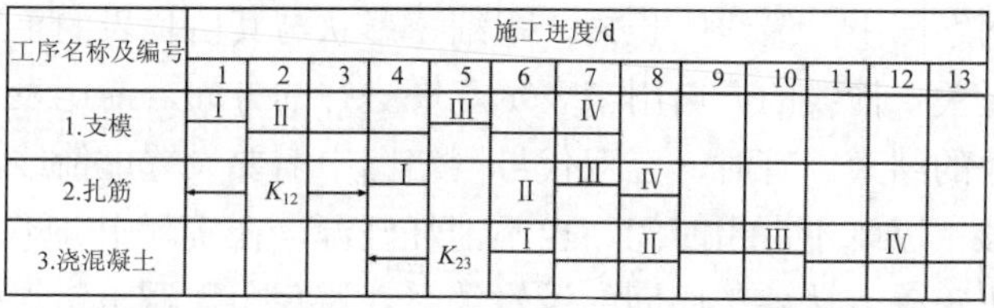

工序名称及编号	施工进度/d												
	1	2	3	4	5	6	7	8	9	10	11	12	13
1.支模	Ⅰ	Ⅱ			Ⅲ			Ⅳ					
2.扎筋	K_{12}			Ⅰ		Ⅱ		Ⅲ	Ⅳ				
3.浇混凝土			K_{23}		Ⅰ		Ⅱ		Ⅲ		Ⅳ		

图8-12　某污水厂四个构筑物施工进度安排

第四节　网络计划组织原理

一、双代号网络计划的基本概念

用网络图表达任务构成、工作顺序并加注工作时间参数的进度计划称为网络计划。网络图是描述施工计划中各项活动的内在联系和相互依赖关系的图解模型，通常是由箭线和节点组成的，用来表示工作流程的有向、有序的网状图形（图8-13）。

网络计划的表达形式是网络图。按网络图所用符号的意义不同，可分为双代号网络图和单代号网络图，用双代号网络图表示的网络计划称为双代号网络计划。本教材主要介绍双代号网络图计划。

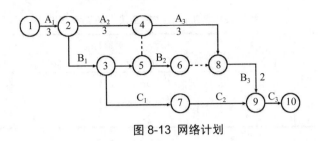

图 8-13 网络计划

如图 8-13 所示，双代号网络图是指把一项工程分解为若干施工段，每个施工段均划分为若干道相同的工序，每道工序用一条箭线和箭线两端的节点表示，工序名称写在箭线上面，作业持续时间写在箭线下面，然后按照一定的规则将这些箭线和节点连接起来所构成的网状图形。因为工序是由起始和结束节点上的两个数码表示，所以称为双代号网络图。可见，双代号网络图是由箭线、节点和线路组成的。

1. 箭线

在双代号的网络图中，箭线用来表示工序，该工序通常占用时间、消耗资源（人力、材料、机械等）。有些工序消耗的资源很少（如混凝土的自然养护），此时可认为它只占用时间而不消耗资源。

在双代号网络图中，箭线的长短、粗细、形状与其所代表的工序所占用的时间和消耗的资源无关。箭线的方向用来表示工序进行的方向，箭尾表示工序的开始，箭头表示该工序的结束。有时，在双代号网络图中需要设置虚箭线，它代表的工序称为虚工序，该工序既不占用时间，也不消耗资源，在实际中并不存在，因此它没有名称。它是为正确表达各工序间的逻辑关系，避免出现逻辑错误而增设的。在网络图中，虚工序只起各工序间的逻辑连接或逻辑断路作用。

2. 节点

节点是网络图中各工序之间的连接点。它表示前道工序的结束和后道工序的开始，节点本身不占用时间，也不消耗资源。

节点要根据所连接工序的先后顺序按照一定的规则进行编码。每道工序均可用其箭线两端节点的编号来表示。

网络图中第一个节点为起始节点，它表示一项工程的开始。最后一个节点称为终点节点，表示一项任务的完成。在起始节点和终点节点之间的节点称为中间节点。

3. 线路

从网络图的起始节点沿箭线方向到终点节点形成的通路，称为线路。网络图中的线路用该线路所经过的节点代号来表示，每条线路都由若干个工序组成，各条线路上所有工序占用时间之和为该线路的工期。不同线路的工期往往互不相等，其中工期最长的线路为关键线路，位于关键线路上的工序都是关键工序。有时在一个网络图上可能出现几条关键线路。

关键线路并不是一成不变的，在一定条件下，关键线路和非关键线路可以相互转化。若采取了一定技术组织措施，缩短了关键线路上各工序的持续时间，就有可能使关键线路发生转移，即原来关键线路上的工序可能变成非关键工序。

位于非关键线路上的工序，都有一些灵活机动的时间，称作时差。它表明非关键线路上的工序在时差范围内放慢速度，但对计划工期没有影响。

二、双代号网络图的绘制

网络图的绘制是网络计划方法应用的关键。要正确地绘制网络图，就必须正确地反映各工序的逻辑关系，并遵守绘图的基本规则。

（一）逻辑关系

逻辑关系是指网络计划中所表示的各工序之间的先后顺序关系。这种顺序关系可划分为工艺逻辑和组织逻辑两大类。

（1）工艺逻辑。由施工工艺所决定的各工序之间客观上存在的先后顺序关系。

（2）组织逻辑。组织逻辑是施工组织设计中，考虑劳动力、机具、材料或工期等的影响，在各工序之间主观上安排的先后顺序关系。

（二）逻辑关系的表示

一般在网络图中，各工序之间的逻辑关系可分为紧前关系、紧后关系和平行关系三种。在网络图中常见的逻辑关系的表示方法见表 8-20。

表 8-20 网络图中常见的逻辑关系表示方法

序号	作业名称或代号	作业之间的逻辑的关系	表示方法
1	A，B，C	A，B，C 三项作业依次连续完成 紧前：A,B　紧后：B,C	
2	A，B，C	B，C 作业在 A 作业完成后开始 紧前：A　紧后：B,C	
3	A，B，C	A，B 作业完成后 C 作业开始 紧前：A,B　紧后：C	
4	A，B，C，D	A，B 作业完成后，C，D 作业开始 紧前：A,B　紧后：C,D	
5	A，B，C，D	A 作业完成后，C 作业开始，B 作业完成，A，B 作业完成后 D 作业开始 紧前：A,B　紧后：C,D,D	

序号	作业名称或代号	作业之间的逻辑的关系	表示方法
6	A，B，C，D	A 作业完成，B 作业开始，B 作业完成 C 作业开始，D 作业完成 C 作业开始 紧前：A,B,D　紧后：B,C	
7	A，B，C，D，E	A 作业完成后，C，D 作业开始 B 作业完成后，D，E 作业开始 紧前：A,B　紧后：C,D,D,E	
8	A，B，C，D，E	A，B，C 作业完成后，D 作业开始 B，C 作业完成后，E 作业开始 紧前：A,B,C / B,C　紧后：C,E	
9	A，B，C，D，E，F	A，B 作业完成后，D，E 作业开始，C 作业完成后，E 作业开始，D，E 作业完成后 F 作业开始 紧前：A,B / A,B,C / D,E　紧后：D / E / F	
10	$A=a_1=a_2=a_3$ $B=b_1+b_2+b_3$	A 作业分解为 a1,a2,a3 C 作业分解为 b1,b2,b3 A 作业与 B 作业分段平行交叉进行 紧前：— / a_1 / b_1,a / a_2 / b_2,a_2　紧后：a_1 / b_1,a_2 / b_2 / a_3 / b_3	

（三）网络图绘制的基本规则

（1）在一个网络图中，只能有一个起始节点和一个终点节点。当工序的逻辑关系允许有多个起点或多个终点时，在绘制网络图时也要全部用虚箭线连接，使其成为只有一个起点和一个终点的网络图（图 8-14）。

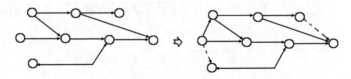

图 8-14　网络图起点、终点的绘制方法

（2）网络图中任何两节点之间只允许有一条箭线，若两道工序是在同一节点开始，同一节点结束，则需要在两节点之间再引入一个新节点，然后用虚箭线连接（图

8-15）。

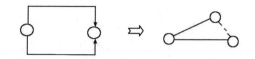

图 8-15　两道工序开始和结束节点相同时箭线画法

（3）任何一条箭线都必须从一个节点开始，到另一个节点结束，不允许从一条箭线中间的某一位置不加节点而引出另一箭线（图 8-16）。

图 8-16　从一条箭线中引出另一条箭线的画法

（4）在网络图中不允许出现循环回路。因为它表达的意义是工程进行若干工序后又回到原起点的工序，在实际工程中是不存在此种情况的（图 8-17）。

图 8-17　不允许出现循环回路　　　图 8-18　不允许出现反向箭线

（5）在网络图中，不允许出现反向箭线（图 8-18）。

（四）网络图的绘制步骤

首先绘出一张符合逻辑关系的网络图草图。绘草图时先画出从起始节点开始的所有箭线接着从左至右依次绘出紧接其后的箭线，直至终点节点，最后检查网络图中工序的逻辑关系是否正确。

其次，对所绘草图进行整理，使其条理清楚、层次分明。

（五）网络图的布局

为了便于用网络图来指导工程施工，所绘制的网络图除逻辑关系正确外，在布局上还要注意以下几点：

（1）保持图面清晰、布局合理。对网络图草图而言，在不改变逻辑关系的情况下适当调整各节点的位置，使其排列整齐。

（2）尽量避免箭线相交，当箭线相交不可避免时，可采用图 8-19 所示的"过桥"

"断线""指向"等方法处理。

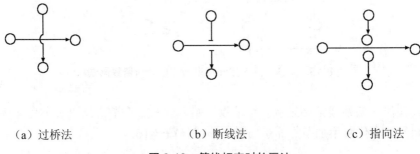

（a）过桥法   （b）断线法   （c）指向法

图 8-19   箭线相交时的画法

（3）当从某一节点引出或引入的箭线太多，而过分密集和拥挤时，常采用母线法进行处理（图 8-20）。

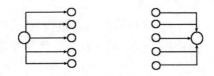

图 8-20   同一节点引出、引入箭线太多的画法

（六）网络图的编号

网络图的布局调整完后，需进行节点编号，其目的是赋予每道工序一个代号，以便于对网络图进行计算。

1．节点编号规则
节点编号应遵循以下两条规则：

（1）箭线的箭头节点编号应大于同箭线的箭尾节点编号。编号时号码应从小到大，箭头节点编号必须在其前面的所有箭尾节点都已编号之后进行。

（2）在一个网络图中，所有节点不能出现重复编号。有时考虑到可能在网络图中增添或改动某些工序，在节点编号时，可预先留出备用节点号，即采用间断编号的方法，如 1，3，5……

2．节点编号方法
在满足节点编号规则的前提下，可采用水平、垂直编号法。即从起始节点开始由上到下逐行编号，每行则自左到右按先后顺序编排；或者从左到右逐列编号，每列则自上到下根据编号的规则按要求进行。图 8-13 就是采用的这种编号方法。

3．节点编号检查
节点编号完成之后，应按节点编号规则进行检查，检查无误后网络图的绘制便完成了。

（七）双代号网络图时间参数的计算

网络图计算的目的在于确定各工序的时间参数，进而确定关键线路和关键工序，为网络计划的执行、调整和优化提供依据。在双代号网络图中，根据各工序的作业持续时间，可以求算出相应工序的最早开始时间、最早完成时间、最迟开始时间、最迟完成时间、总时差、自由时差和计划总工期 7 个时间参数。这 7 个时间参数的计算方法，一般有图算法、表算法和电算法。本教材只介绍图算法。

1. 计算工序的最早开始时间、最早完成时间和计划总工期

工序的最早开始时间，是指一个工序在具备了一定的工作面及资源条件后，可能开始工作的最早时间，一般用 ES 表示。在工作程序上，它要等紧前工序完成以后方能开始。

计算工序的最早开始时间应从起始节点开始，顺箭线方向对各工序逐项进行计算，直到终点节点为止。必须先计算紧前工序，然后才能计划本工序，整个计算过程是一个加法过程。

现以图 8-21 为例，说明各个时间参数的计算过程。

凡与起点节点相联系的工序，都是首先开始进行的工序，所以它的最早开始时间都是零。如本例中工序①→②的最早开始时间就是零，写在图中相应位置。

所有其他工序的最早开始时间的计算方法是：将其所有紧前工序的最早开始时间分别与该工序的作业持续时间相加，然后再从这些相加的和数中选取一个最大的数，这就是本工序的最早开始时间。虚工序也要像实工序一样进行计算，否则容易发生错误。计算结果如图 8-21 所示。

工序的最早完成时间，是指工序的最早开始时间与其持续时间之和，一般用 EF 表示。如图 8-21 所示，将计算结果写在图中相应位置。

网络计划的总工期等于所有与结束节点相联系工序的最早完成时间中的最大值。本例与结束节点相联系的工序只有⑨→⑩一项，而该工序的最早完成时间是 11 d，故本计划的总工期为 11 d，写在结束节点右边的框中。

2. 计算工序的最迟开始时间和最迟完成时间

当总工期确定之后，每个工序都有一个最迟开始时间和最迟完成时间。

工序的最迟完成时间，是指一个工序在不影响工程按总工期完成的条件下，最迟必须完成的时间，一般用 LF 表示。它必须要在紧后工序开始之前完成。

工序的最迟开始时间，等于工序的最迟完成时间减去该工序的作业持续时间，一般用 LS 表示。

计算工序的最迟开始时间和最迟完成时间，应从终点节点逆箭线方向向起始节点逐工序进行计算。必须先计算紧后工序，然后才能计算本工序，整个计算是一个

减法过程。

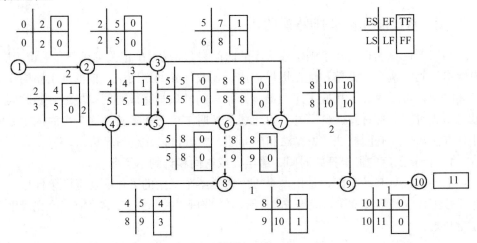

图 8-21　双代号网络图时间参数计算

　　总工期是与结束节点相连的各最后工序的最迟完成时间。如果有合同规定的总工期，就按规定的工期计算，否则就按所求出的计划总工期计算。本例没有规定的总工期，计划总工期 11 d 就是最后工序⑨→⑩的最迟完成时间，标于图中相应位置。最后工序的最迟开始时间等于其最迟完成时间 11 d 减去其作业持续时间 1 d，即其最迟开始时间为 11－1=10 d，标在图中相应位置。

　　其他工序的最迟完成时间，等于其各紧后工序的最迟开始时间的最小值。用其减去工序的作业持续时间后，就得到了该工序的最迟开始时间，本例的计算如图 8-21 所示。

3. 计算工序的时差

　　网络图中的非关键工序都有若干机动时间，这种机动时间称为时差。

　　工序的时差分为总时差和自由时差两种，总时差是指在不影响工期的前提下，各工序所具有的灵活机动时间，一般用 TF 表示。

　　对某一工序而言，其工作从最早开始时间或最迟开始时间开始，均不会影响工程的工期，该工序可以利用的时间范围是从最早开始时间到最迟完成时间。如果最迟完成时间与最早开始时间的差大于该工序的作业持续时间，就说明该工序有可以灵活使用的机动时间，这个机动时间就称作工序的总时差。

　　可以看出，工序的最迟完成时间减去作业持续时间即为工序的最迟开始时间，所以工序的总时差等于工序的最迟开始时间减去工序的最早开始时间，将计算结果填入图中相应位置。本例的计算结果如图 8-21 所示。

　　总时差主要用于控制工期和判别关键工序。凡是总时差为零的工序就是关键工序，该工序在计划执行中不具备灵活机动时间，由这些关键工序就组成了关键线路。

如果工序的总时差不为零，说明工序具有灵活使用的机动时间，这样的工序就是非关键工序。

工序的自由时差是总时差的一部分，指一个工序在不影响其紧后工序最早开始的条件下，所具有的机动时间，一般用 FF 表示。

自由时差的时间范围被限制在本工序的最早开始时间与其紧后工序的最早开始时间之间，从这段时间中扣除本身的作业持续时间之后，剩余的时间就是自由时差，即等于紧后工序的最早开始时间减去本工序的最早完成时间，将其值写在图中相应位置。

因为自由时差是总时差的一部分，所以总时差为零的工序，其自由时差一定为零，可不再计算。

网络计划经绘图和计算后，可得到最初方案。该方案只是一种可行方案，不一定是符合规定要求的方案或最优方案。为此，还必须对网络计划进行优化。

网络计划的优化，是在满足既定的约束条件下，按某一目标，通过不断改进网络计划寻求满意方案。网络计划的优化目标应按计划任务的需要和条件选定，一般有工序目标、费用目标和资源目标等。网络计划优化的内容有：工期优化、费用优化和资源优化三个方面。优化的具体方法，本教材不做介绍，需要时参考有关书籍。

三、网络计划的检查和调整

1. 网络计划的检查

在网络计划的执行过程中，一般应定期检查。检查的主要内容有：关键工序进度、非关键工序进度及时差利用、工序间的逻辑关系等。

检查的结果应进行综合分析判断，以便对计划的执行情况及其发展趋势做出预测判断，为计划的调整提供依据。

2. 网络计划的调整

网络计划的调整一般在检查之后进行，可根据检查的结果进行定期调整或应急调整，一般以定期调整为主。

调整的内容一般有：关键线路长度的调整、非关键工序时差的调查、其他方面的调整。

（1）关键线路长度的调整。当关键线路的实际进度比计划进度提前时，如不缩短工期，则应选择资源占用量大或直接费用高的后续关键工序，适当延长其作业持续时间，若要提前完成，则应将计划的未完成部分作为一个新计划，重新进行调整，按新计划指导施工。

如果关键线路的进度比计划进度落后，则应在未完成的关键线路中选择资源强度小或费用率低的关键工序，缩短其作业持续时间，并把计划的未完成部分作为一个新计划，按工期优化的方法对其进行调整。

（2）非关键工序时差的调整。应在时差的范围内进行，以便充分利用资源、降低成本或满足施工的需要。每次调整均须重新计算时间参数。调整的方法是：延长工作持续时间、缩短工作持续时间、将工作在最早开始时间和最迟完成时间范围内移动。

（3）其他方面的调整。

① 增减工作项目。增减工作项目时，不要打乱网络计划中总的逻辑关系，只对局部逻辑关系进行调整，必要时可采取措施保证计划工期不变。

② 调整逻辑关系。逻辑关系的调整只有当实际情况要求改变施工方法或组织方法时才进行。调整时应避免影响原定计划工期和其他工序的顺利进行。

③ 当发现原计划中某些工序的作业持续时间有误或其实现条件不充分时，应重新估算其作业持续时间。

④ 当资源的供应发生异常情况时，应采用资源优化的方法对计划进行调整。

复习与思考题

1. 什么是施工组织设计？其怎样进行分类？
2. 单位工程施工组织设计编制的内容、原则、依据、程序各是什么？
3. 如何进行施工方案的确定？
4. 施工进度计划的表现形式和编制方法有哪些？
5. 施工准备工作计划的内容有哪些？
6. 施工平面图设计的内容、原则、方法各是什么？
7. 施工平面图的绘制要求有哪些？
8. 流水作业的概念、特点、组织方法各是什么？
9. 流水作业的参数有哪些？各如何确定？
10. 流水作业的方式有哪些？各有哪些特点？
11. 什么是网络计划？它如何进行分类？
12. 什么是网络图？它如何进行分类？
13. 双代号网络图的组成要素有哪些？各有什么意义？
14. 怎样绘制双代号网络图？其节点编号方法有哪些？
16. 双代号网络图有哪些时间参数？各如何进行计算？
17. 网络计划在执行过程中，怎样进行检查和调整？

第九章　环境工程施工管理

第一节　计划管理

计划管理是施工管理工作的中心内容，其他一切管理工作，都要围绕计划管理来进行。

计划管理是通过编制计划、检查和调整计划等环节，反复循环进行的。

一、编制计划

施工工作中主要是按计划期来编制计划，一般有年度计划、月度计划、短期作业计划、施工任务书四种。

（一）年度计划

年度计划是确定施工单位所承担工程项目的年度施工任务和指导该项目全年经济活动的文件，也是检查和考核该项目全年施工进度的主要依据。

年度计划的内容包括：生产计划、技术组织措施计划、劳动工资计划、质量计划、物资供应计划、成本计划、财务计划七个方面。

（1）生产计划。主要是规定在计划年度内应完成的生产任务。确定生产任务，要根据需要和可能，充分考虑到物资来源和材料供应的可能性。制订计划时，要考虑到生产能力和生产任务的平衡，由计划部门编制完成。

（2）技术组织措施计划。主要是规定为完成施工任务所采取的各项技术措施与组织措施，它由生产技术部门编制完成。

（3）劳动工资计划。主要是规定在计划期内，劳动生产率应达到的水平，为完成生产任务所需各类人员的数量，以及各类人员的工资总额和平均工资水平等。它由劳动工资部门编制完成。

（4）质量计划。主要是规定在计划期内，各项质量指标应达到的水平，同时规定年度工程质量提高的百分率。它由生产技术部门编制完成。

（5）物资供应计划。主要是规定为完成生产任务所需供应的各种物资的数量，以及为保证生产的正常进行，如何降低物资耗用量和提高设备利用率的措施。它由物资供应部门编制完成。

（6）成本计划。主要是规定为完成生产任务所需支付的费用。它一般由财务部门编制完成。

（7）财务计划。主要是以货币形式反映计划期内全部生产经营活动和成果的计划，包括固定资产折旧、流动资金及利润等。它由财务部门编制完成。

编制年度计划的依据是：① 上级下达的指令性或指导性的计划指标和施工任务；② 已确定施工任务的设计图纸、施工组织设计和有关技术文件，以及所需各项设备材料等的平衡落实情况；③ 上年度的计划完成情况和自行承包的施工任务等。

年度计划的编制程序是：首先由主管部门下达指标，其中少数是指令性指标，多数是指导性指标；然后由企业根据经营的需要、自身的能力和具备的条件编制计划，上报备案。

年度计划的编制一般分为准备阶段、试算平衡阶段和计划确定三个阶段。

准备阶段主要是调查研究，摸清情况与准备资料。

试算平衡阶段是在企业行政领导下，对上级下达的计划指标和自行承包的施工任务同本企业的生产能力、劳动力、物资供应、财务资金、工程成本等各方面进行综合试算平衡。试算平衡的过程就是发动群众参加制订计划的过程，让群众讨论，参与制定。通过上下综合平衡后，形成计划草案，上报主管单位。

计划上报主管单位后，经审批合格后即作为正式计划贯彻执行。

年度计划的编制，一般应在报告年度的第四季度计划编好以后进行，在 12 月份计划确定以后定案，以便及时安排计划年度的第一季度计划。

（二）月度计划

年度计划是一种比较概括的控制性计划，它的贯彻实施必须通过一种较短时间（一般以月为单位）的计划，将施工任务具体分配到下属施工单位及有关业务部门，使各单位明确每个月各自的工作内容和奋斗目标，并便于他们把任务落实到下属班组或有关人员。这种按月编制的计划称为月度计划。

月度计划的内容包括施工进度计划，劳动力、材料和机械需用量计划及技术组织措施计划等。

月度计划一般以表 9-1～表 9-6 的形式体现。月度计划中计划完成的工程量及所需劳动力、材料、机械等应按施工预算进行计算。

表 9-1　月度施工进度计划

_____施工队　　　　　　　　　　　　　　　　　　_____年_____月

序号	建设单位及单位工程	分部分项工程	单位	工程量	时间定额	合计工日	进度日程					
							1	2	3	……	30	31

表 9-2　月度施工材料需要量计划

　　　　　　　　　　　　　　　　　　　　　　　　　　　　　　_____月_____日

建设单位及单位工程	材料名称	型号规格	单位	数量	计划需要日期	平衡供应日期	备注

表 9-3　月度施工机械需要量计划

　　　　　　　　　　　　　　　　　　　　　　　　　　　　　　_____月_____日

机械名称	能力规格	使用单位工程名称	分部分项工程名称	数量	计划台班产量	计划台班数	需要机械数量	计划起止日期	平衡供应		备注
									数量	起止日期	

表 9-4　月度施工劳动力需要量计划

　　　　　　　　　　　　　　　　　　　　　　　　　　　　　　_____月_____日

工种	计划工日数	计划工作日	出勤率	计划人数	现有人数	余差人数（+）（一）	备注

表 9-5　月度施工预制构件需要量计划

_____月_____日

建设单位及单位工程	构件名称	型号规格	单位	数量	计划需要日期	平衡供应日期	备注

表 9-6　提高生产率及降低成本措施计划

_____月_____日

措施项目名称	措施涉及的工程项目及工程量	措施执行单位及负责人	措施的经济效果							降低成本合计	备注
			降低材料费				降低人工费	降低其他直接费	降低管理费		
			钢材	水泥	木材	其他材料	小计	减少工日	金额		

（三）短期作业计划

短期作业计划是基层施工单位为了更具体地贯彻月度计划所做的短期工作安排，一般以十天或半月为计划期，也有的叫旬施工进度计划。由于作业时间短，对客观情况掌握得较准确，因而制订的计划比较切合实际。

短期作业计划应根据月度计划及企业定额编制。计划中只列工程量，进度按日历日程计算，可用指示图形式绘出，其格式见表 9-7。

表 9-7　旬施工进度计划

_____班组 　　　　　　　　　　　　　_____年_____月_____日

建设单位及单位工程	分部分项工程名称	单位	工程量			时间定额	合计工日	旬前两天	本旬分日进度								旬后两天
			月计划量	至上旬完成量	本旬计划												

（四）施工任务书

工程队将短期作业计划中安排由每个班组完成的任务，以任务书的形式签发给有关班组，它是将施工任务具体贯彻到工人班组中去的最有效方式。

签发任务书的同时，还应签发限额领料单。单中填写完成任务所必需的材料限额，作为工人班组领料的凭证，也是考核工人班组用料节约或超耗的依据。

班组在完成施工任务的过程中，还要填写记工单，作为班组考勤和计算报酬的依据。

施工任务书、限额领料单和记工单，都应在施工任务完成并经验收合格后，交还工程队，以作为结算工资或支付内部承包价款的依据。

施工计划的实施应由年度计划到短期计划，最后以任务书的形式签发到施工班组。施工任务书是计划由远及近、由粗到细的最后一关。只要每份任务书的施工工作都能按质、按量、按期完成，就能保证整个计划任务圆满完成。所以，做好任务书的签发、执行、检查、督促工作，是计划管理工作中最重要的一个环节。

施工任务书的形式见表 9-8。

表 9-8　施工任务书

编号_____班组_____　　　　　　　　　　　_____月___日至___月___日

序号	工程地点或部位	工程项目及细目	定额编号	计量单位	计划			实际				用工统计（按工作日统计）			
					工程量	时间定额	合计工日	验收工程量	共用工日	完成工程量/%	完成定额/%				

施工方法、技术措施、质量标准及安全注意事项	签发人	工长	质量员	安全员
	施工队长	记工员	材料员	财会员

限额领料单的形式见表 9-9。

表 9-9　限额领料单

材料名称	规格	单位	数量	领料记录						退料数量	执行情况		
				第一次		第二次		第三次			实际耗用量	节约或浪费量	其中返工损失
				日/月	数量	日/月	数量	日/月	数量				

二、执行计划

（一）执行计划的要求

执行计划时，首先要保证全面地完成计划，即完成的工程数量、进度、质量、定额、节约指标、降低成本指标、利润指标及安全生产等，都要符合计划要求；其次是要均衡地完成计划，尽量避免施工过程中出现时松时紧和窝工抢工现象。

（二）执行计划的方法

执行计划要充分发动群众，依靠群众，把计划向职工层层交底，使计划被广大群众所熟知和掌握，成为全体职工的行动纲领和奋斗目标。为调动职工的生产积极性，要实行按劳分配和各种奖惩制度，使职工的工资福利与计划的完成情况紧密联系在一起。同时，党群系统要做好深入细致的思想政治工作，提高群众的主人翁意识，充分发挥其主观能动作用，自觉地为完成计划而竭尽全力。

此外，还要采取开展劳动竞赛、实行生产责任制等措施，为完成和超额完成计划任务创造条件。

三、检查和监督计划的执行情况

为了保证完成和超额完成计划任务，在计划的执行过程中，还要加强检查和监督工作。检查和监督的目的，在于随时发现问题和解决问题，以保证计划的顺利完成，一般通过工程曲线进行工程进度的管理。

（1）工程曲线的绘制

工程曲线是以横坐标表示工期（或以计划工期为 100%，各阶段工期按百分率计），纵坐标表示累计完成工作量数（以百分率计）所绘制的曲线。把计划的工程进度曲线与实际完成的工程曲线绘在同一张图上，并进行对比分析，就可以检查计划完成情况。如发现问题，应进行分析研究，采取必要的措施，使整个工程能按计划工期完成。

（2）工程曲线的性质和形状

图 9-1 是某环境工程的工程曲线。图中粗实线 oa_1a_2A 表示该工程的计划工程曲线，其累计完成工作量 y 与工期 x 的关系，可用函数 $y = f(x)$ 表示，则曲线的斜率就是施工速度。

如果施工是以均匀的同一速度进行，则 $\dfrac{dy}{dx}$ 为常数，工程曲线为一条与 x 轴成一定倾斜角的直线。但在实际工程中，这种情况很难实现。

一般情况下，工程施工初期，需要进行准备工作，劳动力和机具是逐步增加的，故每天完成的工作量也是逐步增多的，因而工程曲线的斜率是逐步增大的，曲线呈凹形。当施工工作面全部展开，劳动力和机具增加到全部需要量时，如无意外的时间损失且施工效率正常，则每日完成的工作量将大致相等，这时的工程曲线将为斜率不变的直线或接近直线。施工后期，主要工程大部分完成，剩下收尾清理工作，劳动力和机具将逐步退离施工现场，每天完成的工程量也相应减小，此时工程曲线将变成斜率逐步减小的凸形曲线。图 9-1 中曲线 oa_1a_2A 清楚地显示了此种情况，说明此计划的工程曲线符合施工的一般规律，计划比较合理。

从计划工程曲线的反弯点 a_2 作切线，与过 A 点平行于 x 轴的横线相交于 B，B 点落在计划竣工期 A 点左边，说明如果以施工中期的施工速度（最大施工速度）一直施工下去，则工程的实际工期为计划工期的 81.5%。但这样做很不经济，因而是不可取的。

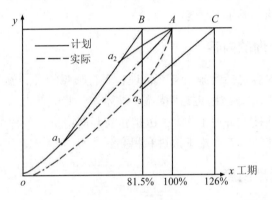

图 9-1　工程曲线

通过 A 点作直线与曲线 oa_1a_2A 相切于 a_1，表示按 a_1 处的施工速度一直进行下去，正好能按计划工期完工。直线 a_1A 是保证按计划工期完成施工任务的施工速度的下限，如果累计完成工作量低于此线，就要采取措施加快施工速度，才能按计划工期完成或提前完成施工任务。

假设实际施工的工程曲线如图 9-1 中的虚线所示，说明自开工之后实际完成情况一直低于计划要求。从 a_3 点绘切线与过 A 点平行于 x 轴的横线相交于 C，C 点落在 A 点右侧，表示如果按 a_3 处的施工速度一直进行下去，工程将比计划工期滞后 26% 完成。如果要争取在计划工期完工，则过 a_3 点后应突击赶工，才能如曲线 a_3A 的情况，在计划工期内完成施工任务。

通过上面的分析可以看出，用计划与实际的工程曲线进行对比检查，可以较全面地了解计划的完成情况和存在的问题，从而采取措施，保证工程按计划完成。

第二节　技术管理

一、技术管理的任务

技术管理是施工单位对施工技术工作进行一系列的组织、指挥、调节和控制等活动的总称。

技术管理的任务是：正确贯彻党和国家的各项方针政策；科学地组织各项技术工作；建立正常的施工秩序；充分发挥技术力量和设备的作用，不断采用新技术和进行技术革新；提高机械化水平；保证工程质量，提高劳动生产率、降低工程成本，按质、按量、按期完成施工任务。

二、技术管理的内容

技术管理的内容包括：施工工艺管理、工程质量管理、施工技术措施计划、技术革新和技术改造、安全生产技术措施、技术文件管理等。

实现上述各项技术管理工作，关键是建立并严格执行各种技术管理制度，否则，就会流于形式，使技术工作难于改进和提高。

三、技术管理制度

技术管理制度是把整个施工单位的技术工作科学地组织起来，有条不紊地、有目的地开展技术工作，以保证顺利完成技术管理的任务。在环境工程的施工活动中，一般有以下一些技术管理制度：

（1）技术责任制。在一个施工单位的技术工作系统，对各级技术人员规定明确的职责范围，使其各负其责，各司其取，把整个施工技术活动和谐地、有节奏地组织起来。

技术责任制是技术管理的基础，它对调动各级技术人员的积极性和创造性，认真贯彻国家的技术政策，促进施工技术的发展和保证工程质量，都有着极其重要的作用。

技术责任制应根据施工单位的组织机构分级制订。上级技术负责人，应向下级技术负责人进行技术交底和技术指导，监督下级的施工，处理下级请示的技术问题。下级技术负责人，应接受上级技术负责人的技术指导和监督，完成自己岗位上的技术任务。各级技术负责人应负的具体责任，都要明确规定在技术责任制中。

（2）图纸会审制度。图纸会审是一项极其严肃和重要的技术工作，认真做好图纸会审工作，是为了减少图纸中的差错，并使施工单位的技术人员及有关职能部门充分了解和掌握施工图纸的内容和要求，以便正确无误地组织施工，确保施工的顺利进行和工程质量良好。

图纸会审一般由建设单位组织设计、施工及其他有关单位的技术人员参加，共同对施工图纸进行会审。

会审前，参加人员应认真学习和研究图纸及有关的技术标准、技术规程和质量检验标准。

会审时应着重研究施工方法、施工程序、质量标准和安全措施，提出进一步改进设计、加快施工速度和其他一些合理化的建议。

图纸会审后，应由组织会审的单位（建设单位），将会审中提出的问题和解决办法，详细记录写成正式文件（必要时由设计部门另出参考图纸）列入工程档案并责成有关单位执行。

施工过程中，有时需要设计单位对原图纸中的某些内容进行变更，设计变更必须经建设单位、设计单位、施工单位三方同意后方能进行施工。如设计变更的内容较多，对投资的影响较大，必须报请原批准单位同意。所有的变更资料均应有文字记录，并纳入工程档案，作为施工及竣工结算的依据。

（3）技术交底制度。工程开工之前，为了使参与施工的技术人员和工人了解所承担工程任务的技术特点、施工方法、施工工艺、质量标准、安全措施等，做到心中有数，以利于有组织、有计划地完成施工任务，必须实行技术交底制度，认真做好技术交底工作。

技术交底的目的，是把技术交给所有从事施工技术的广大群众，提高他们自觉研究技术问题的主动性和积极性，为更好地完成施工任务和提高技术水平创造条件。

技术交底应按技术责任制的分工，分级进行。施工单位的技术总负责人应向施工队的技术负责人及有关职能部门进行技术交底；施工队的技术负责人向各个施工员（或工长）进行技术交底；施工员对施工班组进行技术交底。每次交底时都应做好记录，作为检查施工技术执行情况和技术责任制的一项依据。

（4）材料检验制度。工程中所用材料、预制构件和半成品的质量，直接影响到工程的质量，因此必须做好材料的检验工作，设立适当的材料检验机构，制定完善的材料检验制度。

凡用于施工的原材料、成品、半成品、预制构件等，都应由供应部门提出合格证明文件和检验单；凡是现场配制的各种材料，都应按规范要求进行必要的试验，经试验合格后才能正式配制。

对于施工中采用的新材料、新产品，只有在对其做出技术鉴定、制定出质量标准和操作规程后，才能在工程上使用。

为了做好材料检验工作，施工单位应建立健全检验机构，配备必要的人员和设备。检验机构应在技术部门的领导下，严格遵守国家的技术标准、规范和设计要求，并按照试验操作规程，以严肃认真的态度进行操作，确保检验工作的质量。

（5）工程质量检查和验收制度。工程质量的检查和验收工作，建设单位和施工单位都要认真进行。建设单位为了得到质量符合要求的合格产品，应对工程进行检查和验收；施工单位一方面应履行合同规定，接受建设单位对工程质量的监督、检查和验收；另一方面为确保工程质量要在本施工单位内部，建立健全自己的检查验收制度。

制定施工单位内部的检查验收制度，应贯彻专业检查和群众检查相结合的原则。专业检查应在技术责任制中明确各级技术负责人应负的质量检查责任，同时要设专职的质量检查员进行具体的检查工作，工作内容包括对质量的监督、量测、试验及做出原始记录，检查的结果应交有关技术负责人审查签字。群众检查一般指班组检查、班组互检及建立交接检查制度。

质量检查中，最重要的是施工操作过程中的检查，不论是专业检查还是群众检查，都要紧紧抓住这个环节，把质量事故消灭在萌芽时期。

对于环境工程中的隐蔽工程，应在下道工序开始之前进行检查，并应会同建设单位共同检查验收，检查后立即办理验收签证手续。

环境工程施工完成后，应进行一次综合性的检查验收，并借以评定工程的质量等级。

（6）施工技术档案管理制度。施工中的一切技术文件、原始记录、试验检测记录、各种技术总结及其他有关技术资料，是了解工程施工情况、质量情况以及施工中遇到的问题和解决情况的重要资料；是以后改进施工方法、提高施工技术水平、制订施工方案的参考资料；是今后养护、整修和改造的依据。因此，对这些资料必须分类整理，作为技术档案妥善保存。

施工单位保留的技术档案资料，主要有施工图、竣工图、施工组织设计、施工经验总结、材料试验研究资料、各种原始记录和统计资料、重大质量事故和安全事故的原因分析和补救措施等。

技术档案资料的收集和整理工作，应从准备工作开始，直至竣工结束。整个过程中要有专人负责，千万不可马虎从事。

第三节　全面质量管理

一、全面质量管理的产生

工程质量是指工程竣工以后本身的使用价值，而使用价值又表现在质量的许多特性上，如工程的性能、使用期限、安全性、可靠性、经济性等。

为了保证环境工程的施工质量，上节已介绍了"工程质量检查和验收制度"，它是在施工过程中对正在施工的工程和已完工工程进行质量检查，做到质量不合格的工程不予验收，或令其修补重做，达到为质量把关的目的。显然，对一个工程项目来说，单靠这种事后把关的检查制度是不够的，要保证工程质量，就必须研究影响质量的所有因素，弄清产生质量事故的根源，针对存在的问题采取措施，消除和防止质量事故的发生，做到防患于未然，从各个方面都关注和保证质量。于是就产生了"全面质量管理"这一科学的管理方法。

全面质量管理方法的产生、应用和发展，在国外也才经历几十年，国内于 20 世纪末才用于环境工程的施工管理中，使工程质量得到了保证和提高，同时也提高了管理水平，为该方法的应用和推广奠定了基础。

二、全面质量管理的含义

全面质量管理（Total Quality Control，TQC），就是对生产企业、全体人员及生产的全过程进行质量管理。对工程施工的全面质量管理，主要是把对工程质量的管理归结为对施工单位所有部门及全体人员在施工过程中工作质量的管理，也就是要通过管理好工作质量来保证工程质量。

实行全面质量管理，是把工程质量的管理任务交给施工单位的全体人员，使管理好质量成为全体人员的共同责任。这样，经过全体人员和各个部门的共同努力，就一定能保证工程质量。

三、全面质量管理的任务

全面质量管理的基本任务，是组织全体职工认真执行国家的有关规定，组织协调各部门贯彻"预防为主"的方针，加强调查研究，及时总结经验，使工程质量不断提高，达到多、快、好、省地完成施工任务。为此，必须做好以下几方面的工作。

（1）对全体职工进行"百年大计，质量第一"的思想教育，开展技术培训，以不断提高全体职工的思想觉悟、操作技术和管理水平；

（2）组织各部门，对影响工程质量的各种因素和各个环节，事先进行分析研究，采取有效的防范措施，并实施有效的协作和控制；

（3）贯彻执行国家的技术规范、质量检验评定标准和其他有关规定，对每项工程都严把质量关；

（4）积累有关质量方面的资料，及时研究、分析和处理施工过程中所产生的影响质量的问题；

（5）对已交工使用的工程，要定期组织回访，了解在使用过程中所产生的质量问题，作为以后改进施工质量的参考；

（6）经常开展调查研究，搜索和积累质量管理的资料，不断改进施工单位的质量管理工作。

四、全面质量管理的方法

全面质量管理是一种科学的管理方法，必须采用科学的方法才能做好。它的基本方法是 P、D、C、A 循环法。

P、D、C、A（Plan，Do，Check，Action）循环法就是计划、实施、检查、处理四个阶段的循环，它把对一项工程的质量管理归结为先制订控制质量的计划，然后加以实施，实施过程中随时检查控制计划的执行情况和存在的问题，再对问题进行研究处理，这样形成一个质量管理循环。随着工程的进展，再重复进行 P，D，C，A 循环，反复进行下去。每次循环检查出来的问题都要加以处理，就会使质量不断有所提高，对不能解决的问题，转入下一循环去解决。

各级各部门的质量管理，都有 P、D、C、A 四个管理阶段，它们彼此之间要形成大环套小环、环环相扣、没有缺口和空白点的状况，才能真正实现全面质量管理。

全面质量管理，是利用数理统计方法提供数据标准的。质量的科学管理，就是以这些数据为依据，搜集、整理、分析大量的实测数据，借以发现问题，解决问题，使管理工作建立在科学的基础之上。

利用数理统计方法管理产品质量，主要是通过数据整理分析，研究产品质量误差的现状和内在的发展规律，据此来推断产品质量存在的问题和将要发生的问题，为管理工作提供质量情报。所以，统计方法本身是一种工具，只能通过它准确、及时地反映质量问题，而不能直接处理和解决质量问题。

使用数理统计方法有两个先决条件：一是有相当稳定的、严格按操作规程办事的施工过程；二是要有连续且大批量的生产对象。只有具备这两个条件才能找出一定的规律，对于数量少或工艺多变的工程则不宜采用。

全面质量管理中，常用的统计方法有排列图法、因果分析法、直方图法和控制图法，请参阅有关文献。

第四节　成本管理

一、成本管理的任务

工程成本管理是施工单位为降低工程成本而进行的各项管理工作的总称。它主要包括成本的计划、控制和分析。

工程成本管理的基本任务是：保证降低工程成本，增加利润，为国家提供更多的积累，使企业及其职工获得更大的利益，以促进施工企业顺利完成施工任务。

二、成本计划

降低工程成本，不断提高劳动生产率，是社会主义市场经济的客观要求。为了有计划、有步骤地降低工程成本，必须做好成本管理工作。编制成本计划是成本管理的前提，没有成本计划，就不可能有效地控制成本和分析成本。

要编制好成本计划，首先应以定额为基础，以施工进度计划、材料供应计划和其他技术组织措施计划等为依据，使成本计划达到先进合理，并能综合反映按计划预期产生的经济效果的目的。

编制成本计划，要从降低工程成本的角度，对各方面提出增产节约的要求。同时，要严格将成本开支控制在范围之内，注意成本计划与成本核算的一致性，从而正确考核和分析成本计划的完成情况。

施工企业成本计划的内容包括降低成本计划和管理费用计划。降低成本计划是综合反映施工企业在计划期内工程预算成本、计划成本、成本计划降低额和成本计划降低率的文件，其格式见表9-10。

表 9-10　降低成本计划表

成本项目	预算成本	计划成本	成本计划降低额	成本计划降低率/%
	（1）	（2）	（3）=（1）-（2）	（4）=（3）/（1）

管理费用计划则是根据费用控制指标、施工任务和组织状况，由各归口管理部门按施工管理费的明细项目，结合采取的节约措施，分别计算各个项目的计划支出数，然后经汇总而成。它反映了企业在计划期内管理费的支出水平。

三、成本控制

工程成本控制是施工企业在施工过程中按照一定的控制标准，对实际成本支出进行管理和监督，并及时采取有效措施消除不正常损耗，纠正脱离标准的偏差，使各种费用的实际支出控制在预定的标准范围之内，从而保证企业成本计划的完成和目标成本的实现。

（一）成本控制的三个阶段

成本控制按工程成本发生的时间顺序，可分为事前控制、过程控制和事后控制三个阶段。

（1）成本的事前控制。成本的事前控制是指施工前对影响成本的有关因素进行事前的规划，这是成本形成前的成本控制。

事前控制的具体做法：制定成本控制标准，实行目标成本管理；建立健全成本控制责任制，在保证完成企业降低成本总目标的前提下，制订各责任单位的具体目标，分清经济责任。

（2）成本的过程控制。成本的过程控制是指在施工过程中，对成本的形成和偏离成本目标的差异进行日常控制。

过程控制的具体做法：严格按照成本计划和各项费用消耗定额进行开支，随时随地进行审核，消灭各种浪费和损失的苗头；建立健全信息反馈体系，随时把成本形成过程中出现的偏差反馈给责任部门，责任部门及时采取措施进行纠正。

（3）成本的事后控制。成本的事后控制，是指在施工全部或部分结束以后，对成本计划的执行情况加以总结，对成本控制情况进行综合分析与考核，以便采取措施改进成本管理工作。成本事后控制的主要工作是成本分析。

（二）成本控制的管理体系

成本控制要根据"统一领导、分级管理"和"业务归口、责权结合"的原则，按成本指标所属范围和指标性质，分别下达给各级单位和各个职能部门。同时，建立各部门的成本责任制，使各部门明确自己的成本责任，便于从不同角度进行成本控制，保证整个成本计划的实现。此外，还要建立健全成本管理信息系统，通过反馈的信息，预测和分析成本变化趋势以及成本降低计划的完成程度。

四、成本分析

工程成本分析是成本管理工作的一项重要内容，它的任务是通过成本核算、报表及其他有关资料，全面了解和掌握成本的变动情况及其变化规律，系统地研究影响成本升降的各种因素及其形成的原因，借以发现经营中的主要矛盾，挖掘企业的潜力，并提出降低成本的具体措施。

通过成本分析，可以对成本计划的执行情况进行有效的控制，对执行结果进行评价，从而为下一阶段的成本计划提供重要依据，以保证成本的不断降低，促进生产不断发展。

工程成本分析一般有综合分析和单项分析两种方法。

工程成本的综合分析是对企业降低成本计划执行情况的概括性分析和总的评价，同时也为成本的单项分析指出方向。

综合分析一般采用如下方法进行：

（1）将实际成本与计划成本进行对比，以检查计划成本指标的完成情况；

（2）将实际成本与预算成本进行对比，以检查企业是否完成降低成本目标以及各个成本项目的节约或超支情况，从而分析工程成本升降的主要原因；

（3）对企业下属的各施工单位进行分析，比较和检查其各自完成降低成本任务的情况，以便查找成本提高的原因和总结成本降低的经验；

（4）将本期实际指标与上期或历史先进水平的指标进行比较，以便掌握企业经营管理的发展变化情况。

工程成本的单项分析是在综合分析的基础上，为进一步了解成本升降的详细情况及影响成本的具体因素，而进行的每个成本项目的深入分析。

单项分析一般要对人工费、材料费、机械费和施工管理费进行深入细致的分析。

人工费分析的目的是寻找实际用工数与预算用工数的差别，从而进一步分析人工费节约或超支的原因，据此寻找节约人工费的途径。

材料费分析的目的是寻找实际用料与预算用料两者之间的量差和价差，进而找出造成量差与价差的原因，从而进一步挖掘节约材料的潜力，降低材料费。材料费在环境工程中占的比重最大，节约材料费是降低工程成本的重要途径，因此应重点进行材料费的分析。

机械费分析的目的是找出实际机械台班数与预算机械台班数两者的差，进而分析其原因，找出节约机械费的措施。其中，还要考虑到租赁机械的台班数与实际是否相符合，尽量节约机械租赁费。

施工管理费分析的目的是寻找降低工程成本的另一重要途径。分析时应把管理费的实际发生数与计划支出数进行比较，进而详细了解管理费节约或超支的原因，以降低工程成本。管理费中的管理人员工资和办公费用占的比重较大，而且它们和工期成正比，所以降低管理费最大的潜力就是缩短工期，但必须进行工期—费用优化。

复习与思考题

1. 施工管理的基本任务有哪些？其基本要求是什么？
2. 施工企业采用施工任务书和限额领料单有哪些意义？
3. 技术管理的制度有哪些？
4. 全面质量管理的意义和方法各是什么？
5. 成本管理的意义是什么？

参考文献

[1] 郑达谦. 给水排水工程施工. 3 版. 北京：中国建筑工业出版社，2003.

[2] 边喜龙. 给水排水工程施工技术. 1 版. 北京：中国建筑工业出版社，2005.

[3] 孙连溪. 实用给水排水工程施工手册. 1 版. 北京：中国建筑工业出版社，1998.

[4] 全国职业高中建筑类专业教材编写组. 建筑施工技术. 北京：高等教育出版社，1994.

[5] 中华人民共和国建设部. 给水排水管道工程施工及验收规范（GB 50268—2008）. 北京：中国建筑工业出版社，2009.

[6] 陕西省发展和改革委员会. 砌体工程施工质量验收规范（GB 50203—2002）. 北京：中国建筑工业出版社，2002.

[7] 中国建筑学会建筑统筹管理分会. 工程网络计划技术规程（JGJ/T 121—99）. 北京：中国建筑工业出版社，2006.

[8] 田国锋. 市政工程施工组织管理与概预算. 北京：中国环境科学出版社，2000.

[9] 臧秀平. 工程地质. 1 版. 北京：高等教育出版社，2004.

[10] 中华人民共和国水利部. 水利水电工程水文计算规范（SL 278—2002）. 北京：中国水利水电出版社，2002.

[11] 中华人民共和国建设部. 建筑给水排水及采暖工程施工质量验收规范（GB 50242—2002）. 北京：中国建筑工业出版社，2002.